# Connaissances scientifiques pour les motocycles

# Sécurités et mobilités

*Cette collection est dirigée par Laurent Carnis*

De tout temps, l'homme a toujours bougé, voyagé, migré pour échanger, découvrir et commercer. Les sociétés contemporaines se caractérisent par des besoins de mobilité encore plus importants qu'ils ne l'ont été auparavant. Toutefois, ces mobilités requièrent des moyens de transport, des infrastructures, des organisations. Elles ne peuvent se faire sans que soit assurée la sécurité des hommes et des marchandises. Les premiers caravansérails en constituent un bel exemple, où les voyageurs et les marchandises pouvaient rester en toute sécurité. On parle de sécurité, alors qu'il s'agit de sécurités, puisque les mécanismes de gestion des risques, les politiques préventives, voire répressives dépendent à la fois du mode de transport (allant de la marche à l'automobile, du camion au rail, des transports ferrés et fluviaux, et de plus en plus souvent il est question d'intermodalité). Il s'agit aussi de protéger les hommes, mais aussi les marchandises sans oublier les infrastructures, voire parfois un ensemble, qui exige des politiques intégrées. Le champ des sécurités et mobilités est divers, fourmille de complexités qui demandent à être saisies par le droit, la psychologie, l'économie, la sociologie, l'histoire Cette collection accueillera avec bienveillance les projets d'ouvrages scientifiques, les essais et les actes de colloque traitant du ce domaine, en privilégiant une discipline relative aux sciences sociales et humaines. Elle est ouverte ainsi entre autres aux domaines de la sécurité routière, de la sécurité ferroviaire, fluviale, et portuaire, et plus largement aux questions de la sécurité publique dans les transports terrestres.

Coordination scientifique
Peggy Subirats, Isabelle Ragot-Court, Thierry Serre, Marc Lanfranchi

# Connaissances scientifiques pour les motocycles

L'Harmattan

**5-7, rue de l'Ecole-Polytechnique, 75005 Paris**

www.editions-harmattan.fr

ISBN : 978-2-343-23192-1
EAN : 9782343231921

**Coordination scientifique** :
Peggy Subirats (Cerema), Isabelle Ragot-Court (Univ Gustave Eiffel), Thierry Serre (Univ Gustave Eiffel), Marc Lanfranchi (Cerema).

**Secrétariat du colloque** :
Christine Panadour (Univ Gustave Eiffel)

**Comité d'organisation** :
Marc Lanfranchi (Cerema), Christine Panadour (Univ Gustave Eiffel), Isabelle Ragot-Court (Univ Gustave Eiffel), Thierry Serre (Univ Gustave Eiffel), Peggy Subirats (Cerema).

**Comité scientifique** :
Samuel Aupetit (Ergo-Centre), Pierre Castaing (UTAC CERAM), Nicolas Clabaux (Univ Gustave Eiffel), Cécile Coquelet (Univ Gustave Eiffel), Bertrand-Olivier Ducreux (ADEME), Benoit Hiron (Cerema), Emmanuel Lagarde (Université de Bordeaux), Marc Lanfranchi (Cerema), Vincent Ledoux (Cerema), Jean-Louis Martin (Univ Gustave Eiffel), Catherine Masson (Univ Gustave Eiffel), Christophe Perrin (Univ Gustave Eiffel), Isabelle Ragot-Court (Univ Gustave Eiffel), Thierry Serre (Univ Gustave Eiffel), Peggy Subirats (Cerema), Éric Violette (Cerema).

# Sommaire

# PRÉFACE

La politique de sécurité routière se déploie en une chaîne d'actions multiples et complémentaires. Son champ, très étendu, couvre des domaines aussi divers que la prévention, l'éducation, la communication, l'élaboration de norme, la construction normative, ou la conception et le déploiement de dispositifs de contrôle et de sanctions des infractions commises. Pour fonder ses orientations, elle s'appuie sur les données de l'accidentalité routière produites par l'Observatoire national interministériel de sécurité routière, sur leur analyse ainsi que sur les études et les travaux de recherche scientifique réalisés dans le domaine de la sécurité routière.

Ces travaux constituent un apport essentiel pour le décideur public. Ils nourrissent la réflexion collective sur la mise en œuvre des mesures qui composent la politique de sécurité routière ; ils contribuent aux progrès de la connaissance des effets et impacts de cette politique et en suggèrent les pistes d'évolution. L'indépendance et l'esprit critique des chercheurs sont la condition même de la pertinence de leurs travaux et constituent un contrepoint toujours précieux pour la puissance publique.

Les efforts consentis depuis plusieurs années par la communauté scientifique pour produire des travaux sur la thématique des deux-roues motorisés ont permis d'approfondir les résultats accidentologiques de cette catégorie d'usagers. Elle constitue encore aujourd'hui près d'un quart des usagers tués et plus de 40 % des blessés graves sur la route alors que ce type de déplacement représente moins de 2 % du trafic motorisé. Face à l'impérieuse nécessité de faire baisser cette accidentalité, qui reste, en France, la plus élevée de l'Union Européenne, la délégation à la sécurité routière a inauguré un groupe de travail sous la bannière de la « connaissance scientifique pour les motocycles » (COSMOS).

Ce groupe, largement ouvert à l'ensemble des acteurs du domaine, permet de diffuser et d'échanger sur les résultats des travaux conduits en matière de visibilité, de vitesse, d'équipements de protection individuels, de vigilance au guidon ou de formation du conducteur. Il explore également les problématiques liées au véhicule et à l'infrastructure. La quasi-totalité des sujets qui intéressent la sécurité routière des usagers de deux-roues motorisés sont ainsi abordés au fil des pages de cet ouvrage.

Je tiens donc à remercier tout particulièrement le Cerema (et en particulier Marc Lanfranchi et Peggy Subirats) ainsi que l'IFSTTAR, intégré depuis 2020 à l'Université Gustave Eiffel (et plus spécialement Isabelle Ragot-Court et Thierry Serre) pour l'organisation générale de ce projet. Je veux saluer l'ambition de cet ouvrage important dont les travaux permettront de nourrir les réflexions et décisions à venir.

Madame la Déléguée Interministérielle à la Sécurité Routière
Marie Gautier Melleray

# INTRODUCTION

La problématique du deux-roues motorisé dans le domaine de la sécurité routière reste majeure du fait du taux et de la gravité de l'accidentalité de cette catégorie d'usagers sur les routes.

Il reste donc important de poursuivre la recherche pour dégager des solutions permettant d'améliorer/prévenir leur sécurité à tous les niveaux que cela concerne la prévention (sécurité primaire), la protection (sécurité secondaire), la prise en charge de l'accidenté (sécurité tertiaire), la formation voire les décisions de politique de sécurité.

Les actions à conduire peuvent aussi bien concerner les trois grandes composantes du système, à savoir : l'homme, le véhicule et l'environnement que leurs interactions.

De nombreuses études et recherches ont été menées, sont en cours et doivent être menées concernant cette problématique.

Ainsi, un recensement de l'état de l'art en 2015 (réalisé à l'échelle nationale et plus particulièrement, aux niveaux des deux organismes Cerema et IFSTTAR) des principales études et recherches terminées ou en cours à notre connaissance avait fait apparaître de nombreux travaux concernant une dizaine de thématiques :

- Formation et apprentissage
- Saillance visuelle
- Liens entre 2RM et infrastructure
- Comportement dynamique du 2RM
- Protection des usagers
- Accidentalité
- Comportement des usagers
- Mobilité
- « Environnement » du 2RM
- Outils

Dans sa stratégie 2015-2019, la Délégation à la sécurité routière (DSR) souhaitait favoriser des actions visant à mieux connaître les enjeux liés à l'accidentalité des deux-roues motorisés.

C'est dans ce contexte où l'accidentalité des deux-roues motorisés représente un enjeu de sécurité routière qu'une action intitulée « COSMOS » (COnnaissances Scientifiques pour les MOtocycleS) a été créée en 2015 afin de fédérer et animer la diffusion de connaissances scientifiques et techniques sur toutes problématiques afférentes aux deux-roues motorisés et à leur sécurité.

Ce projet d'une durée de quatre ans a été co-porté par le Cerema et l'IFSTTAR/TS2/LMA[1] (Laboratoire Mécanismes d'Accidents de Salon-de-Provence) avec le soutien de la DSR à des fins d'appui aux politiques publiques. COSMOS a permis de rassembler la communauté scientifique et technique qui traite de la problématique du deux-roues motorisé et de dresser une cartographie des recherches sur cette thématique dans le domaine public ou privé au niveau national. Il a permis également d'identifier et de proposer de nouvelles voies de recherche.

Cinq séminaires pluridisciplinaires ont été organisés depuis 2016 dans le cadre de COSMOS à Paris (9/06/2016), Lyon (15/11/2016), Marne-la-Vallée (19/10/2017), Paris (22/03/2018) et Aix-en-Provence (16/11/2018). Ces séminaires ont permis d'exposer différents travaux qui étaient en cours ou finalisés. Ils ont été des lieux d'échanges entre les différents intervenants et d'expression des besoins de recherches par des experts.

Le colloque final a rassemblé plus de 110 participants les 4 et 5 novembre 2019 à Marne-la-Vallée. Ce colloque francophone, introduit par Benoit Hiron (Cerema) et Serge Piperno (IFSTTAR) puis clôturé par Manuelle Salathé de la DSR, a permis la présentation de 20 communications orales et une dizaine de communications affichées par des chercheurs, industriels, assureurs, experts, collectivités territoriales, ministères... sur des thématiques variées telles que l'accidentologie, les équipements de protection, la formation, la perception, les politiques de sécurité, l'usage des infrastructures, les véhicules, le comportement des usagers, etc.

Le présent ouvrage constitue les actes de ce colloque et comprend quatre parties :

– Partie 1 : Les deux-roues motorisés : leur place dans la circulation, mesures de trafic et risques encourus

– Partie 2 : Équipements de sécurité

– Partie 3 : Vitesse, dynamique et infrastructure

– Partie 4 : Formation, expérimentations de politiques de sécurité routière

Le comité d'organisation souhaite adresser ses remerciements à toutes les personnes qui ont contribué à la réussite de ce colloque. Merci tout d'abord à tous les auteurs d'avoir soumis leurs travaux et de les avoir présentés. La diversité des thématiques abordées lors du colloque a fortement participé à son succès. Merci à tous les membres du comité scientifique pour la lecture attentive des articles soumis au colloque et d'en avoir assuré la qualité. Merci à tous les participants au colloque d'être venus nombreux assister à ces deux jours de présentation et pour la richesse des échanges engagés. Merci aux orateurs des discours d'ouverture Benoit Hiron (Cerema) et Serge Piperno (IFSTTAR), au conférencier invité Bertrand-Olivier Ducreux (ADEME) ainsi

[1] L'IFSTTAR est devenu l'Université Gustave Eiffel au 1er janvier 2020 de par sa fusion avec l'Université Paris-Est Marne-la-Vallée (UPEM), l'École d'architecture de la ville & des territoires Paris-Est et des trois écoles d'ingénieurs (EIVP, ENSG et ESIEE Paris).

qu'à Marie-Line Gallenne et Catherine Gabaude de l'IFSTTAR pour leur soutien. Merci également à Christine Panadour pour son soutien logistique à l'organisation des séminaires et du colloque final. Enfin, nos remerciements s'adressent à la DSR pour le financement et le support du projet COSMOS, à Madame la Déléguée Interministérielle à la Sécurité Routière, Marie Gautier-Melleray pour la rédaction de la préface, à Emmanuel Barbe et Manuelle Salathé pour leur présence et leurs interventions. Une mention plus particulière à Pascal Dunikowski pour son enthousiasme dans le suivi de COSMOS et son soutien régulier.

# PARTIE 1 : LES DEUX-ROUES MOTORISÉS : LEUR PLACE DANS LA CIRCULATION, MESURES DE TRAFIC ET RISQUES ENCOURUS

# Quels risques pour les usagers de deux-roues métropolitains ?

Nicolas Clabaux, Jean-Yves Fournier, Jean-Emmanuel Michel

TS2-LMA, Univ Gustave Eiffel, IFSTTAR

## Introduction

L'augmentation de l'usage des deux-roues motorisés dans les grandes agglomérations congestionnées suite à la mise en place des politiques de restriction de l'usage de la voiture dans les centre-villes est, en matière de transports, l'un des faits marquants des deux dernières décennies (Orfeuil, 2012). Cette augmentation n'est pas nécessairement porteuse de durabilité pour la collectivité et cela à plusieurs égards.

En premier lieu, elle contribue probablement à une dégradation de la qualité de l'air. Un examen des études publiées dans la littérature scientifique internationale montre en effet que les deux-roues motorisés contribuent de façon disproportionnée aux rejets de polluants dans l'atmosphère. Les rejets des trois principaux polluants réglementés, que sont le monoxyde de carbone (CO), les oxydes d'azote (NOx) et les hydrocarbures imbrûlés (HC), apparaissent dans ces études, systématiquement et significativement supérieurs aux rejets observés pour les voitures (voir notamment : Chan et al., 1995 ; Barbusse, 2005 ; Vasic & Weilenmann, 2006 ; ADEME, 2007 ; Ducreux, 2008 ; Pillot et al., 2017). Il en est de même pour les polluants non réglementés (Barbusse, 2005).

En deuxième lieu, l'augmentation de la circulation des deux-roues motorisés dans les grandes agglomérations contribue très probablement à une augmentation des émissions sonores dues au trafic routier. Des recherches ont montré, par des mesures en bord de voie ou sur piste, que les émissions sonores des deux-roues motorisés sont nettement supérieures à celles des voitures (+6 décibels en moyenne). Ces écarts sont bien supérieurs pour les motos dont le moteur, plus puissant, n'est pas confiné, et dont une proportion importante est équipée de dispositifs d'échappement non homologués. Ces derniers semblent en effet provoquer des hausses du niveau de bruit particulièrement importantes (entre 10 et 20 dB(A) de bruit supplémentaire d'après Chatagnon, 2008).

En troisième lieu, un autre risque, associé à un usage accru des deux-roues motorisés dans les grandes villes, concerne le risque d'accident et de blessure encourus par les utilisateurs de ces véhicules. Rapporté à leur mobilité, le risque d'être tué sur la route est de l'ordre de 30 fois supérieur à celui des automobilistes (Ovieve & Roussel, 2013). Il est similaire dans la plupart des pays développés. Le risque d'être blessé est encore plus élevé, de l'ordre de 70 fois plus grand (Blaizot et al., 2012).

Mode de déplacement individuel, bruyant, polluant et particulièrement risqué, le deux-roues motorisé apparaît donc en total décalage avec les aspirations contemporaines pour une mobilité plus durable. Son développement n'est par conséquent pas soutenable ni même souhaitable.

La catégorie des deux-roues motorisés est toutefois une catégorie hétérogène, allant de la moto sportive au cyclomoteur. Tous les deux-roues motorisés ne répondent pas aux mêmes besoins et ne donnent pas lieu au même usage. De fait, ils ne présentent pas non plus les mêmes risques, que ce soit sur le plan environnemental ou sur celui de la sécurité. Certains deux-roues motorisés légers, notamment les scooters de faible cylindrée, comme les scooters 125 $cm^3$, semblent même particulièrement bien adaptés à la mobilité métropolitaine. Peu encombrants, légers, maniables, équipés d'une transmission automatique, d'un coffre et d'un plancher qui ne nécessite pas d'avoir à enfourcher le véhicule, parfois équipés de trois ou quatre roues pour plus de stabilité, ces véhicules ne sont pas dépourvus d'avantages, y compris pour la collectivité. Ils permettent, par exemple, d'effectuer des déplacements d'assez longue portée, comparables à ceux effectués en voiture, mais qu'on ne peut pas prétendre faire en vélo, du moins, sans assistance électrique. Ils consomment moins de carburant qu'une voiture, de l'ordre de deux fois moins par rapport à une citadine essence (Ducreux, 2008). Ils émettent de fait nettement moins de gaz à effet de serre (plus de deux fois moins) (Ducreux, 2008). Ces véhicules consomment également nettement moins d'espace, ce qui n'est pas sans intérêt pour les métropoles. Pour être stationnés par exemple, ils nécessitent quatre fois moins d'espace qu'une voiture (CERTU, 2011). Ils ne nécessitent pas non plus une tonne de matières pour transporter 1,2 personne, ce qui correspond au taux d'occupation moyen en France lors de trajets locaux de semaine (Quételard, 2010). Ils peuvent contribuer à réduire la congestion routière et plus généralement, la congestion dans les transports. Quant aux émissions polluantes et sonores, ces véhicules ont vu leurs émissions baisser avec le passage de la norme Euro 4 (2016-2018). Elles devraient baisser de manière encore plus sensible pour la norme Euro 5 prévue en 2020-2021 qui est en cohérence avec les limites imposées aux voitures, en attendant la motorisation électrique qui semble bien adaptée à ces véhicules (Pillot et al., 2017).

En ce qui concerne leur potentiel de substitution aux déplacements automobiles, il est, dans les métropoles, très important. D'après Orfeuil (2014, 2015), en Île-de-France, l'usage de petits véhicules métropolitains à forte urbanité comportant une ou deux places, à deux, trois ou quatre roues, dérivés de scooters ou de petites voitures, à motorisation électrique et ayant une vitesse de pointe limitée, pourrait remplacer au moins un tiers des circulations automobiles.

Reste alors le problème de leur insécurité qui constitue un frein à leur développement. Il n'existe pourtant pas de connaissances sur les risques encourus par les utilisateurs de ces véhicules en ville. La plupart des études conduites portent en effet sur la catégorie des deux-roues motorisés dans son ensemble, pour tous types d'usages et d'environnements confondus (usage utilitaire en ville *versus* usage récréatif en dehors des villes, par exemple). Les scooters adaptés à un usage métropolitain ne se démarqueraient-ils pas et ne donneraient-ils pas lieu à un risque d'accident plus modéré pour leurs occupants, similaire par exemple à celui observé pour les cyclistes ?

Nous rendons compte dans les pages qui suivent d'une recherche qui avait pour principal objectif d'estimer le risque de blessure des utilisateurs de scooters à vocation métropolitaine dans le centre d'une métropole. Afin de disposer d'effectifs suffisants, nous avons fait porter les analyses sur les conducteurs de scooters 125 $cm^3$, particulièrement nombreux dans le centre des grandes agglomérations. Ce travail a été conduit dans le cadre du projet ANR RED « Les Risques Émergents de la mobilité Durable ».

## 1. Méthode et données

Les investigations ont porté sur 25 sections de rues situées dans la ville de Marseille, représentant 30 kilomètres de réseau (voir Figure 1). La démarche a consisté à rapporter le nombre de conducteurs blessés en scooter 125 $cm^3$ au cours des années 2007 à 2015 à l'exposition au risque au cours de la même période.

Les effectifs de conducteurs de scooters blessés sur ces axes au cours des années étudiées ont été déterminés à partir des procès-verbaux de police.

En ce qui concerne l'exposition au risque, celle-ci a été exprimée de deux façons différentes : le nombre de kilomètres parcourus et le temps passé par les conducteurs de scooters 125 $cm^3$ sur les axes et la période étudiés. Pour les kilomètres parcourus, nous nous sommes appuyés sur les données collectées dans le cadre de recherches antérieures (voir par exemple Michel et al., 2013). La démarche a consisté à multiplier le nombre de conducteurs de scooters ayant circulé annuellement sur chaque section[1] par la longueur de la section. Pour l'estimation du temps passé par les conducteurs de scooters 125 $cm^3$ sur

[1] Cette information a été collectée par des enquêteurs au cours de campagnes d'observations conduites en 2011 et 2013.

les axes étudiés, une campagne d'observation *ad hoc* a été réalisée tout au long de l'année 2018 par sessions de deux heures d'observation fixées aléatoirement parmi l'ensemble des jours ouvrés de l'année[2]. La mesure du temps passé était réalisée par deux enquêteurs en communication radio. Le premier enregistrait le temps de passage des scooters 125 $cm^3$ à une extrémité de l'axe et transmettait au second enquêteur situé à l'autre extrémité, un ensemble de signes distinctifs lui permettant de le reconnaître, comme par exemple le modèle du scooter, sa couleur, sa cylindrée, la couleur du casque du conducteur. Lorsque le second enquêteur identifiait l'usager en question, il notait son temps de passage, ce qui permettait d'estimer un temps de parcours sur l'ensemble de l'axe.

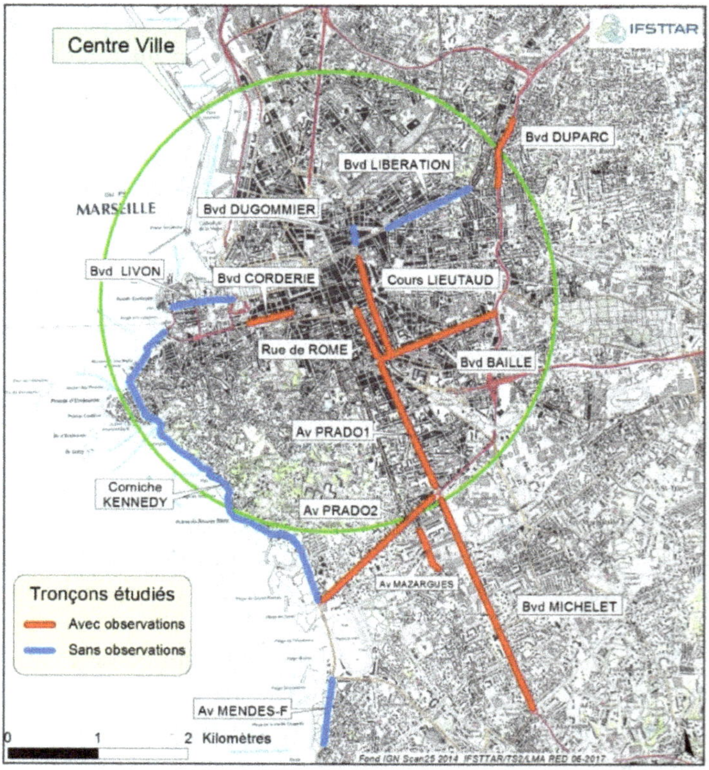


*Figure 1 : Localisation des sections étudiées dans le réseau de circulation de la ville de Marseille*

[2] Notons que les sites d'observation étaient également attribués de façon aléatoire parmi 14 des sections étudiées.

Le rapport du nombre de conducteurs blessés au nombre de kilomètres parcourus et au temps passé sur les axes a alors permis d'estimer un taux d'incidence d'être blessé et son intervalle de confiance à 95 % sur chaque axe. Un taux commun à l'ensemble des sites a également été estimé par des techniques statistiques d'agrégation de résultats généralement employées lors de méta-analyses.

À des fins de comparaison, les mêmes données ont été collectées et les mêmes analyses ont été conduites pour les autres catégories d'usagers de l'espace public (automobilistes, cyclistes, conducteurs de scooters de cylindrée supérieure à 125 $cm^3$ et conducteurs de motocyclettes de cylindrée supérieure à 125 $cm^3$). Le principal point fort de cette démarche réside dans le fait que les données d'accidents et d'exposition ont été collectées sur les mêmes sites et au cours des mêmes périodes pour toutes les catégories d'usagers.

## 2. Résultats

L'étude des procès-verbaux recensés au cours des neuf années étudiées montre que 231 conducteurs de scooters 125 $cm^3$ ont été blessés dans un accident de la circulation alors qu'ils circulaient sur l'une des 25 sections étudiées.

Concernant l'exposition au risque, l'analyse des données collectées montrent que les conducteurs de scooters 125 $cm^3$ ont parcouru entre 2007 et 2015, 68 426 000 kilomètres et ont passé 2252 milliers d'heures dans les rues étudiées.

Le Tableau 1 présente les résultats pour chacune des catégories d'usagers étudiées.

| Catégories d'usagers | Effectifs de conducteurs blessés | Kilomètres parcourus (en milliers) | Nombre d'heures passées (en milliers) | Vitesse moyenne (en km/h) |
|---|---|---|---|---|
| Conducteurs de scooters 125 $cm^3$ | 231 | 68 426 | 2252 | 30,4 |
| Automobilistes | 207 | 687 886 | 34 699 | 19,8 |
| Cyclistes | 39 | 18 589 | 1182 | 15,7 |
| Conducteurs de scooters >125 $cm^3$ | 73 | 12 397 | 368 | 33,7 |
| Conducteurs de motocyclettes >125 $cm^3$ | 230 | 40 356 | 1328 | 30,4 |

*Tableau 1 : Effectifs de conducteurs blessés au cours d'un accident de la circulation et exposition au risque selon les différentes catégories d'usagers étudiées (25 sections, années 2007-2015)*

La Figure 2 présente les taux d'incidence d'être blessé pour les différentes catégories d'usagers selon le nombre de kilomètres parcourus. On observe que les conducteurs de scooters 125 cm$^3$ ont un risque de se blesser, significativement supérieur au risque encouru par les automobilistes. Il est de l'ordre de 12 fois supérieur (TI = 11,75, I.C à 95 % [8,63 ; 16,00]). En revanche, le risque apparaît proche du risque encouru par les cyclistes. La différence n'est pas significative. Les utilisateurs de scooters et de motos de plus grosse cylindrée semblent en revanche avoir un risque supérieur, même si là encore la différence n'est pas significative.

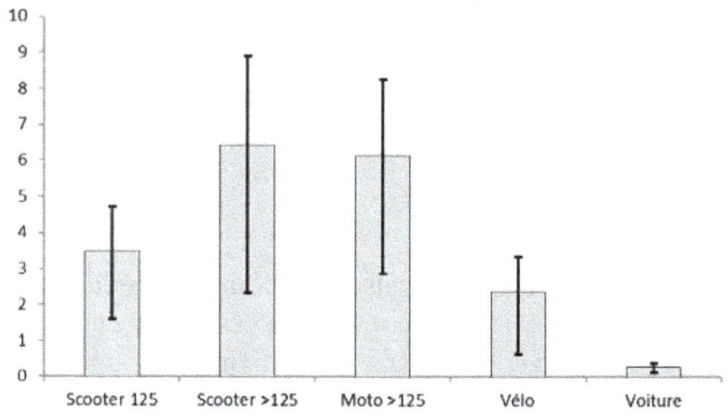


*Figure 2 : Taux d'incidence d'être blessé et intervalle de confiance à 95 % selon les kilomètres parcourus (25 sections, période 2007-2015)*

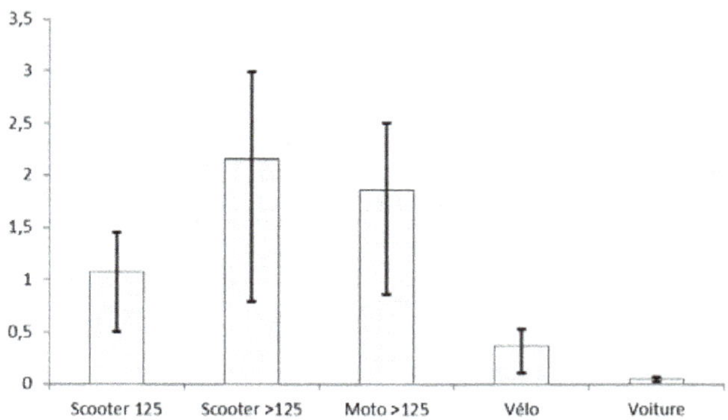


*Figure 3 : Taux d'incidence d'être blessé et intervalle de confiance à 95 % selon le temps passé (25 sections, période 2007-2015)*

Pour 10 000 heures passées dans l'espace public, les résultats sont assez proches de ceux obtenus par kilomètre parcouru. Le risque des conducteurs de scooters 125 cm$^3$ devient cependant ici significativement supérieur au risque des cyclistes. Il est 2,1 fois supérieur (avec I.C à 95 % [1,49 ; 2,94]) (Figure 3).

Le Tableau 2 donne les taux d'incidence relatifs selon les catégories d'usagers et selon les deux types mesures de l'exposition au risque.

| | Par million de kilomètres parcourus | Pour 10 000 heures passées |
|---|---|---|
| Conducteurs de scooters 125 $cm^3$ **(référence)** | 1 | 1 |
| Automobilistes | **0,09 [0,06 ; 0,12]** | **0,07 [0,06 ; 0,1]** |
| Cyclistes | 0,92 [0,66 ; 1,29] | **0,48 [0,34 ; 0,67]** |
| Conducteurs de scooters >125 $cm^3$ | **2 [1,52 ; 2,62]** | **2,22 [1,69 ; 2,9]** |
| Conducteurs de motocyclettes >125 $cm^3$ | **1,70 [1,41 ; 2,06]** | **1,71 [1,42 ; 2,06]** |

*Tableau 2 : Ratios entre le taux d'incidence d'être blessé de chaque type d'usagers et celui des conducteurs de scooters 125 $cm^3$, selon les différentes mesures d'exposition (25 sections, période 2007-2015)*

## Conclusion

Les résultats qui viennent d'être présentés suggèrent que, dans le centre d'une métropole, le risque de blessure des usagers de scooters 125 $cm^3$ serait proche du risque encouru par les cyclistes selon les kilomètres parcourus et de l'ordre de deux fois supérieur selon le temps passé dans l'espace public. Il serait en revanche considérablement plus élevé que le risque des automobilistes, quelle que soit la mesure d'exposition utilisée. Les autres catégories de motocyclistes auraient en revanche un risque supérieur. Ces résultats sont cohérents avec ceux obtenus par Martin et al. (2001) qui trouvent que dans le centre de Londres, le risque d'accident des motocyclistes, toutes catégories confondues, est similaire à celui des cyclistes.

Des travaux épidémiologiques ont toutefois montré que les données d'accidents issues de la police, sur lesquelles nous nous sommes appuyés dans cette recherche, ne recensent qu'une partie des blessés des accidents de la route. Des travaux récents montrent que ce sous-recensement est encore plus important chez les cyclistes par rapport aux automobilistes et aux motocyclistes. Amoros et al. (2019) estiment par exemple qu'en France, le nombre total de blessés en vélo serait en réalité 15 fois plus important que celui issu des données de police alors que pour les automobilistes et les motocyclistes, il serait respectivement 3,4 et 4 fois supérieur. Si on fait l'hypothèse que ce sous-recensement est similaire sur les axes étudiés et qu'il ne varie pas entre les différentes catégories de deux-roues motorisés et de vélos, les usagers de scooters 125 $cm^3$ seraient alors les usagers de la route ayant le risque de blessure le plus faible, selon les kilomètres parcourus (35 % plus faible que les cyclistes), exception faite des automobilistes. Pour 10 000 heures passées sur la route, leur risque serait 20 % supérieur au risque des cyclistes. Ce résultat est cohérent avec les résultats de Blaizot et al. (2012) qui observent dans le Rhône, en s'appuyant sur des données hospitalières, que les usagers de deux-roues motorisés auraient un risque de blessure, par kilomètre parcouru, similaire à celui des cyclistes. Par heure passée sur la route, il serait en revanche cinq fois supérieur. Les résultats obtenus par Blaizot et al. (2012) concernent cependant toutes les catégories de deux-roues motorisés confondues, dont les motocyclettes de grosses cylindrée et les cyclomoteurs, particulièrement à risque (Vlahogianni et al., 2012 ; Blackman & Haworth, 2013).

En ce qui concerne le risque des conducteurs de scooters à trois-roues, nous n'avons pas pu l'estimer dans cette recherche, faute d'effectifs suffisants. Des travaux antérieurs ont toutefois montré qu'ils auraient un risque encore inférieur à celui des conducteurs de scooters 125 $cm^3$ (de l'ordre de 30 % inférieur d'après Petit, 2016).

Les travaux que nous venons de présenter souffrent toutefois d'un certain nombre de limites. En premier lieu, les effectifs d'accidents, en particulier pour les cyclistes, restent assez faibles. D'autre part, ils traitent du risque sur des artères du réseau de circulation de la ville de Marseille. D'autres investigations portant sur d'autres types de voies et sur d'autres terrains, seraient nécessaires. Ensuite, nous nous sommes intéressés dans cette recherche au risque de blessure, quelle que soit la gravité des blessures. Même si le risque de blessure des conducteurs de scooters 125 $cm^3$ est proche de celui des cyclistes, il est possible que la gravité de leurs lésions soit plus forte, en raison de vitesses pratiquées plus élevées. D'autres investigations s'appuyant sur le registre du Rhône et sur les données collectées par Wu (2018) pourraient être riches d'enseignement sur ce point. Plus généralement, un certain nombre de facteurs de confusion, comme l'âge par exemple, n'ont pas non plus été contrôlés. En outre, nous n'avons pas pu traiter de la question de la gravité externe. Un scooter 125 $cm^3$ présente par exemple probablement plus de danger pour les autres usagers vulnérables, comme les piétons, qu'un vélo, mais moins qu'une voiture ou qu'une moto de grosse cylindrée.

Malgré ces limites, les résultats présentés dans cet article, suggèrent que la sécurisation de l'usage de petits véhicules métropolitains à deux, trois ou quatre roues, aux performances limitées, n'est pas hors de portée. L'atteinte d'un niveau de sécurité acceptable et la généralisation de la motorisation électrique sur ces véhicules pourraient alors les rendre soutenables pour la collectivité et leur développement même souhaitable dans les grands centres urbains, compte tenu de la persistance des phénomènes de métropolisation et de concentration urbaine, notamment.

## Références

1. ADEME (2007). Synthèse de l'étude ADEME « Deux-roues motorisés Euro 3 : progrès environnementaux et comparaison à l'automobile »,

Paris, Agence de l'environnement et de la maîtrise de l'énergie / ministère de l'Écologie et du développement durable, 6 p.
2. Amoros, E., Pascal, L., Soler, G., Turbatu, L., Gadegbeku, B., Ndiaye, A., Laumon, B., Martin, J.-L. (2019). Estimation du nombre de blessés graves de la route, au sens MAIS3+, France métropolitaine, 2006-2016. Rapport de convention REG-Trauma IFSTTAR-DSCR n° 2200979046, IFSTTAR/université Claude Bernard Lyon 1, 106 p.
3. Barbusse, S. (2005). *Motocycles, cyclomoteurs. Énergie et environnement*, Valbonne, Agence de l'environnement et de la maîtrise de l'énergie (ADEME), Département technologies des transports, 27 p.
4. Blackman, R. A., Haworth, N. (2013). Comparison of moped, scooter and motorcycle crash risk and crash severity. Accident Analysis and Prevention, vol. 57, p. 1-9.
5. Blaizot, S., Amoros, E., Papon, F., Haddack, F. (2012). Accidentalité à vélo et exposition au risque (AVER). Risque de traumatismes routiers selon quatre types d'usagers. Rapport de convention IFSTTAR/DSCR n° 2200446841, 172 p.
6. CERTU (Centre d'études sur les réseaux les transports l'urbanisme et les constructions publiques) (2011). *Recommandations pour la prise en compte des deux-roues motorisés. Aménager et gérer les infrastructures*, Lyon, Éditions du CERTU, 163 p.
7. Chan, C. C., Nien, C. K., Tsai, C. Y., Her, G. R. (1995). "Comparison of tail-pipe emissions from motorcycles and passenger cars", *Journal of the air and waste management association*, vol. 45(2), p. 116-124
8. Ducreux, B.-O. (2008). Comparaison entre deux-roues à moteur et voitures : profil de conduite, consommation de carburant et émissions des gaz d'échappement en utilisation quotidienne, Valbonne, ADEME, 14 p.
9. Martin, B., Phull, S., Robertson, S. (2001). Motorcycling and congestion. Proceedings of the European Transport Conference (ETC), Cambridge, United Kingdom. Association for European Transport, 2001, 24 p.
10. Michel, J.-E., Fournier, J.-Y., Clabaux, N. (2013). « Place des deux-roues motorisés dans la circulation urbaine : une étude observationnelle », *Transport Environnement Circulation*, vol. 217, p. 58-61.
11. Orfeuil, J.-P. (2012), « L'explosion des deux-roues motorisés dans le monde : Paradis ou enfer ? », *Urbanisme*, vol. 385, p. 45-46.
12. Orfeuil, J.-P. (2014). « Quelles villes et quelles mobilités au service des dynamiques productives contemporaines », Annales des Mines, Responsabilité et environnement, vol. 75, p. 40-45.
13. Orfeuil, J.-P. (2015). « Vers des transports amoureux du climat ? », *Revue Projet* 2015/1, vol. 344, p. 27-36.
14. Ovieve, F., Roussel, P. (2013a). Les deux-roues motorisés au 1er janvier 2012. Chiffres et Statistiques, Commissariat général au développement durable, Service de l'observation et des statistiques, 9 p.

15. Petit, C. (2016). Usagers, usages et risques des trois-roues motorisés pendulaires. Rapport de stage ENTPE/IFSTTAR, Vaulx-en-Velin, 81 p.
16. Pillot, D., Khardi, S., Tassel, P., Serindat, S., Perret, P. (2017). Analyse des émissions de deux-roues et quadricycles motorisés. Rapport de recherche IFSTTAR/ADEME, Agence de l'environnement et de la maîtrise de l'énergie.
17. Quetelard, B. (2010). « Se rendre au travail ou faire ses courses motive toujours un déplacement sur deux. Le recours à la voiture se stabilise », dans la Revue du Service de l'observation et des statistiques du Commissariat général au développement durable, Paris, ministère de l'Écologie, de l'énergie, du développement durable et de la mer, p. 25-48.
18. Vasic, A. M., Weilenmann, M. (2006). "Comparison of real world emissions from two-wheelers and passenger cars", Environnemental Science and Technology, vol. 40 (1), p. 149-154.
19. Vlahogianni, E., Yannis, G., Golias, J. C. (2012). Overview of critical risk factors in power-two-wheeler safety. Accident Analysis and Prevention, vol. 49, p. 12-22.
20. Wu, D. (2018). Quantification des causes des accidents de deux/trois-roues motorisés et de leurs conséquences corporelles (approche épidémiologique). Thèse de doctorat, université de Lyon. Discipline : épidemiologie, Lyon, 210 p.

# Typologies d'accidents des deux-roues motorisés et causes associées

Reakka Krishnakumar, Véronique Hervé, Alain Martin,
Fallou Wadji, Philippe Chrétien

CEESAR (Centre européen études de sécurité et analyse des risques)

## Introduction

Au cours des vingt dernières années, la plupart des États membres sont parvenus à une forte réduction de la mortalité, de plus de 50 % pour certains, mais la sécurité routière reste un problème sociétal majeur au sein de l'Union européenne. Après deux années de stagnation, le nombre de tués sur les routes a baissé de 2 % en 2016 et de 2 % supplémentaires en 2017, où 25 300 personnes ont été tuées sur les routes européennes et 135 000 grièvement blessées.

Durant cette période, les nombres d'usagers vulnérables tués et blessés n'ont pas chuté dans les mêmes proportions et ont même augmenté dans certains cas. En Europe durant l'année 2017, les usagers vulnérables ont représenté 46 % des tués, dont 14 % de motocyclistes et 8 % de cyclistes.

Dans ce contexte, le projet européen SAFERWHEELS, initié en 2015 par la Commission européenne, a analysé les causes des accidents de la route impliquant les deux-roues (motorisés ou non). Son objectif était de collecter les données issues d'études détaillées d'accidents de 2RM et de bicyclettes, d'identifier les causes et conséquences lésionnelles de l'accident sur les usagers et de stocker ces informations selon un protocole approprié et efficace. Les cas d'accidents proviennent des six pays partenaires du projet : France, Grèce, Italie, Pays-Bas, Pologne et Royaume-Uni.

Le présent travail vise à identifier dans la base de données SAFERWHEELS les principales typologies d'accidents impliquant les 2RM et à analyser les causes associées.

# 1. Données et méthode

## 1.1 Construction de l'échantillon exploitable

La base de données SAFERWHEELS regroupe le codage de 466 accidents impliquant au moins un deux-roues motorisé ou une bicyclette, représentant 848 véhicules et 895 usagers.

Nous avons sélectionné les usagers de deux-roues motorisés, soit 325 usagers parmi les 895 usagers codés : cela représente 305 véhicules (2RM) impliqués dans 298 accidents.

Ensuite, nous nous sommes intéressés uniquement aux usagers de 2RM tués ou blessés gravement (blessés avec un MAIS supérieur ou égal à trois) impliqués dans les accidents seuls en cause ou à deux véhicules. Cet échantillon de 157 usagers est constitué de 57 tués et 100 blessés graves, représentant 149 2RM et 149 accidents.

En excluant les cas où la modalité de la variable configuration d'accident est inconnue, l'échantillon exploitable est de 127 tués et blessés graves (chiffres regroupés), représentant 121 2RM et 121 accidents.

## 1.2 Typologies d'accidents

Elles ont été définies en regroupant par similitude les configurations d'accident (variable configuration d'accident issue de DaCoTA accident types[1]). Pour chaque accident analysé, une configuration d'accident a été associée en fonction du nombre d'acteurs impliqués dans l'accident, de la configuration du lieu de l'accident et des manœuvres avant la collision.

À partir de ces configurations d'accidents, les typologies d'accidents ont été créées en prenant en compte le nombre d'acteurs impliqués dans l'accident, les trajectoires, la position des véhicules avant l'accident et leurs directions. Les paramètres liés à l'infrastructure routière (intersection, virage, etc.) n'ont pas été inclus dans la définition de la typologie, exceptée pour les accidents impliquant un seul véhicule pour lesquels le tracé de la route a été considéré. Le regroupement des pictogrammes a permis de créer environ 30 typologies d'accidents pour les accidents impliquant au moins un tué ou un blessé grave. Les typologies les plus fréquentes (22) en termes de gravité (nombre de tués ou blessés graves) ont été classées en cinq groupes (Figure 1) :

1. En traversée : 2RM et véhicule adverse allant tout droit, issus de directions perpendiculaires ;
2. En tournant : 2RM ou véhicule adverse tournant (gauche ou droite), l'autre allant tout droit ;
3. En longitudinal : 2RM et véhicule adverse provenant de la même direction ;

[1] [http://dacota-investigation-manual.eu/English/41].

4. 2RM seul en cause : perte de guidage ;
5. Autres : perte de contrôle et autres accidents.

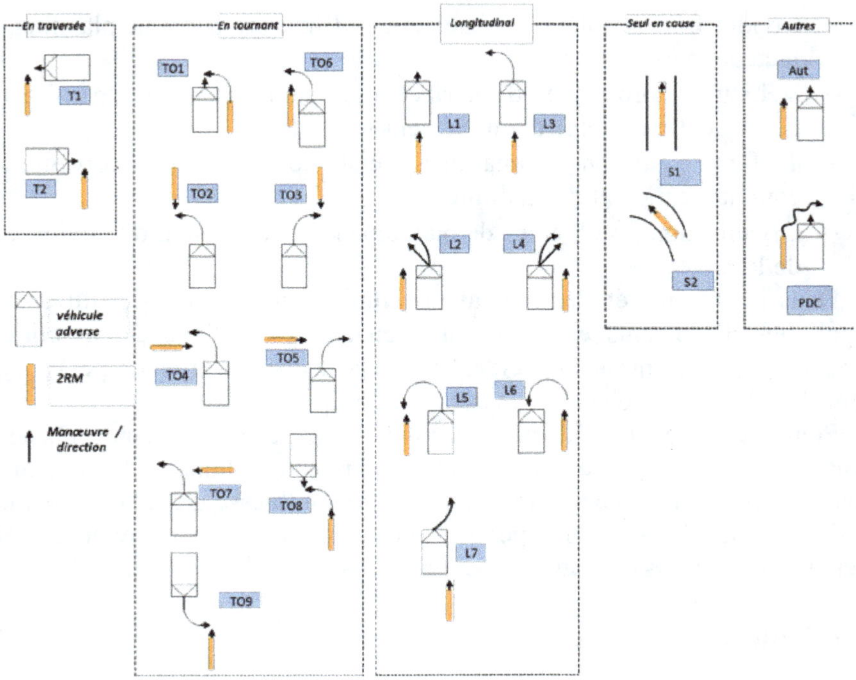


*Figure 1 : Catégories des typologies d'accidents*

Enfin pour chaque typologie, nous avons réalisé une description de la catégorie de 2RM pour les usagers tués et blessés graves. L'analyse des causes d'accident a été faite en se basant sur DREAM (*Driving Reliability and Error Analysis Method*) version 3.0.

DREAM a pour but de permettre la classification et le stockage systématique des incidents de causalité des accidents. Elle permet d'organiser les éléments explicatifs et de proposer aux utilisateurs finaux une méthode d'utilisation des résultats pour suggérer des contre-mesures.

Cette méthode décrit clairement les facteurs de contribution et les causes. Le système de classification permet de déterminer les phénotypes (les effets observables concernant les actions humaines et les évènements du système) et les génotypes (facteurs qui ont contribué aux phénotypes).

Les cinq phénotypes répertoriés sont les évènements critiques qui ont entraîné l'accident :

- Le temps : action très prématurée, action très tardive, pas d'action ;
- La vitesse : vitesse très élevée, vitesse très basse ;
- La distance : distance très courte ;
- La direction : mauvaise direction ;

- La force : surplus de force, force insuffisante ;
- L'objet : objet adjacent.

Les quatre génotypes répertoriés pour expliquer le phénotype sont :

- Conducteur : problème d'observation, d'interprétation, de planning, de facteurs personnels ;
- Véhicule : problème d'interface homme-machine temporaire ou permanent, problème d'équipement véhicule ;
- Trafic : conditions climatiques, état de la route, problème de communication et de visibilité ;
- Organisation : problèmes de maintenance et de design du véhicule ou de la route.

Dans la présente étude, nous avons étudié la description des différentes typologies d'accidents en associant à chaque 2RM l'évènement critique (phénotype) qui a entraîné l'accident ainsi que les facteurs (génotypes) qui ont contribué à l'apparition de cet évènement critique.

Pour chaque 2RM accidenté, un seul phénotype a été retenu mais plusieurs génotypes peuvent y être associés. Dans notre échantillon de 224 véhicules, nous en avons 149 avec au moins un tué et/ou un blessé grave. L'évènement critique déclenchant (phénotype) a été identifié pour 141 d'entre eux, et 586 éléments explicatifs (génotypes) sont associés à ces phénotypes.

## 2. Résultats

### 2.1 Analyse des typologies d'accidents et facteurs associés

*Les usagers de deux-roues motorisés tués et blessés graves selon la typologie d'accident*

La Figure 2 montre la répartition des usagers de 2RM tués et blessés graves selon le regroupement de typologies d'accidents.

On constate d'abord que 30 % des tués ou blessés graves appartiennent au groupe « en tournant », ensuite un quart des tués ou blessés graves sont seuls en cause, suivi des accidents en longitudinal qui représentent 18 % et ceux en traversée 14 %.

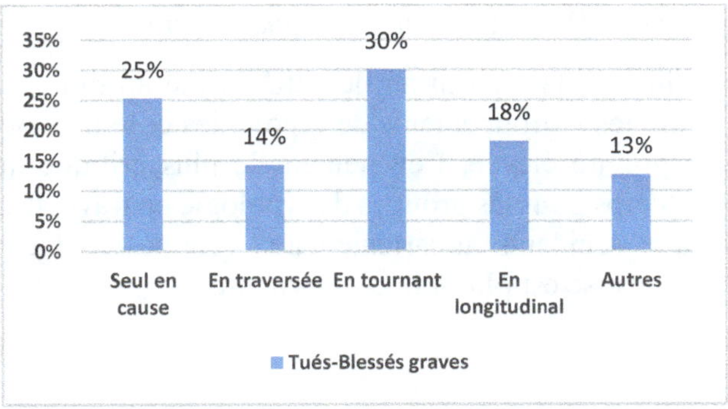


*Figure 2 : Répartition des tués, blessés graves selon les regroupements de typologies d'accidents*

*Les usagers tués ou blessés graves selon le type de 2RM et la typologie d'accident*

La Figure 3 présente la répartition des usagers de deux roues motorisés tués et blessés graves pour chaque type de 2RM en fonction du groupe de typologie.

Les tués et blessés graves sur les motocyclettes (lourdes et légères) sont en pourcentage plus souvent impliqués dans les accidents « en tournant » (32 % pour les motocyclettes lourdes et 31 % pour les motocyclettes légères). Les motocyclettes lourdes sont également souvent représentées dans les accidents « seul en cause » (30 %) et les motocyclettes légères dans les accidents « en longitudinal » (25 %). Les tués et blessés graves sur cyclomoteurs sont le plus souvent impliqués dans les accidents en intersection (32 % en traversée et 29 % en tournant).

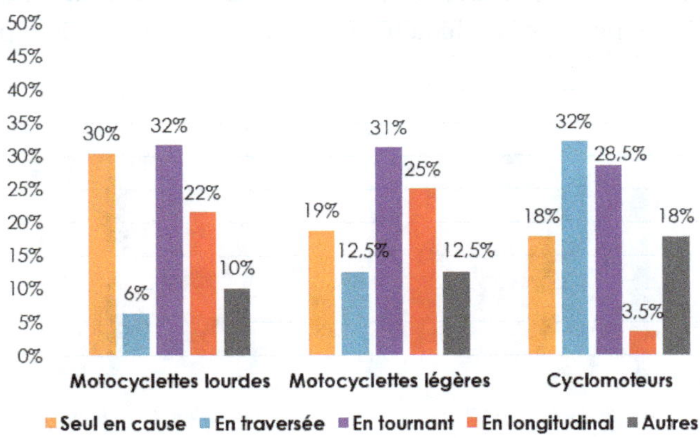


*Figure 3 : Répartition des tués et blessés graves selon le type de 2RM et les regroupements de typologies d'accidents*

*Les phénotypes des 2RM avec au moins un tué ou un blessé grave*

La Figure 4 illustre la répartition des 2RM avec au moins un tué ou un blessé grave selon les regroupements de typologies et le phénotype. Pour les 2RM avec une gravité élevée, l'évènement le plus critique qui a entraîné l'accident est le temps pour les groupes de typologie en traversée, en tournant, contrairement aux accidents appartenant aux groupes seul en cause et en longitudinal où la cause est plutôt liée à la vitesse.

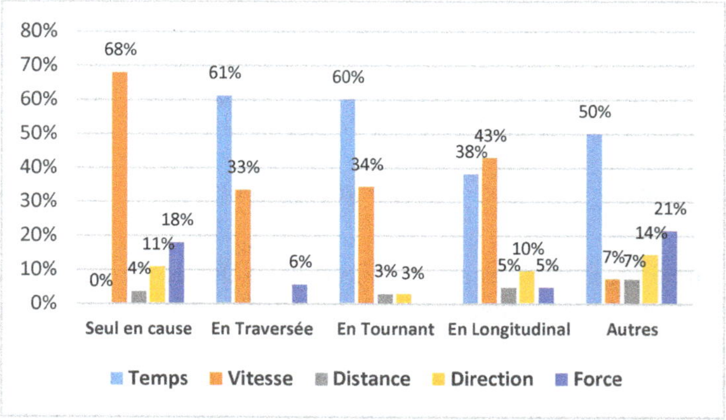


*Figure 4 : Répartition des 2RM avec tués et blessés graves selon les regroupements de typologies d'accidents et le phénotype*

*Les génotypes des 2RM avec au moins un tué ou un blessé grave*

La Figure 5 représente la répartition des 2RM avec tués et blessés graves selon les regroupements de typologies et le génotype. Pour l'ensemble des 2RM (avec tués ou blessés graves), les phénotypes sont expliqués notamment par les problèmes liés aux conducteurs pour tous les groupes de typologies.

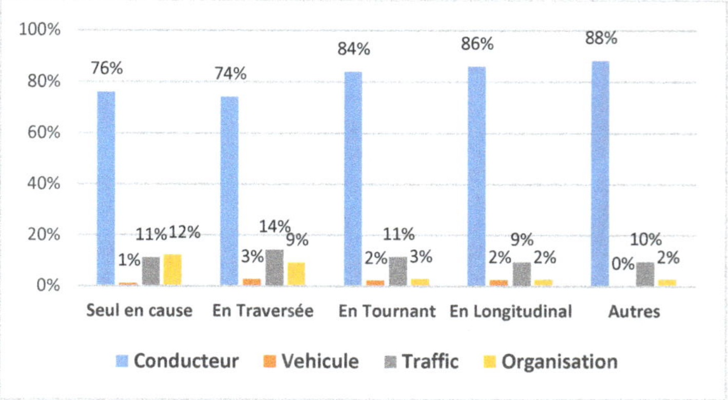


*Figure 5 : Répartition des 2RM avec tués et blessés graves selon les regroupements de typologies d'accidents et le génotype*

## 2.2 Typologies les plus fréquentes pour les tués et blessés graves

Il ressort des analyses des cas d'accidents impliquant deux véhicules avec au moins un 2RM, trois typologies d'accidents les plus fréquentes chez les motocyclistes tués ou blessés graves (Figure 6) :

- Typologie (TO2) dans laquelle le motocycliste qui continue tout droit est confronté à un véhicule adverse circulant dans la direction opposée et en manœuvre de tourne à gauche (13 % des tués ou blessés graves) ;
- Typologie de croisement (T2) dans laquelle le motocycliste arrive perpendiculairement au véhicule adverse du côté droit (9 % des tués ou blessés graves) ;
- Typologie dans laquelle le motocycliste perd le contrôle (PDC) et rentre en collision avec un véhicule adverse (6 % de tués ou de blessés graves).

Vingt-cinq pour cent des usagers de 2RM tués et blessés graves sont impliqués dans les accidents impliquant un 2RM seul en cause (en ligne droite [45 ] ou en courbe [55 %]).

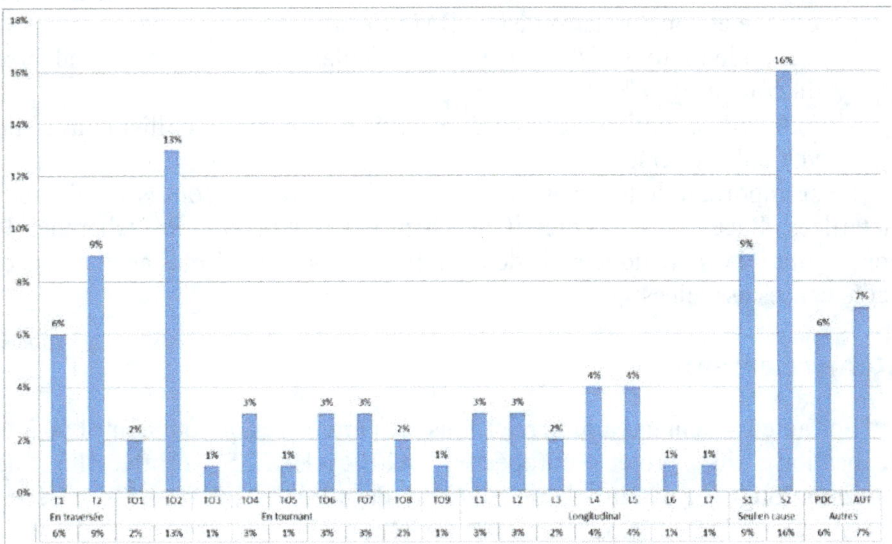


*Figure 6 : Réparation des tués, blessés graves selon les typologies d'accidents*

# Conclusion

Pour ce travail, nous nous sommes intéressés aux usagers de 2RM tués ou blessés graves en regroupant les pictogrammes associés par leur similitude afin de définir des typologies d'accidents. Ce regroupement a permis de définir environ 30 typologies, dont 22 ont été sélectionnées pour l'analyse.

Dans un second temps, les typologies sélectionnées ont été regroupées dans cinq groupes (en traversée, en tournant, longitudinal, seul en cause, autres) et analysées en fonction des véhicules.

Il ressort des analyses que le regroupement 2RM est problématique pour la typologie des accidents, car celle des motocyclettes lourdes (motos) est très différente de celle d'un cyclomoteur.

Du fait de leur masse et de leur puissance, les motocyclettes lourdes sont difficiles à contrôler et souvent seules en cause, avec la vitesse comme phénotype principal. On constate que 32 % des tués ou blessés graves en motocyclettes lourdes sont impliquées dans des accidents « en tournant » et 30 % seuls en cause.

La problématique des traversées est plus présente chez les cyclomoteurs, avec un phénotype principal de gestion temporelle, lié au génotype conducteur.

Parmi les cas d'accidents impliquant deux véhicules, trois typologies d'accidents sont plus fréquentes chez les motocyclistes tués ou blessés graves :

- TO2, où le motocycliste allant tout droit est confronté à un véhicule adverse circulant dans la direction opposée et en manœuvre de tourne à gauche et coupant la route au 2RM (13 %) ;
- T2, où le motocycliste arrive perpendiculairement au véhicule adverse du côté droit (9 %) ;
- PDC, où le motocycliste perd le contrôle et entre en collision avec un véhicule adverse (6 %).

Il est important de noter que les cas SAFERWHEELS sont issus d'études détaillées d'accidents : l'objectif de ce projet n'était pas de rechercher la représentativité statistique mais de comprendre les mécanismes accidentels et leurs causes associées.

## Remerciements

Les auteurs tiennent à remercier tous les partenaires qui ont contribué à la réalisation du projet européen SAFERWHEELS (Université de Loughborough – Royaume-Uni ; SWOV – Pays-Bas ; CERTH-HIT – Grèce ; CTL – Italie ; ITS – Pologne ; NTUA – Grèce).

## Références

1. Morris, A. P. et al. (2018). Study on Powered Two-Wheeler and Bicycle Accidents in the EU, final report.
2. Wallen Warner, H. et al. (2008). Manual for DREAM 3.0, Driving Reliability and Error Analysis Method. Deliverable D5.6 of the EU FP6 project SafetyNet, TREN-04-FP6TRSI2.395465/506723.
3. Ziakopoulos, A. et al. (2018). A preliminary analysis of in-depth accident data for powered two-wheelers and bicycles in Europe. Presented at the

International Research Council on the Biomechanics of Impacts (IRCOBI), Athens, Greece, 12-14th September, p. 430-441.

# Motorisation motocycliste dans le monde : dynamiques métropolitaines et caractérisation socio-économique

Mallory Trouvé, Luc Nemett, Gaële Lesteven

LVMT UMR-T 9403, École des Ponts, Univ Gustave Eiffel, IFSTTAR

## Introduction

Le motocycle est traditionnellement considéré comme une étape intermédiaire dans la motorisation des ménages, précédant l'acquisition d'une automobile (Gwilliam et al., 2002). En effet, son coût moindre par rapport à l'automobile en fait souvent le seul mode motorisé accessible à une large partie de la population. Les dynamiques de motorisation rapides actuellement observées dans les métropoles de pays émergents remettent en question ce schéma classique avec l'émergence de nouveaux usages du motocycle dans de nombreuses villes d'Asie, d'Amérique latine ou d'Afrique sub-saharienne. Un développement insuffisant des transports collectifs y encourage l'acquisition de véhicules privés et un mauvais état de la voirie généralement associé à une forte congestion font du motocycle un véhicule adapté aux déplacements dans ces villes (Pochet et al., 2017). Un report de la voiture vers le motocycle est alors parfois observé, notamment en raison du prix de l'essence (Musso et al., 2010). À l'instar de l'automobile, le motocycle devient ainsi un marqueur social. Dans ce contexte, la motorisation motocycliste pourrait constituer une alternative à l'équipement automobile et non pas uniquement une étape transitoire.

L'usage croissant du motocycle a des impacts en termes de sécurité routière : en ne portant pas toujours d'équipements de protection adaptés, en se faufilant dans des espaces étroits ou en pratiquant la remontée de file, les usagers prennent davantage de risques (Clabaux et al., 2015). Dans certains pays, les conventions internationales (permis de conduire, port de casque, etc.) ne sont pas appliquées, renforçant la vulnérabilité des motocyclistes. À l'échelle mondiale, ils représentent 29 % des tués sur la route. En Asie du Sud-

Est, le chiffre monte à 43 % (OMS, 2018). L'ordre de grandeur est le même en Île-de-France pour une part modale inférieure à 2 % (Awada et al., 2016).

L'objectif de cette recherche est d'étudier les dynamiques de croissance de la motorisation motocycliste à l'échelle urbaine, en lien avec des caractéristiques métropolitaines, notamment en termes de sécurité routière. Les études sur les trajectoires de motorisation (Dargay et al., 2007 ; Lescaroux, 2010 ; Kuhnimhof et al., 2014) se placent généralement à l'échelle du pays, s'appuyant sur les statistiques nationales. Or les dynamiques de croissance de la motorisation varient selon le contexte urbain ou rural : les habitants des grandes villes, en particulier des pays émergents, souvent plus riches que les populations rurales, ont tendance à s'équiper davantage en véhicules individuels. Nous exposons tout d'abord le cadre de la recherche et la méthode avant de proposer une analyse statique puis dynamique de la motorisation motocycliste à l'échelle urbaine.

## 1. Collecte des données et méthodologie

Les données mobilisées pour ce travail proviennent de la base de données du méta-observatoire des mobilités (Eskenazi et al., 2016). Cette base de données hébergée au laboratoire LVMT collecte des informations sur les systèmes de mobilité urbaine sur le plan international. Plus de 70 métropoles sont recensées. La collecte des données est faite de manière incrémentale et est alimentée par une consultation régulière des sources disponibles localement. La faible disponibilité de certaines données, leur qualité médiocre ou encore l'échelle inadaptée restent des freins à une collecte exhaustive.

Les villes étudiées appartiennent à différentes zones géographiques et présentent des niveaux de développement économique contrastés (Figure 1). Une attention particulière est portée à l'étude de métropoles de pays émergents.

La méthode retenue pour cette recherche est une analyse statistique en deux temps. Dans un premier temps, une étude statique est réalisée à partir de croisements entre le taux de motorisation motocycliste et des indicateurs urbains et socio-économiques. Dans un second temps, les dynamiques de la motorisation sont investiguées à l'aide d'un modèle de consommation appliqué à 16 métropoles. Ce modèle agrégé explore la relation entre les évolutions temporelles des revenus des ménages et celles de la détention motocycliste et automobile individuelle pour générer des estimations de croissance des parcs de véhicules (Trouvé et al., 2019).

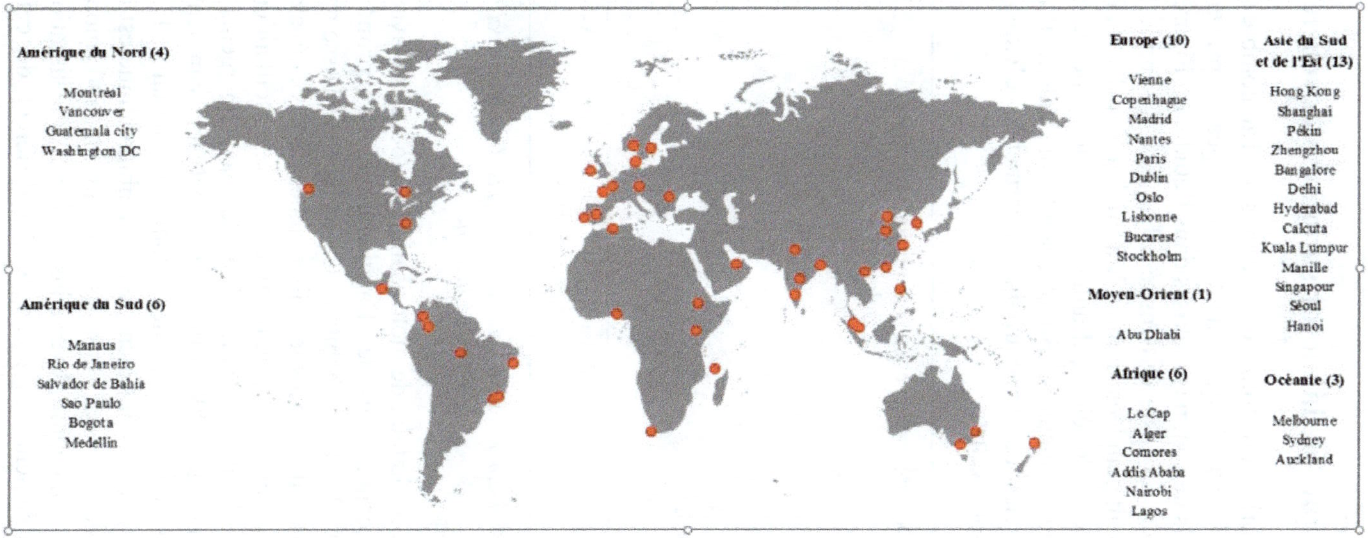


*Figure 1 : Villes du méta-observatoire référencées dans l'étude de la motorisation en motocycles*

## 2. Caractéristiques de la motorisation motocycliste

Le taux de motorisation motocycliste correspond au nombre de motocycles pour 1000 habitants. Seul l'équipement des ménages est pris en compte ; les flottes de mototaxis ne sont pas incluses dans l'étude. La Figure 2 croise taux de motorisation motocycliste et densité urbaine. S'il semble que les villes asiatiques densément peuplées, comme Manille ou New Dehli, ont un taux de motorisation motocycliste élevé, d'autres villes moins densément peuplées, comme Zhengzhou, Manaus ou Bogota, semblent également accueillir bon nombre de motocycles. La forme urbaine ne permet pas d'expliquer le niveau de motorisation motocycliste.

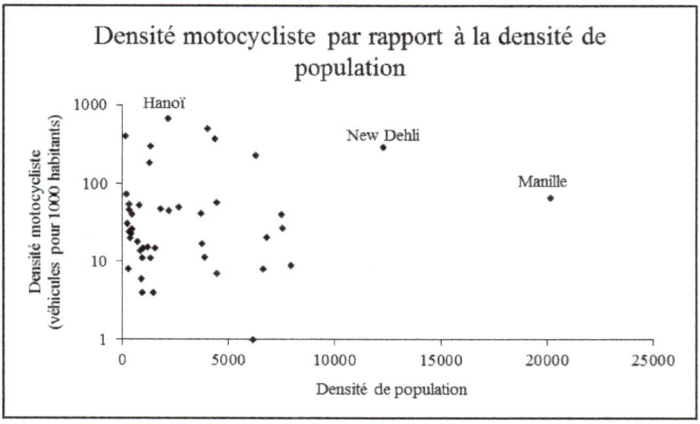


*Figure 2 : Croisement entre le taux de motorisation motocycliste et la densité urbaine*

La Figure 3 croise le taux de motorisation motocycliste avec le niveau de développement économique de l'agglomération, exprimé en produit métropolitain brut (PMB) par habitant. Ce croisement laisse apparaître trois groupes distincts de villes. Dans les villes riches de pays développés, le taux de motorisation motocycliste reste relativement bas, oscillant entre 10 et 100 motos pour 1000 habitants. Dans les villes des pays émergents avec un PMB par habitant autour de 5000 dollars, *a priori* suffisamment élevé pour permettre l'acquisition d'une petite automobile, le taux de motorisation motocycliste peut être élevé. Le cas le plus emblématique est celui d'Hanoï au Vietnam où le taux de motorisation atteint 680 motocycles pour 1000 habitants, niveau jamais observé jusqu'alors. Cette situation suggère des trajectoires d'équipement des ménages qui diffèrent de celles des pays développés. Enfin, dans les métropoles des pays les plus pauvres, le taux de motorisation motocycliste reste faible, soulignant la part importante de ménages qui ne peuvent fournir l'effort financier suffisant pour accéder à ce bien.

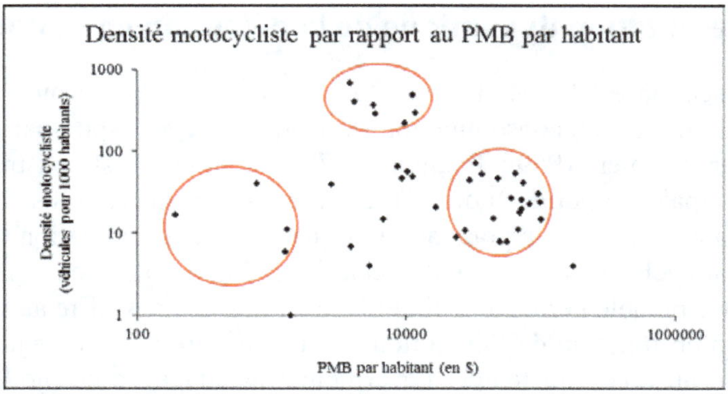


*Figure 3 : Croisement entre le taux de motorisation motocycliste et le produit métropolitain brut (PMB) par habitant en dollars*

Le croisement entre le taux de motorisation motocycliste et le nombre annuel de tués sur la route pour un million d'habitants (Figure 4) permet de constater que le nombre de tués n'est pas lié directement à la taille du parc. Les villes avec un taux de motorisation élevé ne présentent pas plus de tués sur la route que celles dont le parc est moins important. Il est probable en revanche que le type d'usagers tués ne soit pas le même et que la part des motocyclistes tués soit plus importante dans les villes où le taux de motorisation motocycliste est élevé. Notons que le nombre de tués sur la route est plus faible dans les villes où le PMB par habitant est supérieur à 20 000 dollars, ce qui correspond aux pays développés qui ont mis en place une politique de sécurité routière. Les villes dépassant les 100 tués par million d'habitants se situent dans des pays en développement ou pauvres, dans lesquels les services de transport collectif sont insuffisants, l'aménagement des routes souvent limité et les politiques de sécurité routière modestes voire inexistantes ou peu respectées.

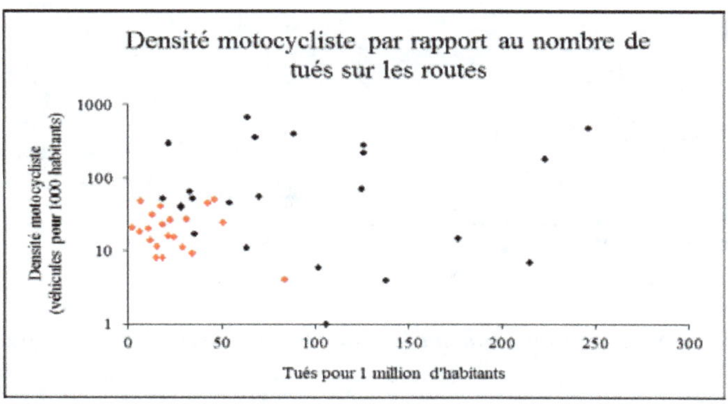


*Figure 4 : Croisement entre le taux de motorisation motocycliste et le nombre de tués sur la route (Les villes dont le PMB par habitant est supérieur à 20 000 dollars sont en rouge)*

## 3. Représentation dynamique de la détention en motocycles

Cette section est basée sur une étude de la motorisation motocycliste à partir d'un modèle de consommation statistique agrégé inspiré par le modèle de Cramer (Cramer, 1959 ; Trognon, 1978). Ce modèle est construit sur les deux principales hypothèses que (i) les revenus sont distribués selon une loi log-normale au sein de la population et que (ii) la consommation d'un bien, ici le motocycle, suit une loi de répartition log-normale en fonction des revenus. Ce modèle permet d'estimer la détention motocycliste au sein d'une population en fonction de l'évolution de la distribution des revenus de cette population au cours du temps. Le principal avantage de ce modèle est sa facilité de mise en œuvre à partir de données statistiques agrégées relativement simples à obtenir telles que les revenus moyens ou médians, l'indice de Gini ou le rapport interquantile ainsi que le niveau de motorisation associé pour au moins trois points temporels. Les limites à prendre en compte sont notamment sa forte sensibilité aux variations de revenus, le fait qu'aucune autre variable que les revenus n'est prise en compte, et la mauvaise capacité du modèle à représenter les phénomènes extrêmes des queues de distribution où l'évolution de la motorisation est faible. Les résultats du modèle appliqué à 16 métropoles sont présentés sur la Figure 5 et le Tableau 1.

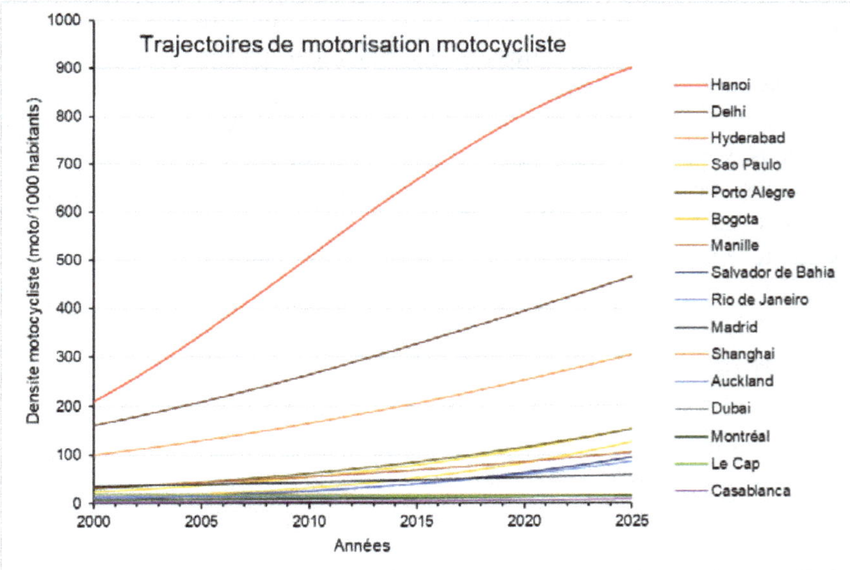


*Figure 5 : Trajectoires de motorisation motocycliste estimées par le modèle de Cramer*

La Figure 5 expose des croissances très fortes attendues dans les métropoles de pays en voie de développement comme en Asie du Sud, en Asie du Sud-Est et en Amérique du Sud. Cependant, cette courbe ne reproduit que les effets de l'augmentation des revenus. Ces chiffres sont à nuancer car ils ne prennent pas en compte, par exemple, les politiques d'encouragement ou de régulation de l'usage motocycliste. Le Tableau 1 est plus parlant car il met en relation la croissance des taux de motorisation automobile et motocycliste en fonction de la même variable : le revenu. On observe que les dynamiques de motorisation semblent dans l'ensemble plus importantes dans les métropoles sud-américaines. On distingue une dissociation entre motorisation motocycliste et motorisation automobile pour des villes de pays développés comme Madrid en Espagne et Montréal au Canada qui présentent une croissance marquée en motocycle alors que leur croissance en automobile est atone. À l'inverse, des villes comme Le Cap en Afrique du Sud et plus encore Shanghaï en Chine présentent une baisse du parc de motocycles alors que le parc automobile croît fortement.

| | Densité motocycliste 2000 (estimée) | Densité motocycliste 2025 (estimée) | Croissance 2000-2025 | Croissance 2020-2025 | Densité automobile 2000 (estimée) | Densité automobile 2025 (estimée) | Croissance 2000-2025 | Croissance 2020-2025 |
|---|---|---|---|---|---|---|---|---|
| Bogota | 10 | 125 | 1173% | 51% | 64 | 190 | 199% | 21% |
| Salvador de Bahia | 9 | 94 | 988% | 49% | 105 | 243 | 133% | 16% |
| Rio de Janeiro | 10 | 86 | 737% | 44% | 158 | 301 | 90% | 12% |
| Sao Paulo | 23 | 153 | 558% | 37% | 265 | 521 | 97% | 12% |
| Porto Alegre | 29 | 151 | 414% | 32% | 222 | 450 | 102% | 12% |
| Casablanca | 2 | 8 | 236% | 26% | 114 | 352 | 208% | 20% |
| Manille | 34 | 104 | 204% | 22% | 38 | 36 | -6% | -1% |
| Hyderabad | 99 | 304 | 206% | 21% | 20 | 75 | 273% | 27% |
| Montréal | 6 | 15 | 143% | 19% | 286 | 254 | -11% | -2% |
| Delhi | 161 | 466 | 191% | 18% | 79 | 244 | 209% | 21% |
| Dubai | 8 | 15 | 97% | 14% | 489 | 481 | -2% | 0% |
| Hanoi | 210 | 903 | 331% | 12% | 28 | 125 | 343% | 30% |
| Madrid | 36 | 58 | 63% | 10% | 506 | 526 | 4% | 1% |
| Auckland | 13 | 16 | 22% | 4% | 468 | 527 | 13% | 2% |
| Shanghai | 18 | 16 | -9% | -2% | 10 | 237 | 2357% | 59% |
| Le Cap | 18 | 13 | -27% | -6% | 232 | 328 | 42% | 7% |

*Tableau 1 : Estimations de croissances de motorisation motocycliste et automobile (Classement des villes en fonction du taux de croissance sur la période 2000-2025)*

## 4. Discussion et conclusion

Les résultats de cette étude remettent en question la vision traditionnelle du motocycle comme une étape intermédiaire d'accès à la motorisation automobile. Dans le cadre de déplacements individuels, le motocycle présente les avantages de l'automobile (Das et al., 2017), et ce à un coût moindre. Cette analyse est soutenue par une présence forte de la motorisation motocycliste au sein de villes dont le niveau de développement économique reste modeste, et par le constat de croissances différenciées de la motorisation motocycliste et automobile en fonction des revenus. Le motocycle apparaît comme un mode adapté à l'évolution rapide des formes urbaines dans les villes asiatiques et africaines à forte croissance démographique (Guézéré, 2013) et à faible pouvoir d'achat. Il diffère de l'automobile qui, sur plusieurs décennies, a structuré les territoires urbains peu denses des pays développés (Newman & Kenworthy, 1989).

Les croisements entre le taux de motorisation motocycliste et différentes variables du méta-observatoire permettent d'esquisser des grands traits de l'équipement motocycliste mais restent trop agrégés. D'autres indicateurs seraient à prendre en compte pour comprendre la croissance du taux de motorisation motocycliste. Il conviendrait, entre autres, de considérer l'offre disponible en transports collectifs. L'analyse de la relation entre le taux de motorisation et le nombre de tués est difficile à interpréter car il faudrait pouvoir distinguer le nombre de tués impliqués dans un accident avec un mototcycle et inclure les accidents de mototaxis.

Pour conclure, cet article conforte l'hypothèse d'un développement différencié de la motorisation motocycliste et automobile dans les grandes agglomérations des pays émergents par rapport au modèle de développement précédemment observé dans celles des pays développés. Les motocycles ne sont plus perçus seulement comme première étape de la motorisation individuelle, mais comme une véritable solution de mobilité en elle-même, véhicule familial adapté à des environnements urbains souvent contraignants, parfois densément peuplés et en évolution rapide. Les dynamiques de croissance exponentielle observées dans les métropoles des pays émergents et soutenues par une forte augmentation des revenus indiquent une pression présente et future sur le développement urbain qui doivent être anticipées pour éviter un développement non maîtrisé favorisant les phénomènes de congestion urbaine et d'insécurité routière.

## Références

1. Awada, F., Barazza, I., Cransac, O., Galopin, C., Sarris, J., Coulomb, S. (2016). Les deux-roues motorisés : quelle approche pour les politiques de mobilité ? *Note Rapide Institut d'aménagement et d'urbanisme d'Île-de-France,* n° 721.
2. Clabaux, N., Fournier, J.-Y., Michel, J.-E., Huillet, J., Gémy, F., Guéritat, F. (2015). Risque d'accident des usagers de deux-roues motorisés associé aux pratiques de remontée de files sur autoroutes urbaines. *Recherche Transports Sécurité,* 03-04, p. 173-184.
3. Cramer, J. S. (1959). Private Motoring and the Demand for Petrol. *Journal of the Royal Statistical Society, Series A (General)* 122, p. 334-347.

4. Dandona, R., Mishra, A. (2004). Deaths due to road traffic crashes in Hyderabad city in India: need for strengthening surveillance. *National Medical Journal of India, 17*, p. 74-79.
5. Dargay, J., Gately, D., Sommer, M. (2007). Vehicle Ownership and Income Growth, Worldwide: 1960-2030. *The Energy Journal, 28*, p. 143-170.
6. Das, S., Maurya, A. K. (2018). Modelling of motorised two-wheelers: a review of the literature. *Transport reviews, 38*(2), p. 209-231.
7. Eskenazi, M., Lesteven, G., Leurent, F. (2017). Meta-Observatory of Mobility at Country and City Scale. *Proceedings of TRB 96th Annual Meeting, Washington DC.*
8. Guézéré, A. (2013). Deux-roues motorisés et étalement urbain à Lomé, quel lien avec la théorie des « trois âges » de la ville ? *Norois. Environnement, aménagement, société*, 226, p. 41-62.
9. Gwilliam, K. M. (2002). Cities on the move: a World Bank urban transport strategy review. *The World Bank.*
10. Kuhnimhof, T., Rohr, C., Ecola, L., Zmud, J. (2014). Automobility in Brazil, Russia, India and China? *Transportation Research Record: Journal of the Transportation Research Board*, 2451, p. 10-19.
11. Lescaroux, F. (2010). Car Ownership in Relation to Income Distribution and Consumers' Spending Decisions. *Journal of Transport Economics and Policy*, 44-2, p. 207-230.
12. Musso, A., Vuchic, V. R., Bruun, E., Corazza, M. V. (2010). A research agenda for public policy towards motorized two-wheelers in urban transport. *Proceedings of TRB 89th Annual Meeting, Washington DC.*
13. Newman, P. G., Kenworthy, J. R. (1989). *Cities and Automobile Dependence: an international sourcebook.*
14. OMS (2018). *Rapport de situation sur la sécurité routière dans le monde*, Organisation mondiale de la santé.
15. Pochet, P., Diaz Olvera, L., Plat, D., Adoléhoumé, A. (2017). Private and public use of motorcycles in cities of Sub-Saharan Africa. In UITP (Ed.), *Public Transport Trends 2017*, Bruxelles, Ed. UITP, p. 103-105.
16. Trognon, A. (1978). Modèles de diffusion d'une innovation : l'exemple de la télévision couleur. *Annales de l'INSEE*, p. 3-62.
17. Trouvé, M., Lesteven, G., Leurent, F. (2019). International Assessment of Private Motorization Dynamics at the Metropolitan Scale, *World Conference on Transport Research – WCTR 2019*, Mumbai, 26-31 May.

# Une meilleure connaissance des accidents de deux-roues motorisés

Nicolas Dubos, Berengère Varin

Cerema Normandie-Centre

## Introduction

Différents recueils d'informations concernant la sécurité routière ont été réalisés en France dans les années 1990 et 2000 afin de faire un état des lieux de l'insécurité routière sur ces périodes. Ces études « PVM », pour procès-verbal mortel, concernaient plus particulièrement les accidents mortels et ne constituaient qu'un reflet partiel de la réalité. Le projet VOIESUR (2012-2015) proposait de réaliser un nouvel état des lieux sur l'année 2011 et d'étendre les champs d'observation non seulement aux accidents mortels mais aussi aux accidents corporels.

Différentes études thématiques ont été réalisées à partir de la base de données VOIESUR. Cet article présente les résultats concernant les deux-roues motorisés (2RM).

La plus-value de ces travaux a été d'exploiter des données jusqu'ici peu utilisées (comme les vitesses pratiquées par les motos dans les accidents, ou les données d'exposition au risque avec les chiffres du parc de 2RM), mais aussi de prendre en compte la pluralité des 2RM. En effet, la catégorie 2RM regroupe des usages très différents (type de trajet, kilométrage, type de réseau utilisé, etc.), des styles de conduite parfois atypiques (prise de risques). Elle comprend également des usagers très diversifiés (tranche d'âge, obligation de permis ou non, formation spécifique à la conduite). Enfin, les types de 2RM sont aussi multiples, avec des comportements dynamiques uniques.

## 1. Méthodologie

Le caractère original du projet VOIESUR repose sur l'analyse détaillée des procès-verbaux (PV) d'accidents de la route, documents établis par les forces de l'ordre pour les accidents corporels ou mortels. Dans ce projet, l'ensemble des PV mortels ont été collectés et codés, ainsi que les PV d'accidents corporels. En revanche, pour ceux-ci, seuls 1/20$^{e}$ de ces PV ont été tirés au sort et codés. Au total, 9000 PV de l'année 2011 ont été codés, dont environ un tiers de mortels et deux tiers de corporels.

Le type d'analyse opérée dans VOIESUR se positionne à mi-chemin entre l'utilisation des données brutes élaborées à partir des remontées des forces de l'ordre et l'utilisation des études détaillées d'accidents réalisées par les experts en accidentologie. Elle permet ainsi d'obtenir à la fois du détail et un nombre suffisant d'accidents. Pour donner un exemple de données qualitatives engrangées lors du codage des PV d'accidents, il a été possible de connaître les vitesses des véhicules avant et lors du choc. Pour ce faire, les experts en reconstruction des accidents qui participaient au projet ont pu déterminer une bonne partie (60 % pour les accidents mortels) des vitesses des véhicules en se basant sur les éléments présents dans le PV (par exemple, témoignage ou plans à l'échelle contenant la position finale des véhicules, les zones de collision, les traces laissées par les véhicules, etc.) et sur des principes physiques (conservation de l'énergie cinétique, de la quantité de mouvement, etc.).

Les objectifs de l'étude étaient d'étudier le risque routier chez les usagers de 2RM et d'améliorer les connaissances des mécanismes accidentels (en adéquation avec le parc de 2RM circulant).

Par ailleurs, la particularité du travail a été de prendre en compte la spécificité des 2RM sous un angle de pluralité d'usagers. Pour ce faire, la méthodologie retenue a consisté à différencier les accidents mortels et les accidents corporels qui, par nature, sont très différents comme l'ont montré en France Van Elslande et al. (2008). Pour les analyses effectuées, les 2RM ont été étudiés d'une part dans leur globalité, mais aussi en segmentant les trois catégories définies au niveau national : cyclomoteurs, motos légères et motos lourdes, comme dans ONISR (2012). Enfin, pour les thématiques observées, un parallèle avec les véhicules légers a été opéré de façon à mettre en avant la spécificité des 2RM. De même, les accidents de 2RM ont été comparés à des enquêtes nationales (CGDD, 2013), donnant des informations sur la typologie du parc de 2RM circulant et sur le profil de leur conducteur (âge, ancienneté de permis, etc.).

## 2. Photographie générale des accidents de deux-roues motorisés

Les investigations menées ont permis de mettre en avant la différence entre les accidents mortels et corporels de 2RM, ainsi que les facteurs d'accidents associés. Cette différenciation avait déjà été démontrée par le passé par Van Elslande et al. (2008), par exemple la surreprésentation des pertes de contrôle dans les accidents mortels.

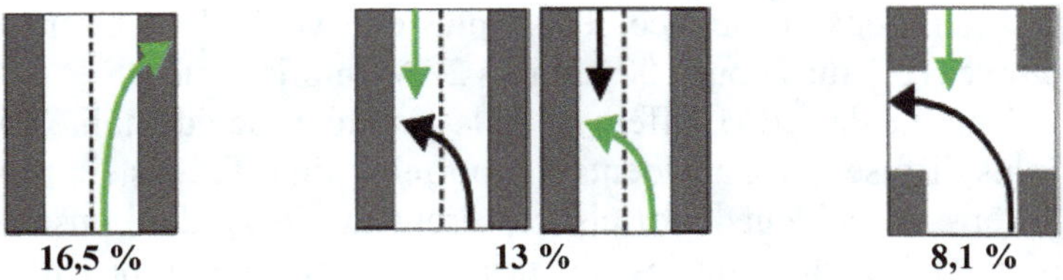


*Figure 1 : Trois principales configurations d'accidents mortels des 2RM en 2011 (n = 946), le 2RM étant représenté en vert*

La configuration d'accident mortel la plus fréquente (16,5 % des accidents mortels) a majoritairement lieu en rase campagne (69 %) pour les motos lourdes, et en agglomération pour les motos légères et les cyclos. Si les sorties de chaussée des motos lourdes ont majoritairement lieu en courbe à gauche (59 %), ce n'est pas le cas pour les cyclos qui sortent principalement en ligne droite. Sur cette configuration d'accidents, il n'est pas étonnant de retrouver l'importance de facteurs liés à l'usager. Dans ces pertes de contrôle, les prises de risques initiales sont notoires, avec notamment l'alcool et la vitesse. En effet, 39 % des conducteurs de motos lourdes avaient une alcoolisation supérieure à 0,5 g/l. Plus de trois quart des conducteurs de motos légères et de cyclos avaient un taux supérieur à 0,5 g/l. Concernant la vitesse, le 2RM est en excès dans plus de la moitié des cas. Il s'agit d'excès importants chez les conducteurs de motos lourdes. La faible connaissance du 2RM est aussi en cause : dans la majorité des cas, le 2RM est détenu depuis moins d'un an. Mais elle apparaît aussi au regard de la forte proportion de cas de conduite sans permis (20 % chez les motos lourdes et 33 % chez les motos légères).

Le détail des 1095 accidents corporels de 2RM n'est pas donné ici car il s'agit d'une accidentalité bien plus diffuse.

Globalement et comparativement aux autres catégories de véhicules, les 2RM sont davantage impliqués dans les accidents :

- en intersection ;
- avec un véhicule en stationnement, en accès à un stationnement ou en sortie de stationnement ;
- avec un dépassement.

Dans l'ensemble, la plupart des accidents de 2RM sont des accidents à plusieurs véhicules (81 %). Ce point est toutefois à mettre en perspective avec un éventuel sous-enregistrement des accidents de véhicules seuls au niveau national, plus important pour le 2RM que pour d'autres catégories d'usagers. Toutefois, cette tendance n'est pas à négliger. Même pour les accidents mortels (où la question d'un sous-enregistrement se pose moins), on s'aperçoit que plus de 65 % des accidents de 2RM sont à plusieurs véhicules, ce qui est bien plus que pour les accidents des véhicules légers (55 %). Davantage que pour d'autres types d'usagers, l'interaction avec d'autres véhicules est donc un marqueur fort de l'accidentalité des 2RM. Si les accidents de 2RM seul sont moins nombreux que les accidents à plusieurs véhicules, ce sont toutefois les plus graves (6,7 tués pour 100 usagers 2RM impliqués).

L'accidentalité des 2RM diffère selon la gravité. L'accidentalité corporelle est bien plus diffuse que l'accidentalité mortelle. En effet, les six principales configurations d'accidents mortels représentent 56 % de l'ensemble des accidents mortels alors que les six principales configurations d'accidents corporels en représentent 35 %. Cet aspect diffus se retrouve aussi dans le milieu étudié (agglomération/rase campagne). Les accidents mortels sont du même type en agglomération et en rase campagne, alors que les corporels diffèrent beaucoup selon le milieu étudié.

Les défaillances recensées chez les conducteurs de 2RM dans les accidents mortels sont très souvent des problèmes d'exécution d'une tâche de conduite (30 % des cas). Dans les corporels, il s'agit principalement de problèmes de pronostic (23,6 %) et de détection (21,5 %). Au-delà de cet enjeu brut et lorsqu'on compare aux autres véhicules, on s'aperçoit que le 2RM est sur-impliqué dans les défaillances de diagnostic, de pronostic, de décision et d'exécution. *A contrario*, ils sont sous-impliqués dans les problèmes de détection et de défaillances globales. Par ailleurs, les défaillances ne sont pas toujours les mêmes au sein des catégories de 2RM. Par exemple, dans les mortels comme les corporels, les cyclos sont davantage impliqués dans les défaillances globales que les motos, ce qui est à mettre en lumière avec leur particularité en terme d'alcoolisation.

## 3. L'usager de deux-roues motorisés

Les analyses réalisées ont montré combien le rôle de l'usager et de ses défaillances étaient primordiaux dans l'accidentalité des 2RM. Elles ont permis de dégager des pistes d'amélioration de la sécurité routière, à la fois sur le volet prévention mais aussi sur le volet contrôle/sanction.

En matière de vitesse, les résultats démontrent tout l'intérêt d'amener les conducteurs de 2RM vers des vitesses de circulation plus apaisées, notamment en ce qui concerne les motos lourdes. Des analyses ont été menées concernant les vitesses moyennes, mais aussi le taux d'excès de vitesse.

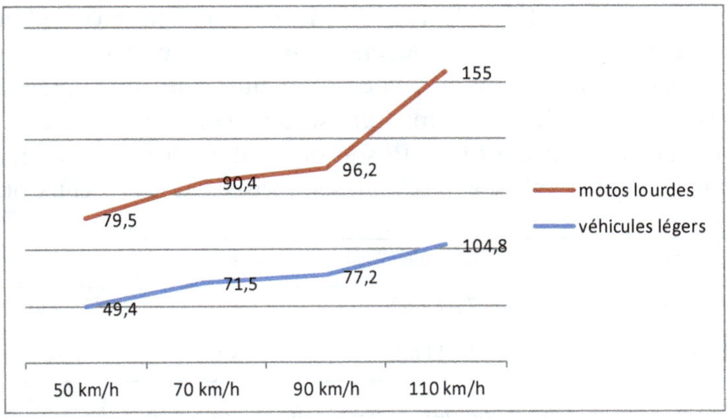


*Figure 2 : Vitesses moyennes connues des véhicules légers (n = 2021) et des motos lourdes (n = 302) selon la vitesse réglementaire, dans les accidents mortels*

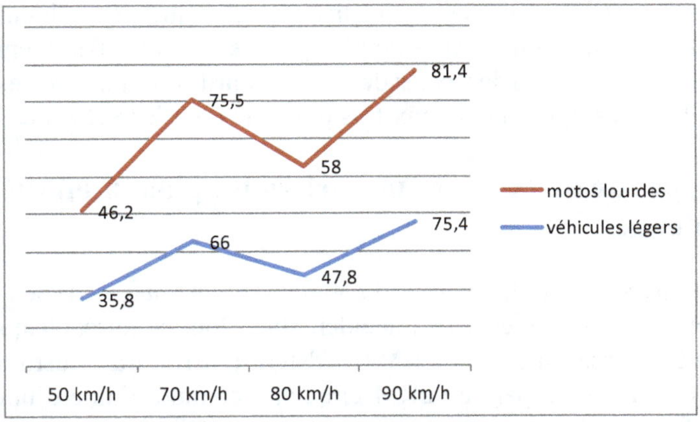


*Figure 3 : Vitesses moyennes connues des véhicules légers (n = 420) et des motos lourdes (n = 83) selon la vitesse réglementaire, dans les accidents corporels*

Qu'il s'agisse des accidents mortels ou corporels de 2RM, les vitesses initiales moyennes des motos lourdes sont bien supérieures à celles des véhicules légers. En revanche, cette différence est variable selon que l'accident est mortel ou corporel. Globalement, on constate une différence de 10 km/h entre motos lourdes et véhicules légers pour les accidents corporels (Figure 3). En ce qui concerne les accidents mortels (Figure 2), cette différence est bien plus forte : entre 19 et 50 km/h selon la vitesse limite réglementaire. Tout particulièrement, un enjeu apparaît assez nettement concernant les vitesses moyennes des motos lourdes dans les accidents mortels sur infrastructure à vitesse réglementaire de 50 km/h. Les vitesses moyennes sont 30 km/h au-dessus de la vitesse maximale autorisée.

Dans 76 des 83 cas (92 %), ces accidents ont lieu en agglomération. Comparativement aux véhicules légers, la question de la vitesse des motos lourdes apparaît donc comme une problématique très présente dans l'accidentalité des 2RM. Elle apparaît surtout comme un fort vecteur de gravité. Ce constat est confirmé lorsqu'on analyse les vitesses moyennes, quelles que soient les vitesses maximales autorisées et les réseaux pratiqués.

| Vitesses moyennes initiales | Véhicules légers | Motos lourdes | Delta |
|---|---|---|---|
| Accidents mortels | 72,9 km/h | 93,3 km/h | 20,4 km/h |
| Accidents corporels | 55,2 km/h | 59 km/h | 3,8 km/h |

*Table 1 : Comparaison des vitesses initiales moyennes des motos lourdes et des véhicules légers*

Cette tendance à des vitesses importantes est aussi mise en avant via les excès de vitesse. Ceux-ci sont en effet largement plus fréquents du côté des motos lourdes (62 % dans les accidents mortels) que des véhicules légers (26 %). De plus, il s'agit d'excès de plus grande ampleur. Par exemple, dans les mortels, plus de 17 % des excès des motos lourdes sont de gros excès (plus de 50 km/h). C'est quasiment deux fois plus que pour les véhicules légers.

## 4. Les types de deux-roues motorisés les plus impliqués dans les accidents

Une analyse a été faite afin de mettre en avant des types de 2RM particulièrement impliqués dans l'accidentalité. Pour ce faire, chaque modèle de 2RM a été classé par type de 2RM (roadster, sportive, trail, custom, scooter, etc.), puis comparé au parc de 2RM circulant, connu à l'aide d'une enquête nationale faite par le ministère des Transports (CGDD, 2013).

Cette analyse comparée a permis de mettre en avant un enjeu fort sur les roadsters. En effet, la comparaison des données d'accidentalité de la base VOIESUR à celle des données d'enquêtes nationales sur le parc de 2RM en circulation ont mis en avant des surexpositions selon le type de 2RM. Il apparaît dans ce cadre que du côté des motos lourdes, les roadsters (Figure 4, image 1) constituent le sujet principal. En enjeu brut, ils sont le type de 2RM le plus représenté dans les accidents mortels et corporels (presque un sur deux). Ils sont par ailleurs bien plus représentés que dans les usages (28 % du parc). D'autres types de 2RM, s'ils sont moins représentés dans l'accidentalité globale, présentent néanmoins des taux de gravité inquiétants : c'est le cas des sportives (Figure 4, image 2). Chez les usagers de motos lourdes accidentées, un usager de sportive décède dans 14 % des cas.

(1) (2)

*Figure 4 : Représentation des types de 2RM à fort enjeu, les roadsters (image 1) et les sportives (image 2)*

## 5. Le rôle de l'infrastructure dans les accidents de deux-roues motorisés

Une des préoccupations de nos travaux a été d'analyser la question des défauts d'entretien de la chaussée et de leur rôle sur la survenue des accidents de 2RM. Il a été constaté que les problématiques d'entretien de la chaussée étaient très peu souvent explicatives d'un accident corporel ou mortel. Dans moins de 2 % des accidents, ces éléments (nids de poule, gravillons, corps gras, etc.) semblent être à l'origine de l'accident. Ces chiffres, bien inférieurs à ceux de la littérature, notamment ACEM (2004), mettent en avant soit une particularité française, soit une amélioration notable des conditions d'entretien des chaussées pour les 2RM au cours des dix dernières années. Il reste à préciser toutefois que le périmètre d'études ainsi que la nature des données initialement recueillies dans ces deux travaux n'étaient pas exactement les mêmes, ce qui pourrait expliquer cette différence.

En outre, afin de donner aux pouvoirs publics nationaux et aux gestionnaires locaux des leviers d'amélioration de la qualité du réseau français, un focus a été opéré sur le lien entre les obstacles et les accidents de 2RM.

Cette thématique concerne particulièrement les 2RM. En France, en 2004, les véhicules ayant percuté des obstacles fixes étaient des 2RM à hauteur de presque 18 %, selon ONISR (2006). Par ailleurs, ce sont les 2RM qui détiennent la plus forte gravité (14,3 tués pour 100 victimes chez les motocyclistes, contre 11 pour les voitures de tourisme, selon ONISR [2012]). Afin de cerner l'enjeu global sur la thématique des obstacles, un premier découpage a été opéré concernant le nombre d'accidents de 2RM avec obstacles fixes. Par obstacle fixe, il faut ici entendre tout objet en bord de route susceptible d'aggraver, en cas de heurt, les conséquences d'une sortie de chaussée. Sont exclus les piétons et les véhicules en circulation. Le sol et la chaussée ne sont pas considérés ici comme obstacles, conformément à la littérature technique française sur le sujet (SETRA, 2002).

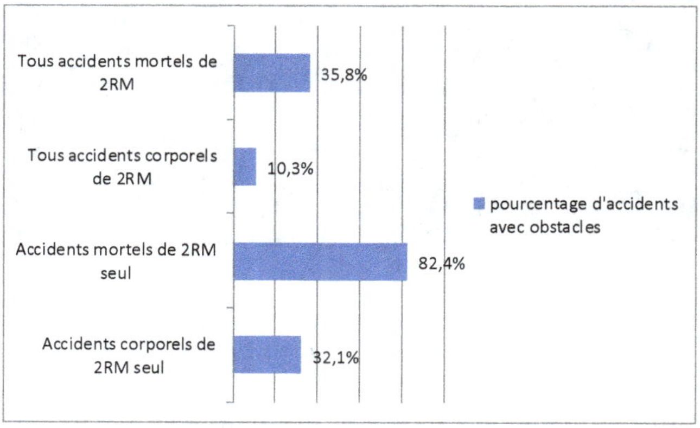


*Figure 5 : Part des accidents avec obstacles, selon le type d'accident (n = 946 accidents mortels et 1095 corporels)*

Ce découpage fait apparaître que plus d'un tiers des accidents mortels de 2RM et plus de 10 % des accidents corporels sont des accidents contre obstacle fixe. Cette implication des obstacles fixes est clairement accentuée pour les accidents de 2RM seul. Sans surprise, les accidents avec heurt de véhicule sont moins concernés par la problématique. Il faut toutefois rappeler que les 2RM sont proportionnellement moins présents que les véhicules de tourisme dans les accidents mortels contre obstacles fixes. En effet, 48 % des usagers de véhicules de tourisme tués l'ont été lors d'un accident contre obstacles fixes, contre 36 % pour les motos, selon ONISR (2012). Cette première lecture n'apporte toutefois qu'une vision globale de l'enjeu et ne permet pas de savoir si l'obstacle fixe a été heurté par le véhicule 2RM ou par l'usager de 2RM. Un focus a été donc été fait pour savoir qui heurtait l'obstacle (usager/conducteur/les deux).

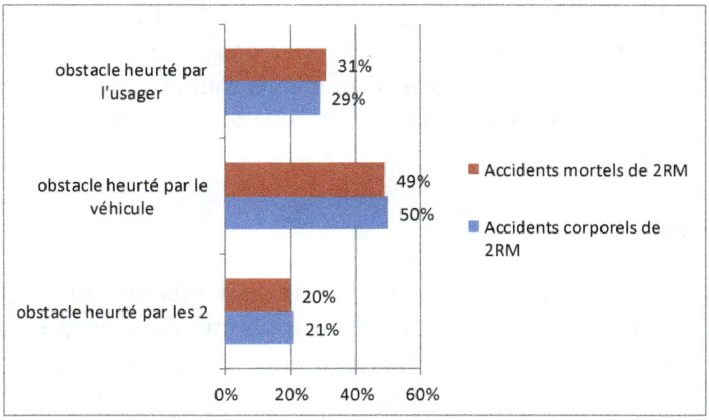


*Figure 6 : Point impactant l'obstacle dans les accidents où un 2RM heurte un obstacle (n = 389 cas mortels et 170 cas corporels)*

Dans environ un cas sur deux, l'obstacle heurté l'a été par l'usager, soit lui seul, soit en même temps que le véhicule 2RM. Pour l'autre moitié des cas, l'obstacle n'est donc heurté que par la moto et il n'a donc pas d'incidence dans la gravité des lésions du motocycliste. Cette donnée ne remet pas en cause l'intérêt de lutter contre la présence d'obstacles en bord de chaussée. En revanche, elle apporte un regard plus précis sur le rôle réel des obstacles dans les accidents de 2RM, puisque jusqu'ici, les données nationales avaient tendance à surévaluer le risque dans la mesure où elles aggloméraient tous les types de chocs sur obstacles (usager, véhicule ou les deux).

Enfin, un regard sur le type d'obstacle fixe heurté montre que les obstacles les plus fréquemment heurtés par les usagers de 2RM dans les accidents mortels sont les glissières de sécurité (14,9 % des cas) et les arbres (14,4 %). Les glissières sont aussi l'obstacle qui globalement, présentent un indice de gravité (nombre d'usagers tués/nombre d'usagers 2RM heurtant l'obstacle) très important, du même ordre que celle des candélabres, c'est-à-dire 28.

Autre piste d'amélioration possible pour la sécurité des 2RM, celle des possibilités de récupération lors d'une sortie de chaussée. En effet, l'exploitation de la base VOIESUR a démontré que pour une même infrastructure, les possibilités de récupération étaient bien différentes selon le type d'usager. Lorsqu'ils ont mordu l'accotement, les usagers de véhicules légers reviennent six à sept fois plus sur la chaussée que les 2RM. Dans ce cas de figure, nous avons constaté que cette différence n'était pas liée à des problématiques de vitesse ou d'alcool. En revanche, nous supposons que le très faible retour sur chaussée des 2RM est lié, d'une part à la plus forte présence des accidents en courbe pour les 2RM, et d'autre part, à la complexité technique de la manœuvre de récupération du 2RM.

Ce constat doit permettre aux gestionnaires d'infrastructures de prendre en compte la prévention des sorties de chaussée dans le cadre de leur politique d'investissement et d'entretien des accotements routiers, afin de proposer aux usagers de 2RM des possibilités de récupération suite à une sortie de trajectoire initiale.

## Conclusion

La richesse de la base VOIESUR apporte de nombreux éclairages quant à l'accidentalité des 2RM en France. Elle a permis de mettre en avant des éléments qui militent pour une meilleure prise en compte des 2RM dans la conception et l'entretien des infrastructures. Les résultats concernant les obstacles, les possibilités de récupération montrent que des gisements de sécurité sont encore présents.

Parallèlement au rôle de l'infrastructure, c'est aussi l'évolution du comportement du conducteur de 2RM qui est mise en avant. Les thèmes traités dans ce cadre montrent tous les gains potentiels, notamment sur la sécurité primaire : vitesse, alcoolisation, inexpérience, etc. Les résultats obtenus permettent ainsi de cibler des axes de prévention spécifiques, comme celui de la lutte contre les pratiques de vitesses excessives des motos lourdes.

L'étude a par ailleurs confirmé toute la spécificité des 2RM et l'intérêt de travailler sous une approche différenciée. D'une part, par rapport aux autres types de véhicules mais aussi au sein de la catégorie 2RM où les enjeux, les profils de conducteurs et de comportements sont très différents, selon la catégorie (motos lourdes, légères ou cyclos). Nous avons pu constater que des problématiques sont davantage identifiées selon la catégorie du 2RM (par exemple, vitesses pour les motos lourdes).

Enfin, c'est aussi des perspectives de recherches complémentaires que nous avons pu mettre en avant. Ces points concernent la problématique de la détectabilité du 2RM d'une part (allumage des feux, efficacité éclairage, gilet, saillance du 2RM), d'autre part des sujets comme la connaissance de la dynamique du 2RM en courbe ou encore du lien entre formation à la conduite et manœuvres d'urgence pourraient être davantage investigués.

## Références


1. CEESAR (mars 2007). Comparaison des procès-verbaux mortels des années 1990 et des années 2000, rapport final.
2. Van Elslande, P., Fournier, J.-Y., Vincensini, M., Roynard, M., Nussbaum, F., Clabaux, N. (2008). Tâche 3 : analyse comparative de procédures d'accidents mortels et non mortels. Projet ANR/Predit « 2RM » 2006-2008 : Accidentologie, Usage et Représentation des deux-roues motorisés. INRETS-LAB, LAB-GIE PSA/Renault, Août 2008.

3. ONISR (2012). La sécurité routière en France - Bilan de l'année 2011. Paris : La Documentation française.
4. CGDD (2013). Les deux-roues motorisés au 1$^{er}$ janvier 2012. Chiffres et statistiques, mars 2013, n° 400 [https://www.statistiques.developpement-durable.gouv.fr/sites/default/files/2018-11/chiffres-stats400-deux-roues-motorises-au-01012012-mars2013.pdf], consulté le 21 mai 2019.
5. CGDD (2013). Les deux-roues motorisés : à chaque âge, son usage et ses dangers. Le point sur, mars 2013, n°°156 [https://www.statistiques.developpement-durable.gouv.fr/les-deux-roues-motorises-chaque-age-son-usage-et-ses-dangers], consulté le 21 mai 2019.
6. ACEM (2004). « Maids: In-depth investigations of accidents involving powered two-wheelers ». Association des Constructeurs Européens de Motocycles, Brussels, Belgium.
7. ONISR (2006). Les grands thèmes de la sécurité routière en France. Paris : La Documentation française.
8. SETRA (2002). Traitement des obstacles latéraux sur les routes principales hors agglomération. Service d'études sur les transports, les routes et leurs aménagements, Bagneux, France.

# Les avantages et inconvénients des deux-roues motorisés en milieu urbain

Frédéric Héran

Université de Lille, CNRS, CLERSÉ UMR 8019

## Introduction

En ville où les nuisances peuvent affecter une population nombreuse, les deux-roues motorisés[1] (2RM) sont-ils une solution, comme l'affirment certains représentants de ses usagers et les constructeurs, ou plutôt un problème ? Telle est la question à laquelle cet article va tenter de répondre, en recensant les avantages et inconvénients de ce mode de transport.

Pour parvenir à un bilan correctement étayé, plusieurs difficultés méthodologiques se posent. Il convient d'abord de distinguer les pratiques réelles de la réglementation. À défaut, le risque est de ne retenir que ce qui est en faveur des utilisateurs de 2RM, comme le fait leur lobby, ou en leur défaveur, comme le font certains « motophobes ». On ne peut ensuite se contenter de comparer les nuisances des modes de déplacement en les rapportant au kilomètre parcouru. Car l'objectif n'est pas de parcourir le plus de distance possible, mais de réaliser une activité à destination. Il convient donc aussi de réaliser des comparaisons par déplacement effectué. Il faut enfin s'intéresser à la densité des nuisances. Les riverains d'une rue ou d'un quartier ne perçoivent pas les nuisances au kilomètre parcouru ou au déplacement effectué. Ce qui les intéresse, c'est d'éviter que leur logement, leur commerce, leur bureau, leur terrasse de restaurant ou leurs déplacements à pied soient soumis à trop de nuisances.

Ces précautions rappelées, seuls les principaux avantages et inconvénients seront passés en revue, mais on verra que ce survol sera suffisant pour parvenir à un bilan solide.

[1] Les tricycles et quadricycles seront assimilés aux deux-roues.

Les usagers des 2RM et leurs déplacements

Les cyclomotoristes ont un profil très différent de celui des motocyclistes. Les premiers ont pour la moitié d'entre eux moins de 25 ans. Et les plus âgés sont pour moitié ouvriers, retraités ou chômeurs. Ils utilisent leur véhicule d'abord à des fins utilitaires, surtout pour aller sur leur lieu d'étude ou au travail, en parcourant en moyenne 2600 km par an. Les seconds sont âgés en moyenne de 46 ans et utilisent d'autant plus leur véhicule pour les loisirs et sur de longues distances que celui-ci est puissant, en parcourant en moyenne 3000 km par an. Près des deux tiers s'en servent pour les déplacements domicile-travail. Ils ne sont que 30 % à être ouvriers, retraités ou chômeurs. Leur revenu annuel net est supérieur de 70 % à celui des cyclomotoristes (Ovieve & Roussel, 2013).

Les utilisateurs de 2RM sont très majoritairement des hommes. Les femmes âgées de 25 ans ou plus ne représentent que 21 % des cyclomotoristes, 8 % des motocyclistes et même 2 % des conducteurs de grosses cylindrées (>750 $cm^3$) (de Solere et al., 2011).

La durée moyenne des déplacements locaux (<80 km) en 2RM est de 16 à 17 minutes en province et de 22 minutes en Île-de-France, soit des temps proches de ceux du vélo et de la voiture (source : ENTD 2008 ; 13 EMD entre 2002 et 2009 et EGT 2010). Les utilisateurs de 2RM se déplacent un peu plus souvent que les autres usagers en faisant à la fois des déplacements plus longs qu'en voiture parce qu'ils sont plus rapides et aussi des déplacements plus courts parce qu'ils ont moins de contraintes de stationnement.

## 1. La vitesse

En France dans les grandes villes, à l'heure de pointe, selon des mesures portant sur des déplacements réels, la vitesse moyenne de porte à porte d'un 2RM est environ le double de celle d'une voiture. C'est le cas à Paris *intra muros* (source : Mairie de Paris), comme sur les parcours radiaux banlieue-Paris à l'heure de pointe (ADEME, 2007). Grâce à leur vitesse et à leur ponctualité, les 2RM ont donc un avantage considérable sur les autres modes, pour les salariés comme pour les entreprises. Ils permettent d'arriver rapidement et à l'heure au travail, de rentrer chez soi plus tôt, de travailler en horaires décalés, de cumuler plusieurs emplois, d'être hypermobiles, de livrer efficacement de petits colis, etc.

La rapidité des 2RM améliore la portée de leurs déplacements et accroît en conséquence le nombre de destinations potentielles atteignables dans un temps donné (ce que les économistes appellent l'accessibilité). De ce fait, les 2RM ont un choix plus grand de destinations : il leur est plus facile de trouver un travail adapté à leurs besoins ou un produit conforme à leurs exigences. Ce raisonnement a cependant de nombreuses limites. À long terme, les déplacements de portée plus lointaine favorisent l'étalement urbain qui est coûteux pour la collectivité en longueur de réseaux de toutes sortes à construire et en espaces consommés. Cet étalement contribue à rendre la ville moins dense limitant de ce fait l'accessibilité. On peut ainsi démontrer que les vitesses accrues ne compensent pas les moindres densités (Héran, 2016).

Mais surtout, cette vitesse et cette ponctualité remarquables ne sont possibles que parce que, faute de contrôles suffisants, de nombreux 2RM s'affranchissent couramment de certaines réglementations qu'ils jugent incompatibles avec une utilisation efficace de leur machine : en dépassant les vitesses limites autorisées, en doublant les véhicules à l'arrêt au feu rouge, en utilisant l'inter-files de gauche sur les voies rapides urbaines en cas de congestion[2], en utilisant les couloirs de bus ou les bandes et pistes cyclables, en circulant sur les trottoirs pour éviter un embouteillage ou un sens interdit, en franchissant certains feux rouges, surtout la nuit ou en stationnant sur les trottoirs et dans les aires piétonnes.

## 2. La consommation d'espace

En circulation, un 2RM utilise deux à trois fois moins d'espace par kilomètre parcouru qu'une voiture, mais s'il profite de sa vitesse pour aller deux fois plus loin dans le même temps, il utilise finalement un espace presque aussi important. L'usage des 2RM n'est pas une solution aussi avantageuse qu'on le dit pour résoudre les problèmes de congestion.

En stationnement, un 2RM occupe environ 2,5 m$^2$ par place, soit trois à quatre fois moins qu'une voiture (CERTU, 2011). Mais l'espace occupé l'est souvent de façon illicite sur les trottoirs, en s'appropriant un espace public au détriment d'autres usages. Ce qui provoque une gêne pour les piétons et les personnes à mobilité réduite, et plus largement une perte d'urbanité de ces espaces. Il est donc justifié que les usagers des 2RM ne puissent pas stationner sur les trottoirs et qu'ils payent leur stationnement, sans passe-droit, comme les automobilistes, c'est-à-dire s'acquittent d'une redevance d'occupation du domaine public, comme c'est déjà le cas à San Francisco, à Tokyo, à Taipeh ou à Londres dans le quartier de Westminster.

En France, les villes de Vincennes et de Charenton-le-Pont ont aussi retenu cette solution, entrée en vigueur le 1er avril 2018. Le tarif retenu a été fixé au prorata de l'espace consommé, soit le tiers du tarif demandé aux automobilistes. Suite à cette mesure, le nombre de deux-roues motorisés stationnés a beaucoup décru, sans doute grâce à la réduction du nombre de deux-roues ventouses et à une meilleure utilisation des garages (une analyse est en cours).

---

[2] Depuis février 2016, une expérimentation autorisant cette pratique est en cours dans 11 départements.

## 3. Le bruit

Le bruit des 2RM domine le fond sonore urbain, dans toutes les villes où ils sont particulièrement nombreux, comme à Paris ou à Nice. Ce bruit est d'ailleurs fortement ressenti par les Français (Meunier & Bouillon, 2011, p. 25-26). Or, il est possible d'objectiver cette impression.

Selon les normes de bruit européennes définies en 2002, un 2RM de plus de 80 $cm^3$ est autorisé à être plus bruyant qu'une voiture, et une moto de plus de 175 $cm^3$ est autorisée à être aussi bruyante qu'un poids lourd. Or les 2RM achetés ont tendance à être de plus en plus puissants (cf. les données sur les ventes annuelles fournies par le CSIAM, Chambre syndicale internationale de l'automobiles et du motocycle). De plus, selon la brigade de contrôle technique de la Préfecture de police, « 80 % des cyclos et 50 % des motos ne respectent pas les normes de bruit » (Lebrun, 2007, p. 36). Enfin, il peut circuler dans une rue environ deux fois plus de 2RM que de voitures.

Les motards considèrent que le moteur de leur véhicule ne fait pas du bruit mais produit une mélodie particulière qui contribue au plaisir de conduite. Ils estiment également que la sonorité de leurs engins améliore leur sécurité, en permettant de se faire entendre des automobilistes enfermés dans des habitacles de plus en plus insonorisés. Mais ce raisonnement oublie qu'un 2RM puissant ou un échappement modifié permettent de rouler plus vite, et que vitesse et accélération sont sources d'accidents.

## 4. La consommation de carburant

En 2013, un 2RM consommait en moyenne 5,8 litres aux 100 km, soit autant qu'une petite voiture à essence. Un 2RM est pourtant cinq à dix fois moins lourd qu'une voiture (CGDD, 2013). Cette piètre performance est due, pour les cyclomoteurs, à des moteurs peu optimisés et pour les motos, à des moteurs surdimensionnés qui permettent de fortes accélérations. C'est pourquoi, les 125 $cm^3$ sont les 2RM les plus vertueux en la matière. Les meilleures d'entre elles présentent même une efficacité énergétique comparable aux meilleures voitures à essence (ADEME, 2007).

## 5. La pollution

La pollution des véhicules neufs est régie par les normes Euro qui s'imposent aux constructeurs. La norme Euro 1 a été instaurée en 1999, soit six ans après celle concernant les voitures. La norme Euro 4 est entrée en vigueur en 2017 pour les motos et en 2018, pour les cyclomoteurs. Résultat : les moteurs deux temps très polluants sont en voie de disparition, l'injection directe et le catalyseur trois voies se sont généralisés. Mais les 2RM ont encore du retard sur les voitures.

En milieu urbain, selon les normes actuelles, la consommation d'énergie et les émissions de gaz à effet de serre des 2RM neufs sont nettement inférieures à celles des voitures, mais ils émettent bien plus d'oxydes de carbone (CO) et d'oxydes d'azote ($NO_X$), et beaucoup plus d'hydrocarbures (HC) (Pillot, 2018).

Les récentes mesures réalisées par l'ICCT à Paris sur les émissions de CO et de $NO_X$ à la sortie des pots d'échappement confirment que les motos et scooters émettent jusqu'à six fois plus de $NO_X$ et 11 fois plus de CO que les voitures essence les plus récentes (ICCT, 2019). Les 2RM ne sont donc pas plus vertueux que les voitures par personne transportée. De nombreux engins sont, en effet, modifiés (BCA Expertise, 2007). Et quand un 2RM est modifié pour qu'il accélère mieux et circule plus vite, la consommation d'énergie et les émissions de polluants en sont affectées (Barbusse, 2005).

En conséquence, comme un 2RM utilise deux à trois fois moins d'espace de circulation qu'une voiture, dans une artère congestionnée, la présence de 2RM à la place de voitures augmente fortement la pollution pour les riverains.

## 6. Le risque d'accident

La mesure de l'exposition au risque d'accident ne peut pas reposer sur les kilomètres parcourus, car cela tend à réduire le risque des modes les plus rapides, dont les 2RM, alors que la vitesse est précisément une source de danger majeure. Il faut donc utiliser le temps d'exposition au risque. Cela permet en outre de comparer toutes sortes de risques (Amoros, 2012).

Les données des forces de l'ordre sous-estimant le risque d'accident (notamment sans antagoniste), il vaut mieux apprécier ce risque en utilisant le « Registre des victimes d'accident de la circulation routière du Rhône ». Depuis 1996, dans ce département, toutes les structures hospitalières, publiques ou privées, sont mobilisées pour recenser les accidents, les victimes et leur type de blessures. Ainsi, en milieu urbain, il est 42 fois plus risqué de circuler en 2RM qu'en voiture, toutes gravités confondues (Amoros, 2012).

À Paris *intra muros*, nos propres calculs réalisés à partir des données d'accidents de la ville (qui sous-estiment donc les chutes sans antagoniste) et d'une estimation du temps d'exposition au risque montrent qu'il est environ 40 fois plus dangereux de circuler en 2RM qu'en voiture. Depuis 2001, les 2RM sont impliqués dans 53 à 64 % des accidents et représentent environ la moitié des tués et blessés graves, alors qu'ils ne comptent que pour 3 % des déplacements de surface dans Paris *intra muros* (source : EGT, 2010).

Un accident a toujours de multiples causes qui font système. Mais la vitesse est un facteur de risque pour tous les accidents, à cause de l'énergie cinétique des véhicules en mouvement ($e = ½ m v^2$). Le risque d'accident augmentant bien plus vite que ne croît la vitesse, la vitesse excessive des 2RM est le principal facteur explicatif de la dangerosité de ce mode : elle favorise la survenue de l'accident, puis aggrave les lésions. Et, à vitesse identique, le poids joue un rôle proportionnel : une moto de 250 kg est trois fois plus dangereuse qu'un cyclomoteur de 85 kg. Dans ce contexte, l'idée qu'une « réserve de puissance » permet de dépasser en sécurité ou de se dégager d'une difficulté est fausse, puisque qu'elle conduit aussi à aller plus vite et à s'engager dans des dépassements aventureux.

## 7. Un mode passif

Au contraire des cyclistes et des piétons qui sont actifs dans leurs déplacements, les usagers des 2RM sont passifs comme les automobilistes. Ce qui n'est pas sans incidence en matière de santé publique, la sédentarité et l'inactivité physique étant sources de nombreuses maladies chroniques (Pedersen & Saltin, 2006).

## Conclusion

Au terme de cette recension des principaux avantages et inconvénients des 2RM, il apparaît sans ambiguïté qu'en ville, les 2RM représentent bien plus un problème qu'une solution. C'est pourquoi, ils ne méritent pas un traitement de faveur par rapport aux automobilistes, contrairement à ce que réclament les associations de défense des usagers, notamment la FFMC (Fédération française des motards en colère) ou les constructeurs de 2RM réunis dans le CSIAM.

En particulier, il n'est pas justifié que soient trop souvent tolérés une conduite dangereuse et à vitesse excessive, le non respect des émissions sonores et polluantes, le débridage des moteurs, le stationnement sur les trottoirs et la gratuité du stationnement. En outre, le pilotage de 2RM rapides et peu stables exige une compétence particulière qui n'est pas à la portée de tous (Riou et al., 2016). Ce qui explique en partie que son usage n'augmente plus à Paris depuis 2008 (voir les bilans annuels des déplacements à Paris).

Il est donc probable que la circulation des deux-roues thermiques sera de plus en plus encadrée, afin de réduire la pollution et le bruit. L'usage des deux-roues électriques, actuellement en plein essor, devrait être, au contraire, encouragé (comme c'est déjà le cas avec des primes à l'achat). Les deux-roues thermiques pourraient donc être interdits à terme, comme dans certaines villes asiatiques au profit des deux-roues électriques. Mais pour les usagers qui aiment la mélodie vrombissante des grosses cylindrées, tout le plaisir disparaîtrait. Les 2RM resteraient cependant plus rapides que les voitures, en restant dangereux à conduire, pour leurs usagers et plus encore pour les modes actifs qui ne les entendraient plus surgir.

## Références


1. ADEME (2007). Deux-roues motorisés Euro 3 : progrès environnementaux et comparaison à l'automobile. Synthèse de l'étude, ADEME, Paris, 6 p.
2. Amoros, E. (dir.), Blaizot, S., Papon, F., Haddak, M. (2012). Accidentalité à vélo et exposition au risque (AVER), rapport pour le ministère du Développement durable, 174 p.
3. Barbusse, S. (2005). Motocycles, cyclomoteurs. Énergie et environnement, ADEME, Paris, 27 p.
4. BCA Expertise (2007). Étude sur le débridage des cyclomoteurs. FFSA (Fédération française des sociétés d'assurances), présentation Powerpoint, 26 p.
5. CERTU (2011). Recommandations pour la prise en compte des deux-roues motorisés. Aménager et gérer les infrastructures, CERTU, Lyon, 163 p.
6. CGDD (2013). « Les deux-roues motorisés au 1er janvier 2012 », Observations et statistiques, n° 400, 9 p.
7. De Solere, R., de Solere, H., Quételard, B. (2011). Le deux-roues motorisé en milieu urbain. Quels usagers ? Quels usages ? Quelle place dans les politiques de déplacements ?, CERTU, Lyon, 8 p.
8. Héran, F. (2016). « Pourquoi modérer la vitesse en agglomération ? », Transports, n° 495, janvier-février, p. 26-35.
9. ICCT (2019). Émissions polluantes provenant de cyclomoteurs, motocycles et autres véhicules de catégorie L à Paris, fiche d'information du TRUE (the real urban emissions initiative), 2 p.
10. Lebrun, D. (2007). Les conditions de mise en place d'un contrôle technique des deux-roues motorisés, rapport du CGPC, 90 p.
11. Meunier, P., Bouillon, C. (2011). Rapport d'information sur les nuisances sonores, Assemblée nationale, 28 juin, 176 p.
12. Ovieve, F., Roussel, P. (2013). « Les deux-roues motorisés : à chaque âge, son usage et ses dangers », Le point sur, n° 156, mars.
13. Pedersen, B. K., Saltin, B. (2006). "Evidence for prescribing exercise as therapy in chronic disease", Scandinavian journal of medicine & science in sports, February 16, Suppl. 1, p. 3-63.
14. Pillot, D. (2018). Émissions de polluants de deux-roues motorisés, 4e séminaire COSMOS, 22 mars, présentation Power-Point, 24 diapos.
15. Riou, D., Courel, J., Prédali, F. (2016). « Les deux-roues motorisés : quelle approche pour les politiques de mobilité ? », Note rapide Mobilité, n° 721, 4 p.

# Accidentologie territoriale des deux-roues motorisés dans les Alpes du Sud et sur la Côte d'Azur

Fabien Gemy

Cerema Méditerranée

## Introduction

En région PACA, l'accidentalité des usagers de deux-roues motorisés (2RM) est un enjeu croissant, puisque leur accidentalité diminue moins vite comparativement aux autres usagers. Les départements des Alpes Maritimes et des Alpes de Haute-Provence comptent parmi les départements les plus touchés par la mortalité en 2RM avec respectivement 49 % et 33 % des tués qui sont des usagers de 2RM (sur 2013-2017, selon les bilans ONISR).

Avec une importante fréquentation d'usagers en 2RM dans les départements des Alpes de Haute Provence et des Hautes Alpes, l'accidentalité de cette catégorie d'usagers constitue un enjeu majeur de sécurité routière. Les routes de montagne constituent un terrain de ballade privilégié pour les motocyclistes, notamment aux beaux jours, et attirent des usagers originaires de tous pays, plus ou moins familiers de cet environnement. Cet enjeu est sensible dans l'accidentalité générale de ces départements puisque les accidents impliquant un 2RM en milieu interurbain représentent 25 % de l'ensemble des accidents corporels au cours des six dernières années. Les itinéraires en milieu interurbain identifiés dans le cadre de cette étude représentent quant à eux 35 % des accidents impliquant un 2RM en milieu interurbain. L'accidentalité des 2RM dans les agglomérations de Gap, Briançon, Digne-Les-Bains et Manosque représente 23 % de l'ensemble des accidents en agglomération dans ces deux départements.

Dans un contexte différent, l'accidentalité des 2RM dans les agglomérations côtières des Alpes Maritimes est également un enjeu important, puisque la moitié des accidents de ce département impliquent un 2RM en zone urbanisée. Par ailleurs, 88 % des accidents de 2RM, soit la quasi-totalité se produit dans ces zones urbanisées.

Les études présentées ici concernent les 2RM, dans les agglomérations côtières des Alpes Maritimes d'une part et dans les Alpes du Sud, sur les itinéraires touristiques et dans les principales agglomérations, d'autre part. Elles ont été réalisées pour les coordinations sécurité routière en préfecture et les observatoires départementaux de sécurité routière. Leur objectif était de comprendre l'accidentalité des 2RM dans des contextes différents (montagneux et touristique *versus* urbain), d'identifier les dysfonctionnements relatifs aux usagers, aux véhicules et/ou à l'infrastructure, et de proposer des pistes d'actions qui permettraient de limiter la fréquence des accidents ou d'en limiter les conséquences.

# 1. Méthode

L'étude des accidents de 2RM sur les routes interurbaines des Alpes du Sud et dans les agglomérations de la Côte d'Azur ont pour finalité de proposer des actions dans un spectre le plus large possible. Ces études ont été élaborées en deux phases, selon la méthode DGO (Document général d'orientations).

La première phase a consisté en l'étude des grandes caractéristiques des accidents. Elle a permis de constituer un échantillon représentatif de l'accidentalité des 2RM, qui a fait l'objet d'une analyse détaillée dans la 2e phase des études.

Comme c'est généralement le cas en sécurité routière, les études reposent sur l'observation de l'accidentalité sur une période de cinq années.

## 1.1 La mise en évidence des caractéristiques de l'accidentalité des deux-roues motorisés et la constitution de l'échantillon

Le fichier accident a été analysé avec le logiciel CONCERTO. Les exploitations ont permis de dénombrer les accidents et les victimes, et ont cherché à répondre aux questions suivantes :

- Qui est impliqué dans les accidents ? : l'âge, le sexe, la catégorie socio-professionnelle, le type de véhicule, le nombre d'années de permis, etc.
- Quand se produisent les accidents ? : les jours de la semaine, les mois, les heures, etc.
- Où se produisent les accidents ? : le type de route, les intersections, le tracé en plan, l'état de surface de la chaussée, etc.
- Comment se produisent les accidents ? : les conflits, l'alcoolémie, les chocs contre obstacles, le type de collision, le type de trajet, etc.

Ces exploitations ont permis de cerner des enjeux plus précis, présentés dans la partie Résultats, et de constituer des échantillons d'accidents qui ont fait l'objet d'une analyse détaillée dans la deuxième partie des études. Pour déterminer les échantillons, les critères suivants ont été analysés :

- Les accidents mortels : la résorption des accidents mortels est un enjeu prioritaire ;

- Les accidents avec chocs contre obstacle : les chocs contre glissière et la présence de dispositifs spécifiques aux motards sont un sujet sensible pour cette catégorie d'usager, et souvent en lien direct avec l'éventuelle mortalité survenue lors d'accidents en milieu interurbain ;
- Les accidents géographiquement concentrés : il s'agit potentiellement d'un défaut (et pas forcément d'une non-conformité) de l'infrastructure sur lequel le gestionnaire peut agir de manière efficace pour résorber une accidentalité fréquente ;
- Les accidents qui répondent à une ou plusieurs caractéristiques mises en évidence dans la première partie des études relatives aux enjeux (exemple : les accidents entre mai et octobre, le mercredi entre 16 h 00 et 20 h 00, etc.).

Chaque échantillon est constitué de 30 à 50 procès-verbaux (PV) d'accidents.

### 1.2 L'analyse détaillée des accidents et la mise en évidence des facteurs

L'analyse des procès-verbaux d'accidents a été réalisée selon la méthode INRETS (Brenac, 1997). Cette méthode consiste à décrire l'accident selon quatre phases : la situation de conduite (on décrit les conditions générales des usagers et de circulation), la situation d'accident (le ou les facteurs d'accident surviennent et déséquilibrent la situation de conduite), la situation d'urgence (un impliqué tente de rétablir la situation avec une manœuvre), la situation de choc (on décrit les chocs entre les véhicules et/ou les éléments de l'infrastructure, des facteurs aggravants peuvent apparaître). Cette analyse séquentielle permet de mettre en évidence les facteurs qui surviennent généralement lors de la situation d'accident et lors de la situation de choc. Cette analyse permet également de regrouper en famille les accidents qui ont un déroulement similaire. Les facteurs sont d'ailleurs souvent identiques au sein d'une même famille.

### 1.3 La définition des objectifs de sécurité et les propositions de pistes d'action

La mise en évidence des différents facteurs d'accident et aggravants a permis de définir des objectifs de sécurité. Ces objectifs sont ensuite déclinés en propositions de pistes d'actions relatives aux usagers, 2RM ou non, aux véhicules et à l'infrastructure. Une hiérarchie est établie en fonction de la fréquence des facteurs relevés dans l'échantillon des accidents analysés.

## 2. Résultats

Ne sont présentés ici que les résultats les plus saillants.

## 2.1 Les études d'enjeux

*Routes interurbaines des Alpes du Sud*

Sur les itinéraires identifiés, 118 accidents et 14 tués en 2RM ont été recensés entre le 1er janvier 2011 et le 31 octobre 2016 (cinq ans et dix mois).

On constate une nette disparité de l'accidentalité en fonction des mois de l'année. Ainsi, les mois de juin et d'août représentent à eux seuls presque la moitié des accidents. Le mois de juillet est presque trois fois moins accidentogène que le mois d'août. On observe également une fréquence plus marquée des accidents les vendredi, samedi et dimanche entre 12 h 00 et 17 h 00, ce qui confirme un usage « loisirs » du 2RM.

Concernant les usagers, la plupart des conducteurs de 2RM impliqués dans les accidents avaient plus de trois ans de permis, avaient plus de 34 ans et étaient porteurs des équipements de sécurité (casque, gants, blouson, bottes d'après l'analyse des PV d'accident réalisée par la suite). La conduite sous emprise de l'alcool n'est pas ressortie comme étant une caractéristique des conducteurs de 2RM puisque 99 % d'entre eux étaient négatifs au contrôle.

Les acteurs locaux de sécurité routière et notamment les observatoires départementaux avaient le sentiment que beaucoup d'étrangers, et surtout des Italiens, venaient « se tuer » sur ces routes touristiques, lors de « défis tickets » (pratique dont le but est d'effectuer un trajet en mettant le moins de temps possible, basée sur l'heure affichée sur une facture de café par exemple). L'étude montre que 31 % des accidents ont impliqué un conducteur de 2RM de nationalité étrangère, représentant 64 % des tués. Les étrangers circulant en 2RM représentent donc un enjeu de sécurité. Cependant, le volume de trafic 2RM engendré par ces conducteurs étrangers n'étant pas connu, on ne peut pas affirmer qu'ils présentent un sur-risque d'accident sur ces routes touristiques.

Les chocs contre obstacle apparaissent également comme un enjeu pour les 2RM. Sur les 118 accidents corporels, les glissières métalliques ont fait 12 victimes graves, dont cinq tués (un tiers des tués).

*Zones urbaines des Alpes du Sud et des Alpes Maritimes*

Dans les zones urbanisées des Alpes Maritimes, on a recensé 4578 accidents corporels impliquant un 2RM entre 2011 et 2015.

En milieu urbain, l'accidentalité se répartit équitablement selon les catégories de 2RM (cyclomoteurs, 125 $cm^3$, grosses cylindrées représentant environ un tiers chacun). Les 15-19 ans représentent 41 % des victimes graves en cyclomoteur.

La fréquence des accidents est plus élevée de mai à octobre, le printemps et l'été étant sans doute plus favorables à la pratique du 2RM. Elle est toutefois moins marquée par rapport au reste de l'année dans les agglomérations côtières des Alpes Maritimes. La fréquence des accidents est également plus élevée du lundi au vendredi, entre 17 h00 et 20 h00, renvoyant ainsi à un usage plus « utilitaire » du 2RM.

La constitution des échantillons a été faite proportionnellement au nombre d'accidents selon l'agglomération pour ce qui concerne les Alpes du Sud, et selon le type de 2RM pour ce qui concerne les Alpes Maritimes, avec prioritairement les accidents graves et ceux présentant une caractéristique remarquable (mois, jour et tranche horaire).

## 2.2 L'analyse détaillée des accidents et mise en évidence des facteurs d'accidents

*Routes interurbaines des Alpes du Sud*

L'analyse des accidents a reposé sur 42 procès-verbaux d'accidents qui ont été répartis en six familles. Sont présentées par la suite les principales familles.

Représentant 40 % des accidents analysés, la famille la plus importante est celle où le motocycliste perd le contrôle de son véhicule alors qu'il se trouve dans une courbe. Dans la plupart de ces accidents, le motocycliste accidenté circule au sein d'un groupe, lors d'une ballade de plusieurs dizaines ou centaines de kilomètres sur une journée. Il n'est pas local et ne connaît vraisemblablement pas le tracé. La présence de paroi rocheuse en milieu montagneux n'offre qu'une faible visibilité aux usagers. Par ailleurs, le tracé est réalisé selon la topographie. Ainsi, il est fréquent que les usagers se fassent surprendre par une courbe qui se referme. Ne pouvant rétablir une situation critique, la conséquence de ces accidents est la chute au sol avec parfois un choc contre un obstacle.

Avec 19 % des accidents, la deuxième famille est également liée à une perte de contrôle du 2RM. Dans cette famille, la perte de contrôle a pour origine un élément extérieur tel qu'une déformation de chaussée, une rafale de vent, la présence de cailloux ou gasoil. Les conséquences sont identiques à celle de la famille d'accident décrite supra.

Les autres familles d'accidents sont les pertes de contrôles du 2RM surpris par un usager arrivant en sens opposé (l'un des deux usagers aurait tendance à couper un virage) (14 %) et les manœuvres de dépassement du 2RM (12 %).

S'il n'est pas explicitement un facteur accidentogène, le roulage en groupe est présent dans plus de la moitié des accidents de 2RM. La vitesse inadaptée ou excessive est également présente dans 36 % des accidents. L'expérience réelle des usagers de 2RM est difficile à appréhender, mais la conduite occasionnelle ou une détention du permis de moins de trois ans a été relevée dans 24 % des cas. La fatigue présumée du conducteur de 2RM, l'échec de la manœuvre de freinage et la prise de risque sont les autres principaux facteurs d'accidents relevés.

Concernant l'infrastructure, la faible visibilité des sorties de courbe, le balisage absent ou incohérent sont les principaux facteurs relevés. Les chocs contre support de glissière métallique ont été relevés dans 12 % des accidents, mais surtout ils en ont aggravé les conséquences.

*Zones urbaines des Alpes du Sud et des Alpes Maritimes*

L'analyse de 42 et 30 PV d'accidents respectivement dans les agglomérations des Alpes du Sud et des Alpes Maritimes montre des types d'accidents similaires dans ces deux départements. Cependant, ils apparaissent dans des proportions différentes.

Ainsi, dans les agglomérations des Alpes du Sud, les accidents en intersection sont les plus fréquents avec 39 % des cas. Il apparaît que la non perception ou l'estimation erronée de l'approche du 2RM par les autres usagers sont les principaux facteurs d'accidents. Le caractère touristique de l'usage du 2RM peut jouer dans ce problème d'anticipation des autres usagers vis-à-vis du 2RM.

Dans les Alpes Maritimes, l'enjeu ayant été identifié sur l'accidentologie de l'heure de pointe du soir, l'étude a montré une plus grande proportion d'accident alors que le 2RM dépassait un ou plusieurs véhicules. Là encore, le défaut de perception du 2RM est la principale cause des accidents. Dans ce cas, elle s'inscrit dans un contexte de trafic dense.

Avec 20 % des cas, la perte de contrôle du 2RM est la seconde famille d'accident la plus importante en agglomération. Cependant, en milieu urbain, c'est plus le comportement des conducteurs de 2RM que l'état de la chaussée qui est à l'origine des accidents (alcool, stupéfiants, prise de risque, malaise).

**2.3 Propositions d'actions**

Les propositions d'actions ont été ciblées en fonction des problématiques relevées sur les différents territoires observés.

Ainsi, les actions de prévention sur la sécurité du roulage en groupe et sur les trajectoires ont été proposées pour le milieu interurbain dans les Alpes du Sud. Ces propositions ont donné lieu à la mise en place d'actions de prévention au printemps 2018, notamment aux frontières départementales avec l'Italie et le Var, où la communication a porté, entre autres, sur la conduite en groupe et les trajectoires. Les forces de l'ordre françaises et italiennes ainsi que les associations ont participé à ces actions organisées par les services de l'État. Au printemps 2019, trois opérations trajectoires ont été programmées. Entre 30 et 70 participants se sont inscrits à chacune de ces opérations.

Pour le milieu urbain, les actions de sensibilisation à la perception du 2RM, tant pour les usagers de 2RM que pour les autres usagers, ont été proposées. Dans les zones urbaines des Alpes-Maritimes, les 15-19 ans représentant 12 % des victimes graves, le milieu scolaire reste un canal de communication à privilégier.

## 3. Discussion

L'analyse territoriale des accidents de 2RM a clairement montré les spécificités de l'accidentalité des 2RM en milieux montagneux et touristique d'une part, et en milieu urbain d'autre part.

En milieu interurbain, sur des itinéraires touristiques, la conduite en groupe est très fréquente dans l'accidentalité impliquant des 2RM. L'étude de certains accidents montre que l'allure et/ou la trajectoire de l'usager de 2RM n'est pas la bonne, le conduisant à se retrouver dans une situation critique lorsqu'il aborde une courbe. La sécurité primaire du motocycliste est conditionnée par les paramètres de vitesse et de trajectoire avant même d'aborder la courbe. Or, en circulant en groupe, le conducteur peut être amené à subir l'allure imposée par le groupe. La lisibilité de la trajectoire peut également être dirigée vers celui qui le précède, plutôt que sur l'infrastructure. Enfin, la visibilité des bonnes trajectoires en montagne est fréquemment diminuée en intérieur de courbe par les parois rocheuses. Pourtant, elle est primordiale pour informer l'usager sur la bonne vitesse à adopter. Tous ces éléments peuvent expliquer la situation critique dans laquelle se trouve le motocycliste lorsqu'il franchit une courbe. Cette situation est difficile à rétablir puisqu'une fois sur l'angle, les usagers ont des difficultés à gérer un freinage ou un changement de trajectoire, les conduisant à la chute. La lisibilité semble donc être le paramètre le plus important car il conditionne la trajectoire et la vitesse des usagers. Ainsi, à défaut de pouvoir dégager la visibilité dans chaque courbe, ce qui ne semble pas raisonnable en milieu montagneux, l'infrastructure peut faire l'objet d'aménagements simples tels qu'un balisage hiérarchisé, par exemple. Dans le cas d'une sortie à plusieurs motocyclistes, l'homogénéité et la structure du groupe, les recommandations telles que le roulage en quinconce et la modération des distances parcourues semblent être des axes de prévention pertinents. Concernant la sécurité secondaire, l'étude montre que si les dispositifs de retenue ont pour fonction de limiter la gravité des accidents de VL, ils peuvent aggraver les conséquences des accidents impliquant des usagers de 2RM, surtout s'ils sont dépourvus d'écran motocycliste. Bien que toutes les courbes de moins de 250 m de rayon ne soient pas encore équipées de lisse moto comme les règles de l'art le prescrivent, il serait probablement plus pertinent d'en équiper en priorité les courbes situées après une section plus roulante, même si le rayon est supérieur à 250 m.

En milieu urbain, la perception du 2RM est l'axe principal de travail à privilégier. S'assurer qu'ils sont visibles par les autres usagers devrait être la priorité des usagers de 2RM. Par ailleurs, leurs mouvements et leurs conditions d'approche sont souvent mal appréhendés par les autres usagers. Le défaut d'éclairage, la faible surface frontale, le port de couleurs sombre, l'accélération ne facilitent pas cette estimation. Sensibiliser les usagers de 2RM à cette difficulté, les inciter à anticiper des erreurs possibles de jugement, leur permettraient d'éviter de se faire surprendre et de se retrouver dans une situation qu'ils n'arrivent pas toujours à gérer. Même si elle reste largement fondée sur l'expérience, l'anticipation des situations à risque peut faire l'objet d'actions de prévention, a minima dans les formations de conduite initiales ou continues. Des actions de communication et de sensibilisation en faveur des autres usagers de la route peuvent également contribuer à améliorer la perception et le comportement des 2RM.

## Conclusion

La réalisation de ces études a permis de mettre en évidence des facteurs et des configurations accidentogènes assez particulières concernant le milieu interurbain dans les Alpes du Sud, et plus classiques en milieu urbain. La restitution des résultats de la partie interurbaine auprès des différents acteurs locaux concernés par la sécurité routière a permis la constitution d'un programme partagé d'actions à court et moyen termes. Ces restitutions ont permis de faire émerger des propositions à l'échelle territoriale, au-delà des frontières départementales, permettant d'élaborer une programmation des actions dans le temps et sur le terrain cohérentes, dont l'objectif est de cibler efficacement les usagers de 2RM. Des ateliers « trajectoires » ont ainsi été programmés et organisés par des associations locales. Des actions de communication en différentes langues en haut des principaux cols fréquentés par les usagers de 2RM sont organisés par les services de l'État. Les actions en milieu urbain sont plus difficiles à mettre en œuvre et s'inscrivent sur du plus long terme. Elles doivent notamment s'orienter vers l'amélioration de la perceptibilité du 2RM et de la prise de conscience de cette difficulté par les 2RM eux-mêmes.

À travers ces études, il ressort que la conduite en groupe, la trajectoire à adopter en milieu montagneux ainsi que la perceptibilité des 2RM pourraient faire l'objet d'investigations plus poussées afin de mieux connaître ces dysfonctionnements qui sont à l'origine de la plupart des accidents impliquant un 2RM.

## Références


1. Brenac, T. (1997). L'analyse séquentielle de l'accident de la route : comment la mettre en pratique dans les diagnostics de sécurité routière ? Rapport Outils et Méthodes n° 3 de l'INRETS.
2. Cerema (2015). Recommandations pour la prise en compte des deux-roues motorisés – Aménager et gérer les infrastructures, collection Références, 170 p.
3. Délégation à la sécurité routière (2017). Établissement du document général d'orientations (DGO) 2018-2022, guide méthodologique, 38 p.

# Détection auditive et visuelle d'un deux-roues motorisé à partir de l'habitacle d'un véhicule léger

Fabrice Fournela[1], Vincent Boucher[1], Romain Dronneau[1], Alain L'Hostis[1], Nicolas Basily[2], Mylène Besnier[2], Adrien Cogneau[2], Eytan Mitevski[2], Marie Van De Cappelle[2], Lucie Yahiaoui[2]

[1] Cerema
[2] ESEO (École supérieure d'électronique de l'Ouest)

## Introduction

Depuis 1972, l'adoption de mesures gouvernementales contribue à une décroissance constante de la mortalité routière, quelle que soit la modalité de déplacement considérée. Cependant, les usagers qui se déplacent en motocyclette (>125 cm$^3$) et les cyclistes bénéficient de la baisse la moins importante depuis 2000, respectivement –34 % et –36 % [1].

Dans l'analyse thématique des bilans de l'observatoire national interministériel de la sécurité routière (ONISR), la mortalité associée à la catégorie des deux-roues motorisés (2RM) se distribue toujours à parts égales entre les accidents n'impliquant que le conducteur de la moto et les accidents par collision avec un véhicule léger (VL). Or, lorsque le conducteur du VL est à l'origine du conflit, l'analyse des procès-verbaux d'accidents corporels [2] indique que 63 % de ces derniers n'ont pas détecté la moto malgré des conditions environnementales favorables [1] (diurne, été). Il existe donc une réelle problématique de perception des motos à partir de l'habitacle d'une voiture. Nous proposons ici d'aborder le sujet en posant la question suivante : les stimuli générés par une moto en approche peuvent-ils alerter le conducteur d'un VL ?

Cette première approche correspond à l'étude de faisabilité d'une procédure expérimentale destinée à évaluer la perceptibilité des stimuli physiologiques soumis au conducteur d'un VL. L'approche choisie s'appuie sur l'utilisation de capteurs bas-coûts et le déploiement d'une méthodologie de mesure adaptable à la réalité du terrain. Le contexte retenu est celui d'une moto qui dépasse une voiture.

Dans cet article, nous décrivons d'abord les sens mobilisés à bord d'un VL lors de la tâche de conduite. Nous présentons ensuite les grandeurs physiques à mesurer pour évaluer le caractère perceptible des stimuli retenus. Puis, nous exposons les principales caractéristiques techniques et les performances métrologiques des dispositifs conçus pour réaliser les mesures. Dès lors, nous abordons l'expérimentation qui explore les canaux de perception sensorielle dans le contexte de dépassement choisi, proche d'une situation réelle. Nous discutons enfin les résultats obtenus avant d'en proposer une synthèse graphique qui vise l'interprétation facile et une diffusion grand public.

## 1. Les grandeurs mises en jeu

Dans la littérature, le système visuel humain est présenté comme le vecteur principal de perception mobilisé durant la tâche de conduite. Au volant de sa voiture, le conducteur dispose d'une interface avec l'extérieur distribuée sur $2\pi$ stéradians essentiellement dans le plan horizontal. Stratégiquement et physiologiquement, il porte l'essentiel de son attention dans la direction suivie, c'est-à-dire dans l'axe du champ frontal, au travers du pare-brise avant. Néanmoins, il est amené à consulter périodiquement les champs de vision latéraux et arrière, notamment par le biais des rétroviseurs en application du réflexe acquis lors de sa formation à la conduite.

En complément de la vision, le système auditif est plus ou moins mis à contribution en fonction du contexte rencontré. Intuitivement, il convient de distinguer les situations de conduite pratiquées à faibles vitesses (villes, embouteillages) et les itinéraires parcourus à des vitesses plus élevées (interurbains, autoroutes). Dans le premier cas, les bruits du moteur, de roulement et de frottement de l'air sont moins forts. La perception de signaux par le canal auditif est donc potentiellement moins perturbée, si l'on exclut les bruits parasites de type radio, mobile, GPS ou autres.

Quel que soit le canal sensoriel considéré, l'attention du conducteur [3] oscille entre la recherche active d'informations utiles à l'exécution de la tâche de conduite (saillance endogène) et l'émergence d'alertes issues de stimuli inattendus reçus de manière soudaine et imprévisible (saillance exogène).

### 1.1 Les grandeurs physiologiques mobilisées

Le champ de vision horizontal d'un individu s'étend sur 180° et est centré sur le point de fixation. Ce centre d'attention correspond à une acuité visuelle (AV) maximale (conventionnellement de $10/10^e$) et est décrit par l'observateur standard CIE 1931 [4] de la Commission internationale de l'éclairage. Autour du centre d'attention, le pouvoir séparateur de l'œil diminue rapidement avec l'excentricité rétinienne définie comme l'angle entre le point de fixation et un objet périphérique.

Dans l'image ci-dessous (Figure 1), quand le conducteur regarde la route devant son véhicule, le rétroviseur extérieur gauche dispose d'une excentricité rétinienne d'environ –47°. À cette position, et quel que soit le modèle choisi (peu de références bibliographiques), le niveau de détail perçu diminue beaucoup (AV ≈ 0,4/10$^{e}$) et affecte considérablement le potentiel d'alerte visuelle.

*Figure 1 : Illustration du champ de vision intra-véhiculaire et de l'excentricité rétinienne*

La sensibilité visuelle d'un individu dépend aussi du contraste perçu entre un objet et l'espace qui l'environne. Cependant, plus l'objet apparaît petit (dimension propre ou distance d'observation), plus le contraste qui permet de le distinguer doit nécessairement être grand.

Le champ d'audition, quant à lui, couvre tout l'espace environnant. Le décalage de perception entre les deux oreilles, en temps et en amplitude, permet de localiser l'origine du son et d'estimer très approximativement la distance à la source.

Le système auditif humain est sensible aux ondes de pression acoustique pour des fréquences comprises entre 20 Hz et 20 kHz [5] selon la pondération de type A [6]. À 1000 Hz (définition du phone), le seuil de « différence juste perceptible » (seuil DJP) [7] correspond à 1/12 du niveau de bruit moyen ambiant, soit environ 6 dB(A) d'élévation pour 75 dB(A).

### 1.2 Les grandeurs physiques mesurées

Nous cherchons à identifier le moment à partir duquel les stimuli générés par l'approche d'un 2RM peuvent potentiellement déclencher une alerte (saillance exogène) chez le conducteur d'une voiture. Pour cela, nous avons sélectionné des grandeurs physiques qui nous paraissent pertinentes en lien avec les stimuli physiologiques disponibles.

Le stimulus visuel correspond à la lumière émise par le phare de la moto. Dans un premier temps, nous avons besoin de connaître la position du phare du 2RM dans le champ visuel pour estimer son excentricité rétinienne. À cette position, le pouvoir séparateur de l'œil est représentatif du niveau de détail perceptible, lui-même relié à une fréquence spatiale de coupure.

Disposant de ces deux informations, nous pouvons estimer la visibilité du phare. Pour cela, nous calculons le contraste global utilisé par les ophtalmologues pour évaluer les performances visuelles d'un individu. Dès lors, le phare du 2RM est potentiellement perceptible si le contraste mesuré dépasse le seuil de sensibilité pour les fréquences spatiales correspondantes (voir fin de l'article).

Pour sa part, le stimulus auditif correspond au bruit de moteur de la moto. Nous cherchons également à repérer la position dans l'espace du 2RM en utilisant le son qu'il émet. Nous introduisons ici la notion d'excentricité auditive définie par l'angle entre le centre d'attention du conducteur (la direction suivie par le véhicule) et la position de la moto dans le plan de la route.

Avec cette première grandeur, nous avons logiquement choisi de mesurer l'évolution du niveau sonore à l'intérieur de l'habitacle du véhicule au cours du dépassement.

## 2. Les matériels d'acquisition et le traitement des données

Nous nous sommes orientés vers une approche expérimentale de terrain. C'est pourquoi, nous avons dû utiliser du matériel robuste, peu encombrant et facilement transportable. Pour limiter le budget d'investissement, nous avons développé les dispositifs de mesure à partir de capteurs peu onéreux. Nous avons ensuite vérifié que leurs performances étaient conformes à nos exigences.

### 2.1 Les matériels utilisés

La mesure de l'excentricité rétinienne de l'image du 2RM est initialement basée sur l'utilisation d'une caméra 360°. Mais ses caractéristiques ne permettent pas d'accéder au pouvoir séparateur recherché. Nous l'avons donc remplacée par une caméra plus standard (Sony XCD-SX90) associée à un objectif (Schneider Kreuznach Xenon) de 17 mm de focale. Le pouvoir séparateur résultant équivaut alors à une acuité visuelle de 13/10$^{e}$ mais l'angle de champ horizontal est réduit à 16°. Nous avons donc restreint notre champ d'investigation au rétroviseur de gauche (côté conducteur). Ce choix fixe l'excentricité rétinienne à –47°, valeur illustrée plus haut. De plus, la chaîne optique est équipée d'un filtre photopique qui lui octroie une sensibilité spectrale proche de celle de l'œil.

De son côté, la mesure de l'excentricité auditive est réalisée à partir d'une antenne acoustique constituée de trois microphones (Gras Sound & Vibration 40PP-S1) installés en triangle équilatéral sur un support rigide. Ces micros disposent d'une sensibilité fréquentielle constante entre 10 Hz et 20 kHz. Leur tension de sortie est enregistrée à l'aide d'un oscilloscope numérique. Les tests de l'antenne acoustique, réalisés à l'extérieur du véhicule, ont validé la possibilité de localiser la moto avec une incertitude de ±10° (à 1σ).

**2.2 Le traitement des signaux**

Disposant des capteurs adaptés, nous avons développé les algorithmes de traitement des signaux enregistrés. Cherchant à évaluer le potentiel d'alerte issu des stimuli générés par une « moto », nous considérons que le conducteur du VL regarde droit devant, dans la direction de son déplacement.

La caméra affectée aux mesures de contraste dispose d'une mise au point optimale (fixée sur l'hyperfocale) et est réglée pour optimiser l'histogramme en niveaux de gris de l'image. Pour correspondre à la vision du conducteur dans le champ périphérique, l'image native (nette) du rétroviseur est dégradée pour atteindre une « acuité » de 0,4/10$^{e}$. Pour simuler ce pouvoir séparateur, nous lui appliquons un filtrage moyen par convolution (Figure 2).

*Figure 2 : Perception dégradée dans le rétroviseur de gauche*

Dès lors, nous pouvons calculer le contraste entre le phare du 2RM et la zone qui l'entoure. De plus, la dimension apparente du phare de l'image initiale nous permet de calculer sa fréquence spatiale dominante. Ainsi, nous pouvons placer le résultat de l'exploitation sur le graphique de sensibilité fréquentielle aux contrastes et statuer sur la perceptibilité physiologique de l'objet (Figure 3).

Côté audibilité, les variations de tension enregistrées en sortie des micros font l'objet d'une intégration du signal efficace sur une période de 8 Hz (par analogie au standard des sonomètres). Nous appliquons à la valeur obtenue le coefficient de sensibilité des micros 47,24 mV/Pa issu d'un étalonnage primitif. Nous calculons alors le niveau de bruit pondéré en dB(A). Chaque micro a bénéficié d'un raccordement à un sonomètre de référence. L'exploitation de cet étalonnage a conclu à une erreur de mesure de bruit négligeable de −1 dB(A) et une incertitude de mesure de ±6 dB(A) (à 1σ).

Tenant compte de la dispersion des mesures dans l'habitacle du VL, nous avons déterminé le seuil DJP expérimental à une élévation d'environ +10 dB. Ce seuil définit le potentiel physiologique d'alerte auditive du conducteur au volant de son véhicule.

## 3. Réalisation des mesures et résultats obtenus

### 3.1 Le mode opératoire

Le site choisi est fermé à la circulation et isolé du trafic routier (minimisation des bruits). Les mesures sont réalisées de jour et en période de météo favorable (soleil). L'expérimentation s'appuie sur l'utilisation d'une voiture équipée d'une caméra qui vise le rétroviseur du côté du conducteur et d'une antenne acoustique placée derrière le volant à la hauteur de la tête du conducteur.

Pour le recueil du stimulus visuel, la voiture et la moto sont immobiles. La moto est alors installée à des distances fixes (Figure 4). Pour le stimulus auditif, la moto (à échappement homologué) suit une trajectoire dynamique de dépassement (régime moteur élevé). Dans ce cas, la voiture reste immobile mais deux séries de mesure sont produites : moteur VL éteint, puis moteur VL tournant au ralenti.

### 3.2 Les résultats bruts et la synthèse graphique

La variation du contraste du phare perçu dans le rétroviseur lors du rapprochement du 2RM (de (a) à (c) sur le graphique en haut de la Figure 3) est linéaire dans le repère des sensibilités fréquentielles aux contrastes. Cette évolution permet de déterminer une distance (ici environ 40 mètres) à partir de laquelle la moto dépasse le seuil physiologique de perceptibilité.

Parallèlement, dans l'habitacle du VL, l'isolement acoustique (20 dB) ne permet plus d'accéder à l'excentricité auditive. Néanmoins, l'évolution du bruit indique que la moto utilisée lors des essais n'est perceptible qu'à partir du moment où celle-ci a atteint la voiture et commencé à la dépasser (position (d) dans le graphique du bas de la Figure 3), que le moteur de la voiture soit allumé ou éteint.

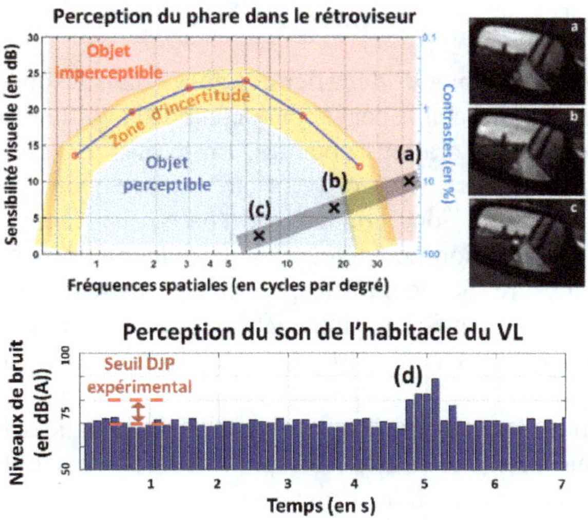


*Figure 3 : Mesures de perceptibilité des stimuli lors du dépassement de la moto*

La présentation des résultats sous la forme de courbes de tendance ne se prête pas à une diffusion grand public. Dans la représentation graphique simplifiée (Figure 4), le potentiel d'alerte généré par les stimuli de la moto en approche est représenté par des lobes qui définissent la direction et la perceptibilité physiologique en fonction de la distance d'approche (couleurs plus ou moins vives).

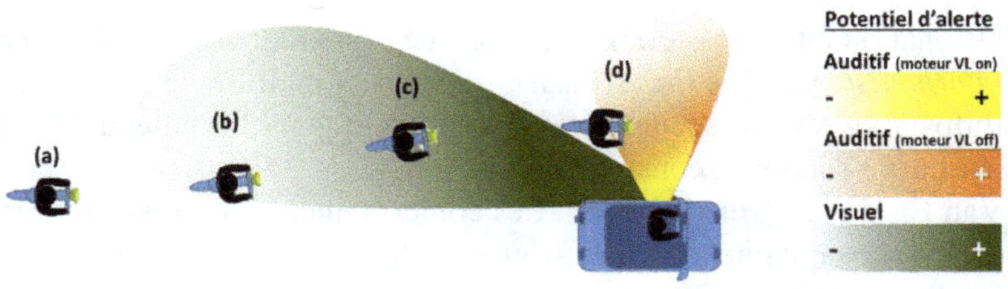


*Figure 4 : Schématisation des zones de perception de la moto au cours du dépassement*

Dans cette schématisation, la moto est représentée pour faciliter la lecture et illustrer dans l'espace les positions (a), (b), (c) et (d) évoquées dans la description des résultats expérimentaux. Ici, le lecteur comprendra que plus la moto s'approche, plus les chances qu'elle soit perçue par le canal de la vision sont grandes. Inversement, le canal auditif n'est mobilisé que lors du franchissement effectif du véhicule alors même que les bruits parasites ont été minimisés (roulement, aérodynamique, etc.).

## Conclusion

Notre démarche permet d'identifier des zones dans lesquelles la moto est physiologiquement détectable par le conducteur de la voiture. Mais elle définit aussi des pistes d'améliorations notables. En termes d'acquisition d'images par exemple, plusieurs caméras peuvent être utilisées pour couvrir les zones principales d'attention du conducteur (pare-brise avant et les trois rétroviseurs). L'utilisation de capteurs haute dynamique pourrait également améliorer la mesure des contrastes. Pour les mesures acoustiques, une optimisation de la sensibilité intra-VL est envisageable et permettrait d'accéder à l'excentricité auditive (position de la moto dans l'espace) à partir de l'habitacle.

L'exploitation des essais mis en œuvre permet de valider la faisabilité de méthode de mesure. Néanmoins, les premiers résultats obtenus sont très partiels et ne peuvent pas faire l'objet de conclusions définitives. En effet, avant de statuer sur un quelconque potentiel d'alerte, il est absolument nécessaire de reproduire des essais en utilisant différentes motos, différentes voitures, différentes configurations pour les différents champs de perception (frontal, rétroviseur passager et central) ou encore ajouter des bruits parasites (radio, etc.).

Enfin, nous sommes convaincus que cette approche originale peut se décliner sur des sujets de sécurité routière qui dépassent le cadre de la perception des 2RM à partir de l'habitacle d'un VL.

## Références


[1] Délégation interministérielle à la sécurité routière, *Observatoire national interministériel de la sécurité routière* (modifié en mai 2019), [https://www.onisr.securite-routiere.interieur.gouv.fr/contenus/etat-de-l-insecurite-routiere], consulté le 05/06/2019.

[2] Van Elslande, P. et al. (2011). Les comportements et leurs déterminants dans l'accidentalité des deux-roues motorisés, Rapport de convention IFSTTAR/DSCR, 198 p.

[3] Gaymard, S., Boucher, V., Nzobounsana, V., Greffier F., Fournela, F. (2013). La perception des piétons par les conducteurs : Corrélations entre les données d'un œil électronique et le verbatim des conducteurs. Revue canadienne des sciences du comportement, 45(2), p. 124-137.

[4] AFNOR. Colorimétrie – Partie 1 : observateurs CIE de référence pour la colorimétrie. NF EN ISO 11664-1, Juillet 2011, 31 p.

[5] AFNOR. Acoustique – Fréquences normales. NF EN ISO 266, Juin 1997, 11 p.

[6] AFNOR. Électroacoustique – Sonomètres – Partie 1 : spécifications. NF EN 61672-1, Mars 2014, 55 p.

[7] Gabriel, C., Technique de l'image B1&B2, Cours d'acoustique, chap. 8 : psycho-acoustique. [En ligne] (modifié en 2018) [http://wwwclaudegabriel.be], consulté le 05/06/2019.

# Technologies de mesure du trafic des deux-roues motorisés

Cristina Buraga, Valérie Leray, Jérôme Gallet, Olivier Floris,
Peggy Subirats

Cerema Directions Territoriales Méditerranée, Île-de-France et Normandie-Centre

## Introduction

Compte tenu du manque de fluidité des trafics et pour des raisons pratiques et économiques, l'usage des deux-roues motorisés (2RM) est en plein essor notamment dans les grandes agglomérations. Cela nécessite une meilleure connaissance de la mobilité des 2RM, comparativement aux autres véhicules motorisés pour lesquels il existe des outils d'analyse et des guides méthodologiques.

Afin de répondre à ce besoin, plusieurs projets de recherche ont été mis en place au sein du Cerema avec l'objectif d'élaborer des solutions innovantes pour mieux prendre en compte le comportement des 2RM. Nous présentons les technologies développées dans le cadre de ces projets de recherche et la méthodologie d'évaluation sur terrain des dispositifs de détection des 2RM en circulation réelle.

Il ne s'agit pas d'une comparaison des performances des technologies, car une évaluation métrologique a été réalisée auparavant dans le cadre du projet multi-partenarial Metramoto, mais surtout un travail de caractérisation des dispositifs dans des environnements réels et variés. En parallèle des études spécifiques, les essais communs nous ont permis de mettre les bases d'un protocole d'évaluation adapté aux systèmes de mesure des trafics des 2RM.

## 1. Méthode

Dans le cadre du PRI2RM (2015-2018), plusieurs technologies de détection et de suivi du trafic des deux-roues motorisés ont été testés en sites réels, selon différents niveaux de circulation et en conditions parfois dégradées.

Certaines technologies (télémètres laser ou capteurs hybrides piézo-boucles) sont issues des projets de recherche précédents comme Metramoto, alors que d'autres dispositifs innovants (de type drones ou analyse d'image par *deep-learning*) ont été développés dans le cadre du PRI2RM.

### 1.1 Technologies

Les dispositifs développés sont complémentaires de point de vue technologique (intrusifs ou non-intrusifs, autonomes ou pas) et métrologique (mesures de débits, classes, vitesses, trajectoires).

Télémètre laser à balayage
Cerema N-C

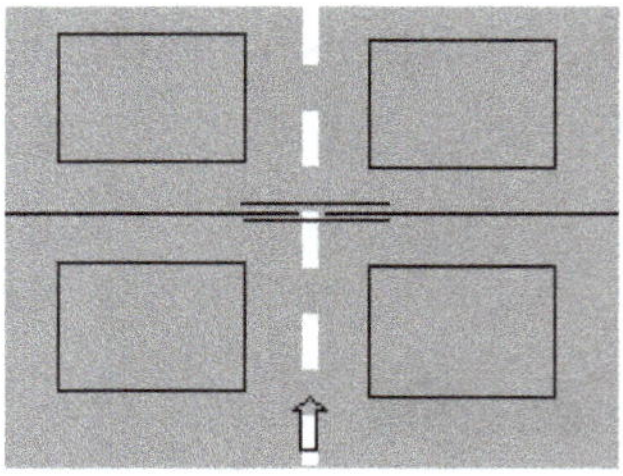

Capteur hybride piézo-boucles
Cerema IdF, Sterela

Outil innovant d'observation
aérienne (drone)

Capteur vidéo
(GoPro et nacelle 3D)

*Figure 1 : Technologies développées pour la détection des 2RM*

*Présentation du télémètre laser (Annexe 1)*

Le télémètre laser à balayage analyse des impacts laser sur les véhicules passant dans son champ d'action et permet de reconstituer les profiles des véhicules par traitement du signal. Il a l'avantage d'être facile à installer, portatif et autonome selon besoin (alimentation et transmissions à distance).

*Présentation des capteurs hybrides piézo-boucles (Annexe 2)*

Le capteur hybride combine les informations issues de boucles électromagnétiques et de câbles piézoélectriques. Il permet en particulier d'identifier la position des 2RM sur le profil en travers de la chaussée, en pleine file, en inter-files ou sur la BAU, et fournit une valeur de vitesse.

*Présentation des capteurs vidéo et drones (Annexe 3)*

La détection vidéo présente les avantages d'être non-intrusive et de permettre une automatisation dans des configurations différentes : vision latérale ou en surplomb, en approche ou éloignement, monovision ou stéréoscopiques, fixes ou mobiles, dont fait partie le drone également.

Les capteurs vidéo n'ont pas été employés en tant que tels dans le cadre du PRI2RM pour la mesure du trafic, mais des caméras ont été intégrées dans les systèmes embarqués pour les aspects perception 2RM/VL et dans les outils d'observation aérienne de type drones. Par ailleurs, le traitement d'image a été utilisé afin d'aider l'analyse des vidéos enregistrées pour le comptage par les opérateurs dans le cadre des projets industriels de l'École des Mines (voir section 2.3).

### 1.2 Évaluation fonctionnelle

Les dispositifs (hormis les drones) bénéficiaient d'études préalables d'évaluation des performances techniques et fonctionnelles pour la mesure du trafic des 2RM. Néanmoins, ces études se limitaient aux conditions habituelles de circulation (fluide, non-contrainte, météo favorable), plus faciles à appréhender et à mesurer avec les systèmes classiques (boucles Siredo par exemple).

Or le but est l'observation en situations générant des bouchons et donc une circulation des 2RM en inter-files, ainsi que la vérification du bon fonctionnement des dispositifs innovants notamment vidéo, en condition de mauvaise visibilité (nuit, brouillard) ou de météo défavorable (pluie, neige).

Dans cette perspective, le développement des technologies s'est déroulé en parallèle d'un travail méthodologique nécessaire à l'évaluation des mesures du trafic des 2RM.

*Protocole d'évaluation*

La connaissance des trafics des 2RM reste un domaine difficile à appréhender de point de vue technique en raison de la taille de ces véhicules et de leur comportement sur la chaussée.

Par ailleurs, les évaluations des performances de mesure des capteurs de détection demandent beaucoup de temps et d'investissement humain : enregistrements vidéo en plus des comptages par des opérateurs, pendant plusieurs périodes de trafic, de jour comme de nuit selon les technologies.

Dans le but de comparer les performances techniques de ces technologies, les méthodes habituelles d'évaluation sont examinées et adaptées afin de prendre en compte le comportement particulier des usagers des 2RM.

*Mesures envisagées*

Pour cela, il a été préconisé de réaliser des mesures d'une part pendant les périodes de trafic dense ou congestionné, qui génèrent de la circulation inter-file des 2RM et d'autre part sur la voie lente afin de prendre en compte tous types de véhicules allant des 2RM, VL au PL.

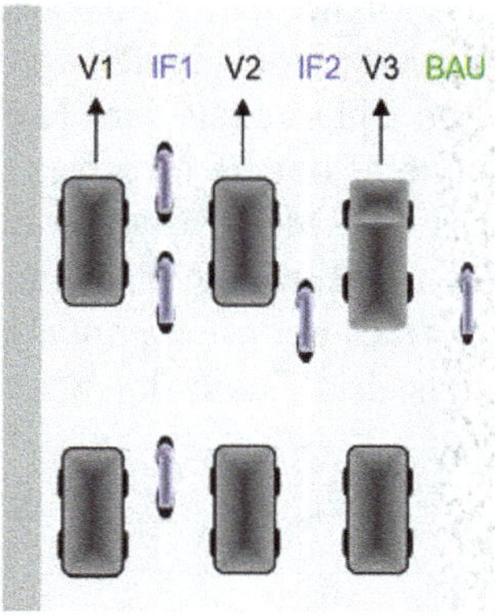

Configuration des trafics par voies, inter-files

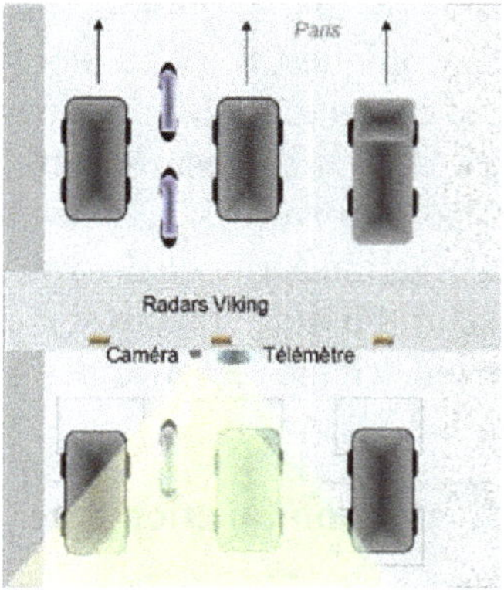

Instrumentation prévue pour les essais

*Figure 2 : Technologies développées pour la détection des 2RM*

Des essais ont été réalisés en site réel afin de valider les choix effectués pour les mesures de trafic en débit classifié et vitesses individuelles des véhicules.

## 2. Expérimentations

Les expérimentations concernent les équipes ayant développé des dispositifs spécifiques pour la mesure des débits ou des vitesses de tous types de véhicules, ainsi que leur classification.

Des essais communs ont également été réalisés afin de permettre la création de base de données et des évaluations en parallèles des systèmes.

### 2.1 Site autoroutier périurbain

Les essais sur terrain ont été réalisés sur le site de l'autoroute A13 au niveau du pont d'accès au Domaine de Saint-Cloud. Il s'agit d'un site emprunté par beaucoup de 2RM qui circulent en inter-file aux heures de pointe, notamment le matin en direction de Paris.

Plusieurs dispositifs à évaluer ont été installés :

- dispositifs intrusifs : capteur hybride, composé de boucles électromagnétiques – câbles piézo-électriques déjà installés dans la chaussée ;

- dispositifs non-intrusifs : télémètre laser à balayage et caméras vidéos installés provisoirement sur le pont.

À la suite d'un accident qui a endommagé les capteurs hybrides, il a été nécessaire de réinstaller un coffret sur le site et de le reconnecter aux capteurs de la chaussée (6 boucles et 16 câbles piézoélectriques).

### 2.2 Mesures réalisées

Des campagnes d'essais se sont déroulées sur le site A13 Saint-Cloud à partir du 24 octobre 2016 dans le sens vers Paris (trois voies et BAU).

Site de mesure trois voies + BAU (vers Paris)

Dispositifs de références (vidéo, radars)

Radars Vikings (débits, vitesses pleines voies)

Radar laser (vitesses inter-files)

*Figure 3 : Essais réalisés le 26 octobre 2016 sur le site A13 Saint-Cloud*

Cela a permis d'enregistrer les trafics grâce à plusieurs caméras vidéo temporaires ou permanentes et de relever les mesures de débits et vitesses individuelles grâce aux radars Viking au-dessus des voies lente, médiane et rapide (sans BAU). Un traitement *a posteriori* a permis d'agréger les données en séquencement six minutes.

*Résultats obtenus pour le télémètre laser*

Un travail d'analyse des données a été engagé à partir des mesures fournies par le télémètre laser, simultanément avec une caméra, selon différentes conditions de circulation (trafic dense, congestion), de luminosité (jour, nuit) et de météorologie (temps et/ou chaussée sec, pluie).

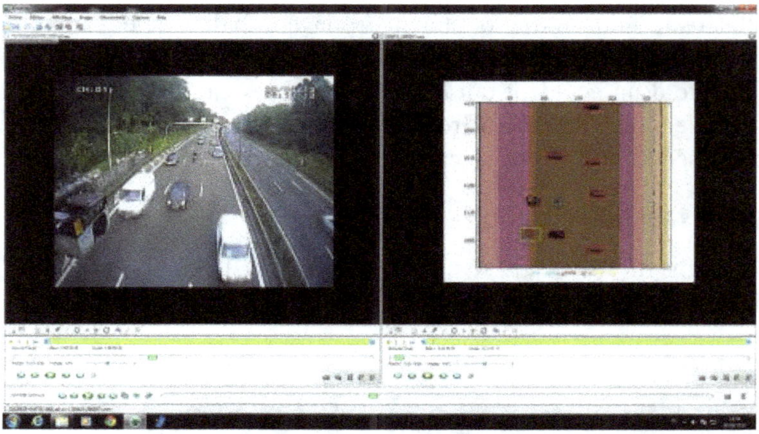

*Figure 4 : Exemple résultats télémètre (jour, chaussées sèches) : 2RM bleu, VL rouge, PL jaune*

Sur la base des échantillons de 30 mn analysés, on observe les tendances suivantes :

- le taux de bonne détection des 2RM varie entre 92 % et 99 % (jour, temps sec) mais est plus faible selon les échantillons (75 % de nuit, sur chaussée sèche, en congestion) ;
- le taux de bonne détection des VL est constant et très élevé (plus 98 % par temps sec) ;
- le taux de bonne détection des PL est très variable et parfois très faible (de 33 à 90 %).

*Résultats obtenus pour les capteurs hybrides piézo-boucles*

Sur le site expérimental de l'autoroute A13, le capteur hybride est équipé non pas d'une ligne de câbles piézoélectriques selon la configuration initiale, mais de deux lignes de câbles, espacés de 0,50 m, ce qui a permis de fournir des valeurs de référence de vitesses en conditions de circulation fluide.

Les résultats de l'étude confirment expérimentalement les précisions que l'on pouvait attendre théoriquement du capteur hybride pour les vitesses moyennes et individuelles des 2RM.

### 2.3 Analyse vidéo (projets industriels)

Afin de faciliter le comptage à partir des enregistrements vidéo, nous avons mis en place des projets industriels avec l'École des Mines de Saint-Étienne (cycle Ismin à Gardanne en Provence). Pendant deux années successives, deux groupes de 3-4 étudiants ont développé des solutions basées sur le *deep-learning* afin de détecter et compter les 2RM ainsi que les autres véhicules.

Bien entendu, leur travail ne faisait pas concurrence ni aux industriels déjà sur le marché ni aux centres de recherche sur le traitement d'images. Notre objectif était de montrer la faisabilité pour élaborer une solution simple et évolutive, en profitant de la démocratisation des outils de *deep-learning* et des bases d'apprentissage disponibles sur Internet.

En effet, la plus grosse difficulté réside dans la mise en place d'une solution adaptée en fonction des conditions d'enregistrement (en surplomb ou de côté, en approche ou en éloignement, par temps ensoleillé ou pluvieux, de jour ou de nuit, etc.).

Traqu'Moto Metravision

*Figure 5 : Projets industriels École des Mines (2016-2017 et 2017-2018)*

## Conclusion et perspectives

Même si l'objectif des essais n'était pas de réaliser une évaluation métrologique poussée des performances de mesure des dispositifs en cours de développement, les résultats obtenus ont permis des comparaisons avec les mesures obtenues par d'autres moyens automatiques ou pas.

Cela nous a aidé à élaborer une méthodologie d'évaluation adaptée aux dispositifs de mesure du trafic des 2RM, compte tenu de leurs particularités en termes de silhouettes et de trajectoires.

Les données des radars Viking ont fourni des éléments concrets pour le rapport du Cerema Île-de-France sur les indicateurs de risque des 2RM, en confirmant les périodes de trafic saisonnier et pendulaire des 2RM identifiées sur ces sites, ainsi que leur circulation en fonction des niveaux de trafic (pleine-voies en trafic fluide et inter-file en trafic dense ou congestionné).

En parallèle des développements réalisés pour les projets du Cerema, des évolutions actuelles des technologies sont potentiellement utiles pour la mesure des données de trafic des 2RM et en particulier les dispositifs connectés ou embarqués dans les véhicules.

Toujours pour le PRI2RM, un prototype de recueil de la dynamique des 2RM par smartphone a été développé pour recueillir la vitesse, la position GPS ainsi que les accélérations et angles sur les trois axes. Les actions du conducteur sur la moto (freinage, accélérateur, clignotants) sont transmises vers le smartphone et une interface de visualisation.

De plus, une moto d'analyse du comportement du conducteur a été équipée de deux caméras omnidirectionnelles pour le recueil des données permettant la perception des autres véhicules depuis un 2RM.

Au-delà du PRI2RM, le Cerema évalue des systèmes d'analyse vidéo par Intelligence Artificielle (IA) afin de mieux détecter des 2RM dans un trafic mixte, que ce soit en urbain, interurbain ou sur voies rapides. L'utilisation des vidéos numériques des gestionnaires de voiries diverses permettra de multiplier les différents cas d'observation au point de vue trafic, accidentologie, météorologique.

En perspective, il s'agit de mener des réflexions dans le cadre plus large des systèmes coopératifs (véhicules-infrastructure), afin d'intégrer et d'adapter les composants des unités embarquées dans un 2RM et proposer des cas d'usages répondant aux besoins des 2RM.

L'approche globale des véhicules connectés permet de mieux cerner le comportement des 2RM par rapport aux autres usagers et surtout de préconiser des solutions pour augmenter la sécurité des 2RM via des systèmes de communication automatiques.

## Références


1. PRI2RM – Indicateurs de risque des 2RM, Cerema IdF 2018.
2. PRI2RM – Protocole des essais – Technologies de détection des 2RM, Cerema Med 2017.
3. Metramoto – Rapport d'évaluation sur site réel périurbain, 2014.
4. Évaluation des nouveaux capteurs de trafic routier, Guide méthodologique – Additif 2014.
5. Méthodologie d'évaluation des nouveaux capteurs de trafic routiers, Guide CERTU 2002.
6. Nature, exactitude des données de trafic routier – Essais, Norme NF 99-330.
7. Nature, exactitude des données de trafic routier – séquencement métrologique, Norme NF 99-300.

# Annexe 1 : Télémètre laser à balayage (Cerema Normandie-Centre)

Deux types de télémètre ont été testés pour PRI2RM, avec les caractéristiques ci-dessous :

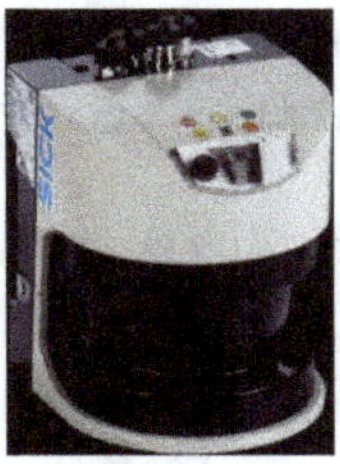

| | angle scan | dist. max | fréq. bal. | resol. | remarques |
|---|---|---|---|---|---|
| SICK LMS 111 | 270° | 20 m | 25-50Hz | 0,25-0,5° | … |
| SICK LMS 511 | 190° | 80 m | 25-100Hz | 1/6-1° | pas de vidéo de nuit |

Exemple d'installation du télémètre en aplomb sur le site A13 Saint-Cloud :

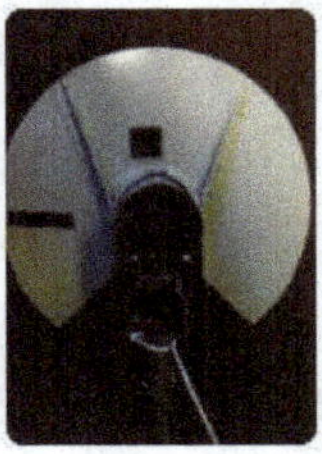

Illustration de résultats obtenus avec le télémètre pour la détection d'un 2RM entre deux VL :

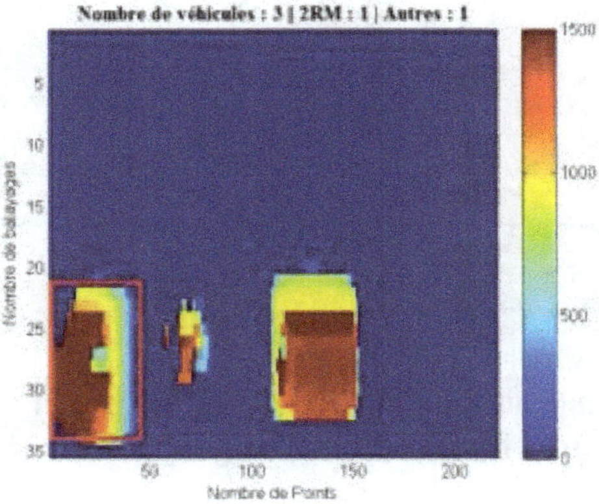

## Annexe 2 : Capteur hybride piézo-boucles (Cerema Île-de-France – Sterela)

Pour le capteur hybride, la mesure des vitesses des 2RM peut être réalisée au moyen d'une unique ligne de câbles piézo. L'erreur sur les vitesses individuelles des 2RM est <7 % pour 90 % des 2RM.

La précision des mesures des vitesses des 2RM en inter-files est améliorée par l'utilisation d'un second câble piezo inter-file disposé en amont du premier.

Configuration du capteur hybride piézo-boucles et de la station de recueil bord de voie :

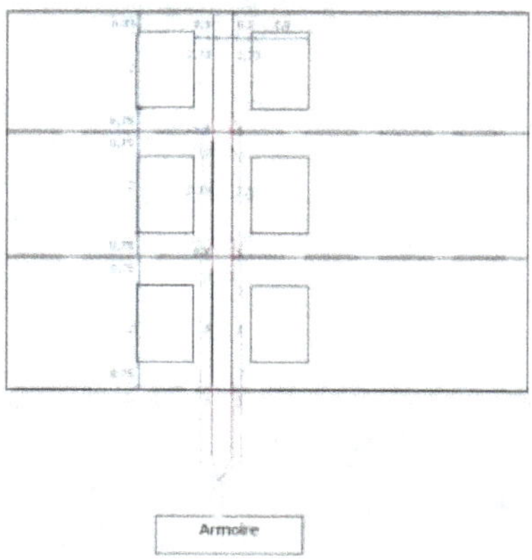

Illustration de résultats obtenus avec le capteur hybride pour la détection d'un 2RM entre deux VL :

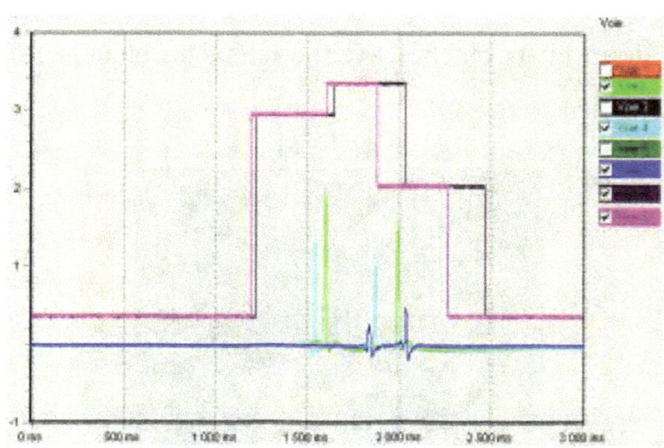


**Boucles** : marron (voiture file 1), rose (voiture file 2)

**Piézos** : vert (voiture file 1), turquoise (voiture file 2), bleu (moto en inter-file)

## Annexe 3 : Outil d'observation aérienne de type drone (Cerema Île-de-France)

En ce qui concerne les drones, la réglementation en matière d'utilisation des aéronefs a évolué, ce qui influe les scénarios de vol à vue en zone peuplée et les conditions d'expérimentation avec des appareils autonomes ou captifs.

Les essais ont été concluants malgré quelques limites techniques. Cependant, il n'y a pas de résultats métrologiques car il s'agit des études de faisabilité.

# PARTIE 2 :
# ÉQUIPEMENTS DE SÉCURITÉ

# Les équipements de sécurité des conducteurs de deux-roues motorisé et l'utilisation de l'airbag

Vanessa Cucurullo, Laurent Santucci

2-roues Lab' – Mutuelle des Motards

## Introduction

Les risques liés à la pratique du deux-roues à moteur constituent un enjeu majeur de sécurité routière. Aujourd'hui, en France, seuls le casque (art. R431-1 du Code de la route) et les gants (art. R431-1-2 du Code de la route) sont obligatoires. Le casque doit être conforme au règlement de Genève 22/05. Une étiquette blanche attestant du type d'homologation ECE doit être cousue sur la jugulaire de manière visible. Les anciens casques homologués à la norme NF (étiquette verte) restent conformes. Les gants certifiés conformes à la norme EN 13594 disposent du logo CE et du pictogramme motard. Concernant les dispositifs airbags « moto », et pour bénéficier de la certification « CE », ces derniers doivent répondre à la norme européenne EN 1621-4.

Cependant, le rapport SECU2RM de 2016 met en avant que les lésions qui causent le plus de séquelles chez les conducteurs de deux-roues concernent les organes internes.

Face à ce constat, la sécurité routière a mis en place un plan airbag moto en décembre 2018 afin d'inciter à l'acquisition et au port de l'airbag. En effet, c'est le seul équipement capable d'absorber les chocs aux niveaux du thorax, de l'abdomen et de la colonne vertébrale, et de protéger les organes vitaux.

L'objectif de cette étude est d'approfondir les connaissances sur l'équipement des conducteurs de deux-roues. Nous verrons dans un premier temps, les équipements possédés ainsi que les fréquences de renouvellement. Dans un second temps, cette étude vise plus particulièrement à comprendre le comportement des utilisateurs d'airbag et leur utilisation de l'airbag, les freins et motivations à l'achat. Dans un contexte de mise en place du plan airbag, la Mutuelle des motards souhaitait aussi connaître les attentes des conducteurs qui ont l'intention d'acheter un airbag en matière d'aide à l'achat ou de financement.

## 1. Méthodologie

La Mutuelle des motards dispose d'un panel propriétaire de conducteurs de deux-roues, 2-roues Lab', qui est interrogé régulièrement sur des sujets en lien avec le deux-roues. Dans ce contexte, un peu moins de 6000 contributeurs ont été sollicités en février 2019 par email pour répondre à un questionnaire en ligne dans les 15 jours.

Mille huit cent soixante-quatre contributeurs ont répondu à ce questionnaire. Parmi les contributeurs, 6 % sont des femmes. Ils ont en moyenne 50 ans (écart-type de 11,2 ans), le plus jeune a 23 ans, le plus vieux 87 ans. Plus de la moitié (53 %) appartiennent à la catégorie des professions et catégories socio-professionnelles supérieures (PCS), contre 33 % pour les PCS et 14 % pour les inactifs. 78 % vivent en couple et 46 % ont des enfants.

Les 1864 répondants totalisent 3099 machines soit 1,7 deux-roues par répondant.

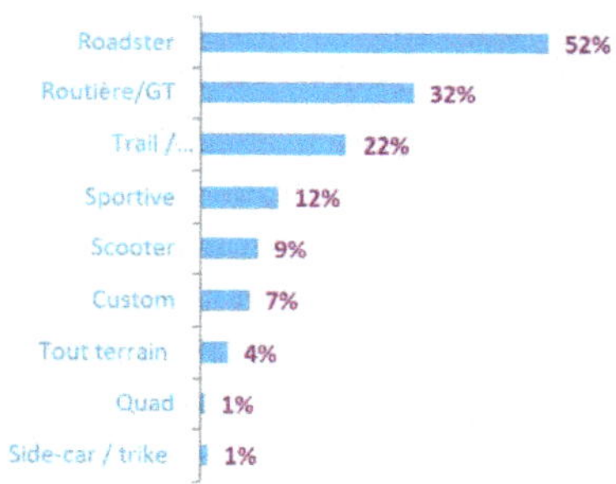


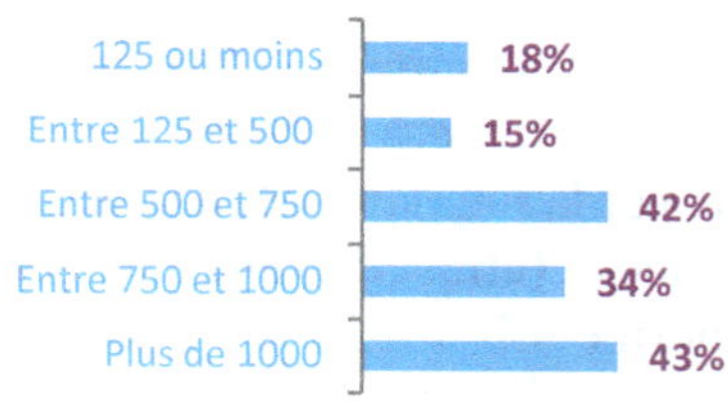


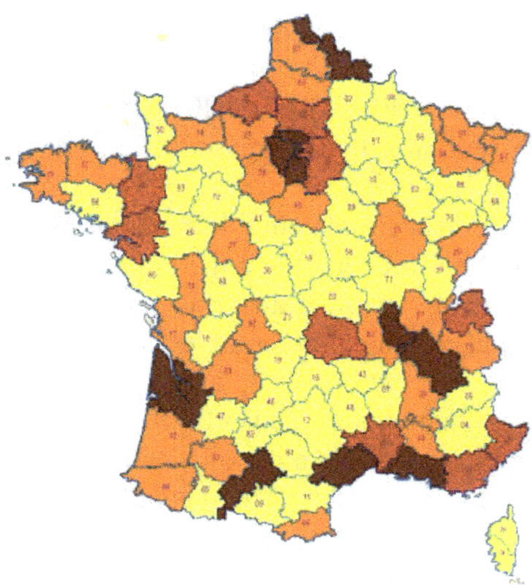

## 2. Les équipements des conducteurs de deux-roues motorisé

Pour les conducteurs de deux-roues, les équipements les plus importants sont de toute évidence : le casque, le blouson et les gants. Viennent ensuite, toujours du plus important au moins important : les bottes ou chaussures adaptées, la protection dorsale, le pantalon, les protections épaules/coudes/genoux, l'airbag, la combinaison intégrale en cuir et enfin la protection pectorale.

En pratique, ils possèdent les équipements suivants :

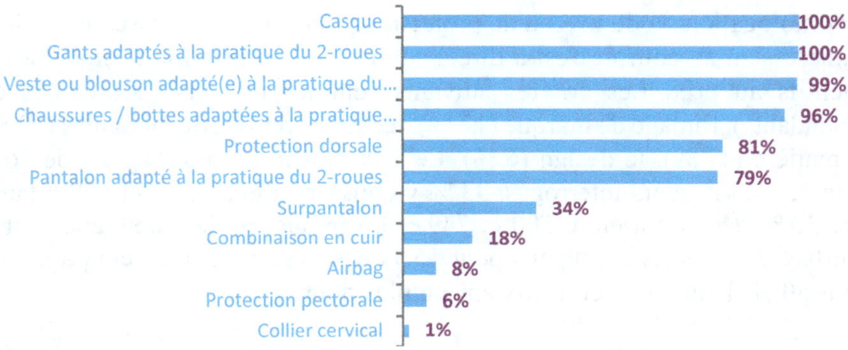


Cent pour cent des répondants ont un casque, qu'ils ont payé en moyenne 415 €. Au moment de l'achat, le casque est choisi pour le confort avant tout. En effet, pour 86 % des répondants, le confort est le premier critère d'achat. Un casque doit être essayé, les conducteurs sont conscients que toutes les marques ne s'adaptent pas à toutes les morphologies. Ils soignent aussi bien l'achat que l'entretien de cet élément de sécurité incontournable à leurs yeux. Loin derrière, le second critère d'achat est le prix pour 46 % des répondants. Viennent ensuite, le design (28 %), la matière (22 %) ou encore l'image de marque (21 %). Un peu moins de la moitié des répondants changent leur casque au bout de trois à cinq ans et 43 % tous les cinq à dix ans.

Les gants adaptés à la pratique du deux-roues sont possédés par tous les répondants. Ils sont choisis en priorité pour le confort (69 %), l'homologation ou le niveau de protection (67 %). Les critères suivants sont : les renforts (52 %), la matière (50 %) et le prix (45 %). Le prix moyen d'une paire de gants est de 104 € sur notre population, et ils la renouvellent tous les ans pour 2 %, tous les deux ans pour 18 %, tous les trois à cinq ans pour 46 %. Les gants restent un produit accessible en matière de prix, qui reste très personnel, le cuir se fait à la main du pilote, ce qui contribue au confort de pilotage et généralement, les conducteurs n'hésitent pas à investir dans une paire de gants d'été, une paire d'hiver voire de demi-saison.

Concernant les vestes ou blousons adaptés à la pratique du deux-roues, la quasi-totalité de nos répondants en possèdent une. Elle est choisie en premier lieu pour son confort par 75 % des répondants, à partir de l'homologation ou du niveau de protection pour 63 % d'entre eux, pour sa matière (60 %) ou pour les renforts (59 %). Le critère tarifaire arrive en 5e position, il intervient dans le choix pour 46 % des répondants. En moyenne, leur blouson leur a coûté 347 € et ils en changent tous les trois à cinq ans pour 27 %, tous les cinq à dix ans pour près de la moitié et tous les dix ans ou plus pour 22 %. Les conducteurs de deux-roues sont plutôt conservateurs et bien qu'ils renouvellent leurs équipements, ils conservent les anciens, pour le plaisir de les porter de temps en temps. Ils prennent plaisir à choisir leur blouson et ne sont pas vraiment adeptes de la revente.

Le choix du gilet airbag est réalisé en premier lieu sur le critère d'homologation ou du niveau de protection pour 76 % des possesseurs. 47 % s'intéressent au confort c'est-à-dire à son poids, son aération… et 40 % sont attentifs au prix. Les critères suivants sont les renforts (pour 23 % des répondants), l'image de marque (17 %), les zones rétro réfléchissantes (12 %), la matière (11 %), le design (6 %). Le prix moyen d'un airbag est de 563 € pour les possesseurs interrogés. 33 % y consacrent entre 350 et 499 € tandis que 39 % dépensent entre 500 et 749 €. La fréquence de renouvellement de l'airbag est de trois à cinq ans pour 15 % des possesseurs, de cinq à dix ans pour 50 % d'entre eux et de dix ans ou plus pour 34 %.

## 3. Zoom sur l'airbag

La principale source d'information sur l'airbag est la presse deux-roues pour 71 % des répondants. Les sites internet dédiés aux deux-roues sont loin derrière, c'est la principale source d'information pour 41 % d'entre eux. Ils consultent ensuite les tests consommateurs (31 %) et les magasins spécialisés (26 %).

Un répondant sur dix ne connaît aucune des technologies airbag. 85 % connaissent les airbags filaires et 81 % la technologie autonome.

### 3.1 Leur avis sur l'airbag

Pour 41 % de nos contributeurs, ce sont les gilets portés par-dessus le vêtement qui paraissent le plus adaptés à la pratique du deux-roues. Ils sont suivis de près par les airbags intégrés dans le vêtement (39 %).

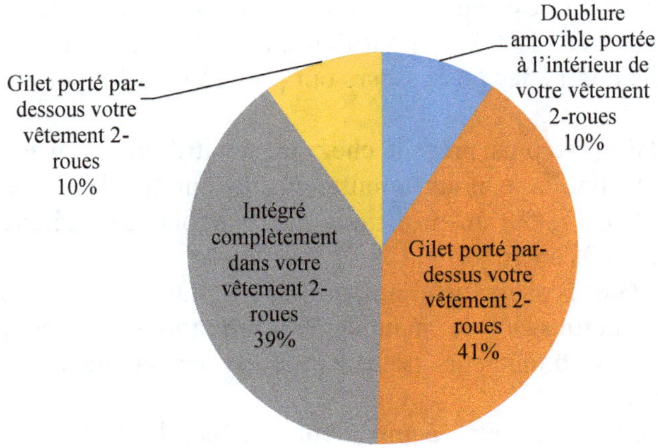


Selon eux, l'airbag filaire est la technologie la plus accessible en matière de prix mais elle est moins facile à utiliser, moins confortable et moins performante en matière de protection. À l'inverse, l'airbag autonome est moins accessible au niveau du prix mais il est plus facile à utiliser, plus confortable et plus performant.

Pour 47 % des répondants, l'airbag est une contrainte à la pratique du deux-roues, pour 45 % c'est une innovation technologique. Quatre sur dix pensent que l'airbag est l'équipement le plus sécuritaire. Pour 36 %, c'est un dispositif rassurant et pour 34 %, c'est un équipement esthétique.

Au niveau du prix, sachant qu'actuellement, un système airbag coûte entre 400 € pour un airbag filaire et 1300 € pour un airbag autonome, 37 % des répondants sont prêts à dépenser moins de 300 € et 42 % sont prêts à payer entre 300 et 499 €.

### 3.2 Les intentionnistes

Seulement 8 % des répondants ont l'intention d'acheter un airbag dans les 12 prochains mois. Les freins à l'achat sont : le prix pour 60 %, la contrainte à l'utilisation (34 %) ou car selon eux, ce n'est pas encore efficace ou fiable (20 %).

Les intentionnistes se tourneraient plutôt vers un airbag porté par-dessus le vêtement (34 %) par-dessous (30 %) ou intégré au vêtement (25 %). La doublure amovible portée à l'intérieur du vêtement attire seulement 11 % des répondants. Plus des deux tiers se tourneraient plutôt vers un airbag autonome.

### 3.3 Les possesseurs d'airbag

Huit pour cent des répondants possèdent un airbag contre 4 % lors d'une précédente enquête de 2-roues Lab' en 2016. Les possesseurs d'airbags sont plus souvent cadres, ils vivent plus souvent en couple avec des enfants. Ce sont plus souvent des utilisateurs quotidiens de leur deux-roues avec des trajets domicile-travail. Ce sont de gros rouleurs, avec plus de 15 000 km par an en moyenne contre 11 000 km pour l'ensemble des répondants.

Près des trois quarts des possesseurs ont préféré un gilet porté par-dessus le vêtement.

L'airbag filaire est plus présent chez nos contributeurs avec 67 % qui possèdent cette technologie, nous notons cependant un recul de la technologie par rapport à 2016 (75 %) au profit des gilets autonomes, détenus à 24 % contre seulement 4 % en 2016.

Dix pour cent des possesseurs d'airbag filaire l'attachent sur l'avant de leur machine. Nous notons ici le manque d'informations ou les difficultés rencontrées par les conducteurs pour accrocher correctement leur câble et optimiser l'utilisation.

Pour l'airbag comme pour l'équipement en général, c'est la presse deux-roues qui représente la principale source d'information pour 59 % des possesseurs. En deuxième position, nous trouvons les sites internet dédiés aux deux-roues (56 %) puis les tests consommateurs (41 %) et les magasins spécialisés (35 %).

Les contraintes générées par le port de l'airbag sont :

- Le fait de le porter (31 %) car il est lourd. Ils ne peuvent pas forcément mettre autre chose par-dessus, la cartouche paraît aussi encombrante.
- L'usage (28 %), le simple fait de devoir le brancher, le débrancher à chaque départ et arrêt, de l'allumer et de l'éteindre.
- Le rangement (26 %), difficile de le ranger notamment en balade.
- La maintenance (13 %) pour la batterie, la pile, la recharge de gaz.

Neuf pour cent des possesseurs d'airbag ont dû faire face à un déclenchement intempestif, soit 14 individus. Pour la plupart, le déclenchement a eu lieu à l'arrêt ou au démarrage. Un airbag s'est déclenché alors que le conducteur a voulu régler son rétroviseur en roulant, son câble était trop tendu. Le déclenchement intempestif, le plus fréquent se produit lorsqu'ils oublient de débrancher le câble en descendant de la moto.

Vingt-quatre pour cent des possesseurs, soit 38 personnes, ont déjà été victimes d'une chute ou d'un accident alors qu'ils portaient l'airbag. L'airbag s'est déclenché dans 87 % des cas, pour les 17 % restants, il n'y avait pas de nécessité de déclenchement selon les répondants. 89 % des victimes de chutes estiment que l'airbag a été efficace.

### 3.4 Le financement

Pour 87 % des possesseurs et des intentionnistes, l'assureur pourrait aider à l'achat d'un airbag, via une réduction de la prime d'assurance (76 %), l'annulation de la vétusté sur l'airbag en cas d'accident (46 %) ou le financement de la cartouche de gaz en cas d'accident (40 %). Pour plus de la moitié, le gouvernement est aussi légitime pour les aider. Cette aide pourrait passer par l'exonération de TVA (61 %). Les équipementiers pourraient intervenir pour 34 % d'entre eux et pour 23 %, ce sont plutôt les marques des constructeurs qui devraient les aider. Ces aides pourraient aussi se traduire par le remboursement d'une partie de l'achat (41 %), la réduction du prix d'achat (40 %) ou une déduction fiscale (22 %).

## Conclusion

Malgré le plan airbag, l'étude montre que les conducteurs de deux-roues sont encore peu informés sur les différentes technologies. Le gilet airbag est un élément encore purement sécuritaire, le critère d'achat numéro un est évidemment le niveau de protection quand cet élément intervient en 6e position pour le casque ou en 2e pour le blouson. Bien que la moitié des répondants pensent que c'est une technologie innovante, l'airbag est encore perçu comme une contrainte. Mais c'est avant tout le prix qui contraint à ne pas investir.

En matière de financement, l'assureur et le gouvernement pourraient apporter une aide. Pour l'assureur, elle pourrait se traduire par une réduction de prime pour les détenteurs d'airbag. Côté gouvernement, c'est l'exonération de TVA qui est la plus prisée.

# Évaluation d'un gilet airbag moto par la simulation en éléments finis

Oscar Cherta Ballester[1, 2], Maxime Llari[1], Valentin Honoré[2], Catherine Masson[1], Pierre-Jean Arnoux[1]

[1] Aix-Marseille Université, Univ Gustave Eiffel, IFSTTAR, TS2-LBA UMR_T24
[2] In&motion S.A.S.

## Introduction

Les deux-roues motorisés (2RM) sont considérés comme des usagers vulnérables de la route du fait de leur manque de protection. Contrairement aux automobilistes, les motards n'ont pas de carrosserie qui les protège et toutes les parties de son corps sont exposées aux chocs lors d'un accident. En effet, les 2RM représentent 28 % des décès de la route dans le monde [1] et 18 % de la mortalité routière dans l'Union européenne [2].

Les études montrent que la tête et le thorax sont les régions corporelles les plus gravement blessées chez les 2RM [3, 4]. Les airbags intégrés dans les vêtements des motocyclistes sont des dispositifs en pleine évolution avec un fort potentiel de protection du tronc du motard. Bien que ces produits aient été développés depuis le début des années 2000, peu d'études ont été menées pour évaluer la réduction du risque de blessure par le port d'un gilet airbag. En fait, l'évaluation de l'efficacité de ces dispositifs reste complexe en raison de sa dépendance à de nombreux facteurs liés à l'accident (zone du corps impactée, objet impacté, vitesse d'impact, etc.) et au dispositif lui-même (temps de détection, temps de gonflage, pression, zones de couverture, etc.).

L'évaluation et le développement des airbags moto nécessitent l'utilisation de critères lésionnels afin de quantifier le risque de blessure pour le motocycliste. Bien que des critères de blessure aient été établis dans le secteur automobile, ces critères sont difficilement utilisables pour le 2RM en raison des impacts multiples et de la cinématique complexe du motard lors d'un accident.

En l'absence de critères de blessure spécifiques, une approche numérique multi-échelle combinant simulations multi-corps (MB) et simulations en éléments finis (FE) est une bonne solution pour analyser le risque de blessure chez les motocyclistes. Certaines recherches ont déjà été menées à l'aide de cette approche afin d'évaluer le risque de blessure de la tête lors des accidents impliquant des usagers vulnérables de la route comme des piétons [5] et des motocyclistes [6]. Les modèles MB sont adaptés pour reproduire la cinématique globale des accidents et analyser les conditions d'impact du corps humain [7, 8]. Les modèles FE sont plus détaillés et permettent d'évaluer les lésions des os, des ligaments et des organes [9, 10]. Même si les deux types de modélisation ont déjà été utilisés pour développer des modèles d'airbag moto et évaluer leur efficacité, aucune étude n'a utilisé une approche multi-échelle afin d'évaluer ces dispositifs de protection dans des conditions d'impact représentatives des chocs subis par les motocyclistes.

À partir des informations relatives aux conditions d'impact des motocyclistes obtenues via des simulations MB [11], le présent travail porte sur la simulation de ces impacts avec des modèles FE afin d'évaluer l'efficacité d'un protecteur airbag. Cette étude vise à développer une méthode pour évaluer les airbags moto et leurs capacités à réduire la gravité des blessures thoraciques. La simulation de plusieurs conditions d'impact sur la zone frontale du thorax et l'utilisation d'une méthode d'analyse comparative nous permettent de quantifier les avantages du port du protecteur par rapport aux critères de blessure existants.

# 1. Matériel et méthodes

Ce travail s'est focalisé sur l'évaluation de l'efficacité d'un gilet airbag moto dans des conditions d'impact réalistes. Les conditions d'impact du motocycliste ont été calculées lors d'une précédente étude via la reconstruction de plusieurs situations d'accident à l'aide de modèles MB [11]. Dans le présent travail, une évaluation approfondie d'un protecteur airbag a été réalisée, reproduisant ces conditions d'impact représentatives d'un accident en 2RM à l'aide du logiciel Radioss V2017.

## 1.1 Modélisation du corps humain et du protecteur airbag

*Modèle humain*

Le modèle de corps humain utilisé dans ce travail est le HUman MOdel for Safety (HUMOS II) et représente le 50$^{e}$ percentile homme adulte. Le modèle a été développé dans le cadre du projet européen HUMOS visant à étudier les risques de blessures et à améliorer les systèmes de sécurité des occupants de voiture. Le modèle a été validé à partir d'essais expérimentaux sous-système réalisés sur des segments corporels isolés [12]. Ce modèle a été précédemment utilisé pour l'évaluation de dispositifs de protection moto : des protecteurs airbag, des protecteurs de poitrine et des colliers cervicaux [13, 14, 15].

*Modèle airbag*

Le gilet airbag a été modélisé à partir d'un prototype développé par le fabricant In&motion [16]. La géométrie a été obtenue à partir du patronage du gilet fourni par le fabricant. Ensuite, elle a été maillée à l'aide d'éléments triangulaires d'une taille moyenne de 3 mm. Les propriétés mécaniques des tissus de l'airbag ont été obtenues à partir de tests de traction conduisant à la définition de lois matériaux élastiques anisotropes non linéaires. Le modèle numérique d'airbag a été corrélé à partir d'essais puits de chute.

### 1.2 Méthode d'évaluation du gilet airbag

Le modèle d'airbag a été couplé au modèle humain pour obtenir deux configurations de modélisation principales :

- Le modèle humain seul, pour analyser les blessures subies par le motocycliste sans dispositif de protection ;
- Le modèle humain avec airbag, pour évaluer les bénéfices du port du protecteur.

Les simulations avec airbag ont été effectuées en deux étapes, comme dans les travaux précédents [13]. La première étape consiste à bien positionner et gonfler l'airbag sur le corps humain, tandis que la deuxième étape porte sur la simulation de l'impact.

*Conditions d'impact*

Plusieurs conditions d'impact en termes de vitesse d'impact et de forme d'impacteur ont été reproduites avec les modèles FE afin d'évaluer l'efficacité du protecteur airbag.

La réduction des blessures thoraciques devenant une priorité pour la sécurité des 2RM [17], des impacts locaux sur la région frontale du thorax ont été simulés avec l'impacteur centré sur le 4$^{e}$ espace intercostal. Cette localisation de l'impact concorde avec les conditions d'impact du motard observées dans les précédentes recherches [3, 11]. Les travaux antérieurs sur l'évaluation des dispositifs de protection airbag par la modélisation en EF ont également considéré les impacts thoraciques frontaux comme un enjeu de protection [13, 18]. Ces conditions d'impact spécifiques se situent dans le domaine de validité du modèle humain [12].

Trois formes d'impacteurs (plaque, pied avant et cornière) ont été définies afin de modéliser des impacts contre des obstacles pénétrants et des obstacles avec des surfaces plus étendues comme recommandé dans les travaux précédents [11]. L'impacteur plaque est un carré de 30 cm de côté (Figure 1a). L'impacteur qui représente le pied avant d'une voiture a une forme rectangulaire et ses dimensions sont 10 cm et 30 cm (Figure 1b). La forme de l'impacteur cornière, basée sur l'impacteur utilisé dans la norme EN 1621-4 [19], est rectangulaire, avec une longueur de 30 cm et une largeur de 5 cm. La face d'impact est une face cylindrique avec un rayon de 1,25 cm (Figure 1c).

Les impacteurs ont une masse de 23,4 kg, ce qui est cohérent avec la masse thoracique du 50^e^ percentile homme adulte [20]. Une valeur de masse similaire est généralement utilisée dans les tests de validation du thorax des modèles humains [12] et de calibration pour le thorax des mannequins de choc [21].

Les impacteurs ont été modélisés en corps rigides avec une vitesse initiale et un seul degré de liberté correspondant à la direction de l'impact. Des vitesses d'impact de 5, 7 et 9 m/s ont été choisies en fonction de celles calculées par [11] à partir de simulations MB d'accidents moto. Les vitesses d'impact se situent également dans le domaine de validité du comportement thoracique du modèle humain [12].

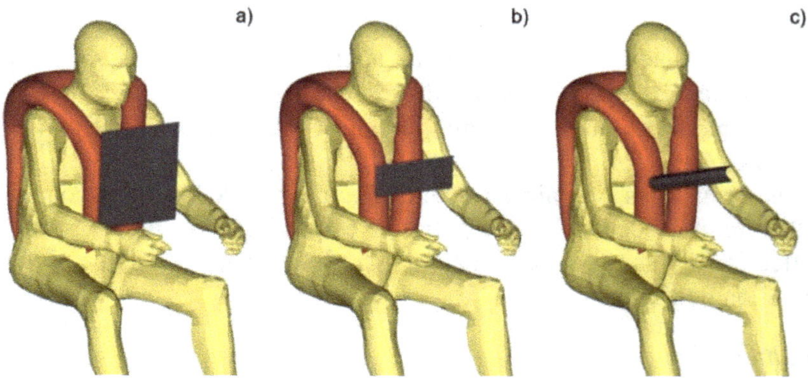


a) Impacteur plaque b) Impacteur pied avant c) Impacteur cornière

*Figure 1 : Simulation d'impacts sur la zone frontale du thorax à l'aide des modèles en éléments finis*

*Critères lésionnels*

Deux critères de blessure ont été utilisés afin de déterminer le risque lésionnel pour le motocycliste :

a) Critère de Compression (CC)

Des tests d'impact ont été réalisés sur cadavres afin de quantifier la tolérance aux blessures et la réponse mécanique du thorax humain [22, 23]. Ces essais ont montré que la compression thoracique est corrélée avec l'AIS (r = 0,73). Ainsi, le score AIS des blessures squelettiques du thorax peut être calculé en utilisant le pourcentage de compression thoracique, c'est-à-dire la déflection thoracique divisée par la profondeur totale de la poitrine (équation 1).

$$AIS = -3,78 + 19,56 * max[C(t)] \quad (1)$$

Cette méthode de calcul de l'AIS a été utilisée dans cette étude pour analyser la gravité des lésions squelettiques du thorax. Les résultats ont été arrondis au nombre entier le plus proche.

b) Critère Visqueux (VC)

Des tests d'impact ont été effectués par [24] et ont révélé que les lésions des tissus mous dépendent de la compression et de la vitesse de cette compression. Étant donné que le CC ne considérait qu'un de ces mécanismes lésionnels, le VC a été développé pour tenir compte de la sensibilité des tissus mous à la vitesse [25].

La réponse visqueuse est une fonction temporelle formée par le produit de la vitesse de déformation V(t) et de la compression instantanée C(t) (équation 2).

$$VC = V(t) * C(t) \qquad (2)$$

Le risque maximal de lésion des tissus mous survient au maximum de la réponse visqueuse ($[VC]_{max}$). Le risque de subir une blessure thoracique sévère (AIS >3) a été corrélé avec le $[VC]_{max}$ pour obtenir une courbe de probabilité lésionnelle [25]. Cette courbe de risque a été utilisée dans ce travail pour évaluer la probabilité de subir une lésion sévère des tissus mous thoraciques.

## 2. Résultats

Une étude paramétrique de 18 simulations a été lancée : neuf sans dispositif de protection et neuf avec le protecteur airbag. Une analyse quantitative comparant la réduction de la gravité des blessures liée à l'utilisation du protecteur airbag a été réalisée pour évaluer les performances du dispositif.

La gravité des blessures thoraciques squelettiques a été calculée avec le CC et rapportée dans la Figure 2.

La gravité des blessures tend à augmenter avec la vitesse d'impact et une gravité lésionnelle plus élevée a également été observée pour les impacteurs plus pénétrants. En ce qui concerne les impacts sans protecteur, le score AIS le plus élevé (AIS4) a été calculé pour un impact avec la cornière à 9 m/s. Aucune blessure n'a été observée pour les impacts avec la plaque et le pied avant à 5 m/s.

Le port du protecteur airbag réduit la gravité des lésions squelettiques dans toutes les situations de choc. Une réduction du score AIS de 1 a été obtenue pour tous les impacts ayant provoqué une blessure sans protecteur. Le score AIS enregistré varie de zéro à trois et seul l'impact avec la cornière à 9 m/s donne un score AIS supérieur à deux. Les lésions sur la cage thoracique ont été complétement atténuées pour les impacts à 5 m/s et pour l'impact avec la plaque à 7 m/s.

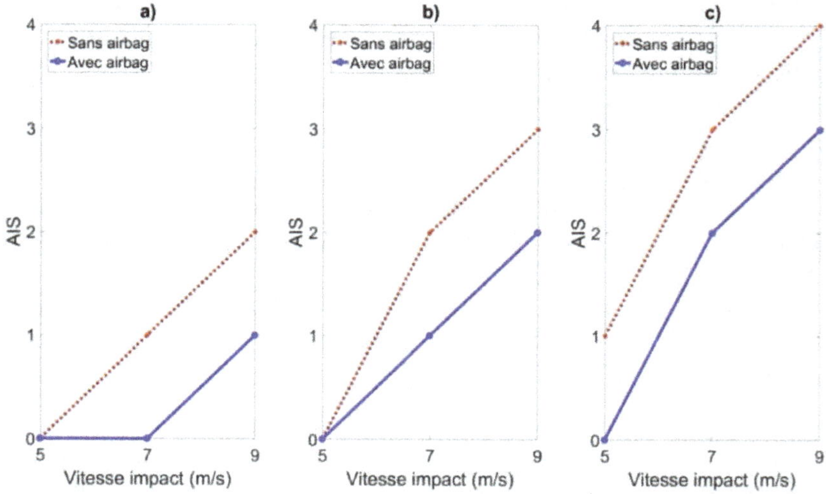


a) Impacteur plaque b) Impacteur pied avant c) Impacteur cornière

*Figure 2 : Sévérité lésionnelle squelettique versus vitesse d'impact*

La probabilité de subir des lésions sévères sur les tissus mous a été calculée avec le VC et rapportée dans la Figure 3. Le risque de blessure augmente en fonction de la vitesse d'impact, comme observé pour les lésions squelettiques. La probabilité de subir une blessure augmente également lorsque la surface d'impact de l'élément de frappe se réduit. En se concentrant sur les impacts sans protection, le risque de blessure le plus élevé (80 %) a été observé pour un impact avec la cornière à 9 m/s, tandis que le risque de blessure le plus faible (5 %) a été obtenu pour l'impact avec la plaque à 5 m/s.

Comme pour la cage thoracique, l'utilisation du protecteur airbag réduit le risque de lésion sur les tissus mous pour tous les impacts simulés. La probabilité de subir des blessures sévères sur les tissus mous va de 1 % à 63 %. Cette probabilité est inférieure à 25 % à l'exception des impacts à grande vitesse (9 m/s) avec la cornière et le pied avant. Une réduction maximale de 22 % de la probabilité d'être sévèrement blessé a été observée pour l'impact cornière à 7 m/s. Le risque de blessure sévère a été pratiquement évité (<15 %) pour les impacts avec la plaque et le pied avant à 5 et 7 m/s ainsi que pour l'impact avec la cornière à 5 m/s.

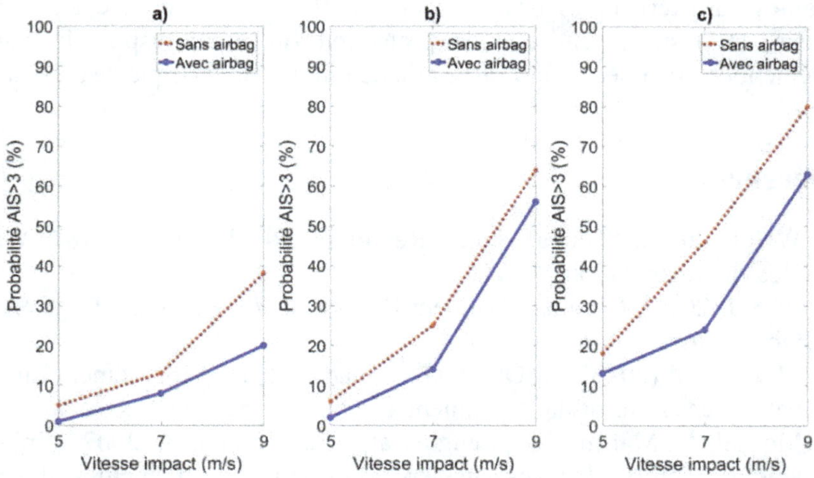


a) Impacteur plaque b) Impacteur pied avant c) Impacteur cornière

*Figure 3 : Probabilité de subir une lésion sévère sur les tissus mous (AIS >3)* versus *vitesse d'impact*

# Conclusion

Une méthode d'évaluation a été mise en place pour quantifier les bénéfices du port d'un protecteur airbag lors des accidents en 2RM. Une analyse comparative quantitative pour évaluer l'efficacité du gilet airbag a été réalisée à partir de simulations avec le dispositif et sans aucune protection.

La méthode d'évaluation proposée a été testée dans le domaine de validité du modèle de corps humain et dans des conditions de chargement basées sur des accidents réels. L'analyse comparative réalisée avec et sans airbag a montré l'efficacité de ces dispositifs de protection concernant l'atténuation des lésions thoraciques. Pour la cage thoracique, la réduction globale de la gravité lésionnelle a été estimée par la simulation à un niveau d'AIS. L'utilisation du gilet airbag a permis de réduire le risque de lésion sévère des tissus mous avec une réduction maximale de 22 %. La vitesse d'impact présente une relation linéaire avec la gravité de la blessure. La forme de l'impacteur a également été identifiée comme un facteur aggravant du risque de blessure.

Ce travail s'est focalisé sur l'analyse de l'apport d'un protecteur airbag lors de chocs subis sur la zone frontale du thorax. Afin d'améliorer l'efficacité de ces dispositifs de protection, les investigations à venir devraient tester l'airbag dans d'autres conditions d'impact comme de chocs sur les zones postérieures et latérales du tronc.

La méthodologie développée dans ce travail pourrait être utilisée pour évaluer d'autres dispositifs de protection airbag ainsi que d'autres dispositifs de protection thoracique tels que les protecteurs de poitrine. L'influence de certaines caractéristiques des coussins gonflables (pression, épaisseur du coussin, etc.) sur la capacité de protection finale du dispositif pourrait également être évaluée et optimisée afin de minimiser le risque de blessure du motard.

## Références


[1] WHO (2018). "Global Status Report on Road Safety 2018", World Health Organization.

[2] ERSO (2017). "Annual Accident Report 2017", European Road Safety Observatory.

[3] MOSAFIM (2013). "MOtorcyclists road SAFety IMprovement through better behaviour of the equipment and first aid devices".

[4] Moskal, A., Martin, J.-L., Lenguerrand, E., Laumon, B. (2007). "Injuries among Motorised Two-Wheelers in Relation to Vehicle and Crash Characteristics in Rhone, France", presented at the $20^{th}$ International Technical Conference on the Enhanced Safety of Vehicles (ESV), National Highway Traffic Safety Administration.

[5] Peng, Y., Yang, J., Deck, C., Otte, D., Willinger, R. (2014). "Development of Head Injury Risk Functions Based on Real-World Accident Reconstruction", *Int. J. Crashworthiness*, vol. 19, no. 2, p. 105-114, Mar. 2014.

[6] Bourdet, N., Deck, C., Tinard, V., Willinger, R. (2012). "Behaviour of helmets during head impact in real accident cases of motorcyclists", *Int. J. Crashworthiness*, vol. 17, no. 1, p. 51-61, Feb. 2012.

[7] Bourdet, N., Mojumder, S., Piantini, S., Deck, C., Pierini, M., Willinger, R. (2016). "Proposal of a New Motorcycle Helmet Test Method for Tangential Impact", in *IRCOBI Conference Proceedings*.

[8] Van Rooij, L. et al. (2003). "Pedestrian crash reconstruction using multi-body modeling with geometrically detailed, validated vehicle models and advanced pedestrian injury criteria", *Proc. Int. Tech. Conf. Enhanc. Saf. Veh.*, vol. 2003, p. 19.

[9] Gayzik, F. S., Moreno, D. P., Geer, C. P., Wuertzer, S. D., Martin, R. S., Stitzel, J. D. (2011). "Development of a Full Body CAD Dataset for Computational Modeling: A Multi-modality Approach", *Ann. Biomed. Eng.*, vol. 39, no. 10, p. 2568, Jul. 2011.

[10] Iwamoto, M., Kisanuki, Y., Watanabe, I., Furusu, K., Miki, K., Hasegawa, J. (2002). "Development of a finite element model of the total human model for safety (THUMS) and application to injury reconstruction", *Proc. Int. Res. Counc. Biomech. Inj. Conf.*, vol. 30, p. 12.

[11] Cherta Ballester, O. et al. (2019). "Analysis of trunk impact conditions in motorcycle road accidents based on epidemiological, accidentological

data and multibody simulations", *Accident Analysis and Prevention*, vol. 127, p. 223-230, Jun. 2019.

[12] Behr, M. et al. (2003). "A Human Model for Road Safety: From Geometrical Acquisition to Model Validation with Radioss", *Comput. Methods Biomech. Biomed. Engin.*, vol. 6, no. 4, p. 263-273, Sep. 2003.

[13] Thollon, L., Godio, Y., Bidal, S., Brunet, C. (2010). "Evaluation of a new security system to reduce thoracic injuries in case of motorcycle accidents", *Int. J. Crashworthiness*, vol. 15, no. 2, p. 191-199, Jun. 2010.

[14] Manzardo, D. et al. (2009). "Development of a Thorax Protector for Motorcyclists".

[15] Sun, J., Rojas, A., Kraenzler, R., Arnoux, P.-J. (2012). "Investigation of motorcyclist safety systems contributions to prevent cervical spine injuries using HUMOS model", *Int. J. Crashworthiness*, vol. 17, no. 6, Dec. 2012.

[16] In&motion [https://www.inemotion.com/#inemotion] (Accessed: 07-Mar-2018).

[17] Bambach, M. R., Mitchell, R. J. (2014). "The rising burden of serious thoracic trauma sustained by motorcyclists in road traffic crashes", *Accident Analysis and Prevention*, vol. 62, p. 248-258, Jan. 2014.

[18] Marconi, E., Gatto, F., Massaro, M. (2018). "Numerical and Experimental Assessment of the Performance of Wearable Airbags for Motorcycle Riders".

[19] EN 1621-4, *Motorcyclists' protective clothing against mechanical impact - Part 4: Motorcyclists' inflatable protectors - Requirements and test methods,* 2013.

[20] Yang, J. K., Lövsund, P., Cavallero, C., Bonnoit, J. (2000). "A Human-Body 3D Mathematical Model for Simulation of Car-Pedestrian Impacts", *J. Crash Prev. Inj. Control*, vol. 2, no. 2, p. 131-149, Aug. 2000.

[21] FMVSS (2011). "49 CFR 572 - Anthropomorphic Test Devices", Federal Motor Vehicle Safety Standard.

[22] Kroell, C. K., Schneider, D. C., Nahum, A. M. (1971). "Impact Tolerance and Response of the Human Thorax", SAE Technical Paper, Warrendale, PA, SAE Technical Paper 710851, Feb. 1971.

[23] Kroell, C. K., Schneider, D. C., Nahum, A. M. (1974). "Impact Tolerance and Response of the Human Thorax II", SAE Technical Paper, Warrendale, PA, SAE Technical Paper 741187, Feb. 1974.

[24] Lau, V. K., Viano, D. C. (1981). "Influence of impact velocity on the severity of nonpenetrating hepatic injury", *J. Trauma*, vol. 21, no. 2, p. 115-123, Feb. 1981.

[25] Lau, I. V., Viano, D. C. (1986). "The Viscous Criterion — Bases and Applications of an Injury Severity Index for Soft Tissues", *SAE Trans.*, vol. 95, p. 672-691.

# Gilets airbags pour motocycliste : analyse d'accidents et crash-tests

Thierry Serre[1], Catherine Masson[2], Maxime Llari[2], Bastien Canu[1], Max Py[2], Christophe Perrin[1]

[1] TS2-LMA, Univ Gustave Eiffel, IFSTTAR
[2] Aix-Marseille Université, Univ Gustave Eiffel, IFSTTAR, TS2-LBA UMR_T24

## Introduction

Si le nombre d'accidents impliquant des voitures a substantiellement réduit ces dernières années, les accidents impliquant des deux-roues motorisés (2RM) restent préoccupants et représentent un enjeu important de sécurité routière plus particulièrement en France [1]. En effet, le 2RM est le mode de déplacement le plus dangereux [2] et le risque d'être tué en motocycle est largement supérieur à celui de la voiture [3]. De nombreux projets se sont donc attachés à mieux comprendre cette accidentalité et certains d'entre eux se sont focalisés sur l'amélioration de la protection du motocycliste [4]. L'objectif est alors d'étudier le comportement du corps du motocycliste lors de l'impact par des approches accidentologique et biomécanique. Les résultats montrent que le scénario d'impact le plus souvent rencontré est un choc du motocycliste en configuration frontale contre un autre véhicule motorisé ou un obstacle. Une norme ISO 13232 décrit ces configurations en relation avec les données accidentologiques [5]. Les lésions les plus graves observées sont alors situées sur la tête et le thorax [6-8].

Afin de réduire ces lésions lors de l'impact, il est primordial d'améliorer la sécurité passive du motocycliste et plus particulièrement l'efficacité des équipements de protection individuels (EPI) tels que les blousons, pantalons, bottes, etc. L'usage de ces derniers permet en effet de prévenir jusqu'à 60 % des lésions au thorax et presque 40 % des lésions aux membres inférieurs [9-10]. Il apparaît également que les vêtements classiques de protection permettent d'éviter les lésions mineures ayant un niveau d'AIS[1] 1 ou 2 mais restent limités pour éviter les lésions plus graves (AIS 3+) [9-12]. Ainsi, il est convenu que les EPI assurent une protection par exemple contre les brûlures mais sont moins efficaces pour éviter les fractures.

Parmi les EPI, de nouveaux systèmes de protection apparaissent de nos jours comme les colliers cervicaux [13] ou des systèmes basés sur le gonflage d'airbags [14-16]. Il existe ainsi aujourd'hui sur le marché différents modèles de gilets airbags qui permettent d'améliorer la protection des usagers de 2RM lors d'un choc. Ils sont conçus sur trois principes de déclenchement :

- le système filaire : il s'agit d'un câble fixé sur le gilet et relié au 2RM qui se détache lors de l'éjection du conducteur et déclenche le gonflage du gilet ;
- le système radio : un calculateur et des capteurs positionnés sur le 2RM détectent la chute ou le choc et déclenchent le gonflage de l'airbag ;
- le système « autonome » où le calculateur et les capteurs sont intégrés dans le gilet ce qui permet un déclenchement intrinsèque du gonflage.

Certains gilets combinent même plusieurs de ces technologies afin d'être plus efficaces dans la détection et le déclenchement. Excepté le système de déclenchement, ces produits diffèrent également par la pression de gonflage, le volume du coussin (entre 10 et 20 litres), les temps de déclenchement et de gonflage (entre 20 et 200 ms), la composition du gaz, la localisation de la cartouche de gaz dans le vêtement, etc. Quelques études précédentes ont testé l'efficacité du blouson airbag sur des prototypes de gilet airbag [15]. Les résultats sont prometteurs et montrent qu'un gilet airbag pourrait réduire significativement le niveau de blessure, comme par exemple la déflection thoracique.

Toutefois, la récente apparition de ces systèmes sur le marché rend difficile l'évaluation de leur efficacité dans la réalité routière. L'objectif général de cette étude est donc d'évaluer la protection apportée au motocycliste par le port de tels gilets en essayant notamment d'identifier jusqu'à quelle vitesse d'impact ces gilets sont capables de protéger l'individu.

## 1. Méthodologie

L'approche adoptée combine une analyse de terrain couplée à des reconstructions numériques et des expérimentations biomécaniques en laboratoire.

[1] Abbreviated Injury Scale : 1 = Minor, 2 = Moderate, 3 = Serious, 4 = Severe, 5 = Critical, 6 = Maximal.

### 1.1 Le recueil de terrain

L'objectif de cette tâche était de recueillir des accidents impliquant un usager de 2RM équipé d'un gilet airbag. Pour cela, il s'agissait par exemple d'établir un partenariat avec des cohortes de motocyclistes équipés de gilets airbag. Plusieurs organismes ont donc été contactés afin de nous mettre en relation avec des flottes d'usagers de deux-roues motorisés ou de nous fournir des cas d'accident de motocyclistes équipés d'airbags.

Parmi les partenaires que nous avons contactés, nous citerons l'Assurance mutuelle des motards (AMDM), les fabricants de gilets airbags (Helite, Bering/API, Dainese, Motoairbag, Alpinestars, etc.), les forces de l'ordre, le Laboratoire d'Accidentologie et de Biomécanique PSA-Renault (LAB).

Nous avons également réalisé un suivi des témoignages déposés sur internet notamment sur les sites du ministère, des équipementiers commercialisant des gilets airbag, des médias, des forums de discussion, etc. La plupart des accidents auxquels nous avons eu accès ont été signalés par cet intermédiaire, sur la seule volonté des utilisateurs victimes d'un accident.

Nous avons donc effectué une veille « accidentologique » auprès de ces partenaires afin d'être prévenus si un accident impliquant un usager équipé d'un gilet airbag survenait. Concernant les témoignages, de nombreuses déclarations ont été recueillies sur internet et après une prise de contact avec les personnes impliquées, nous avons pu parfois accéder aux données caractéristiques de leur accident.

Au total, une trentaine d'accidents ont pu être identifiés. Parmi ces cas, un cas nous a été fourni par le LAB et un cas provient des procès-verbaux (PV) d'accidents corporels (sur environ 15 000 PV extraits de la base PV France au 1/50$^{e}$ entre 2006 et 2016).

Les cas les mieux renseignés ont fait l'objet d'une reconstruction cinématique et d'une simulation numérique à l'aide d'un modèle multicorps [17] afin de déterminer la vitesse d'impact et le déclenchement de l'airbag.

### 1.2 Tests en laboratoire

L'étude biomécanique s'est attachée à réaliser quatre essais expérimentaux de chocs (crash-tests) avec des gilets airbags de marques différentes. Ces essais consistent à reproduire un impact frontal pour le motocycliste contre une voiture placée perpendiculairement à la trajectoire du 2RM. La vitesse de la moto est d'environ 40 km/h et l'impact sur le véhicule se situe sur son côté latéral au niveau du pied milieu (Figure 1). Le temps de détection, le temps de gonflage et la durée de gonflage de chaque type de gilet sont évalués ainsi que les pressions à droite et à gauche du gilet à l'aide de capteurs de pression installés sur le gilet airbag. Les essais sont réalisés avec des corps donnés à la science qui sont préalablement équipés de capteurs accélérométriques aux niveaux de la tête, du sternum, du rachis et du pelvis (Figure 1).

Parmi les quatre gilets airbags choisis pour être évalués, deux sont de type « filaire » (que nous nommerons « Filaire 1 » et « Filaire 2 ») et deux de type « radio » (que nous nommerons « Radio 1 » et « Radio 2 »). Le choix s'est porté sur les gilets qui sont les plus vendus sur le marché et ceux qui sont les plus aboutis dans leur conception en 2016.

*Figure 1 : Configuration de l'impact d'un essai crash-test et positions des capteurs accélérométriques sur le sujet*

## 2. Exploitation des données et résultats

### 2.1 Analyse de terrain

Au total, 27 accidents impliquant un 2RM ont été recueillis. Tous les accidents étaient avec un conducteur seul sur le 2RM.

Les types de motocycles impliqués étaient : 18 motocyclettes de plus de 125 cc, trois scooters >125 cc dont un trois-roues, six 2RM indéterminés.

La typologie des accidents était la suivante :

- 13 chocs fronto/latéraux contre un autre véhicule à moteur. Les véhicules antagonistes étaient 12 VL et un PL. Sur les 13 motocycles impliqués, 11 étaient des 2RM « percutant » (choc frontaux) et deux 2RM « percuté » (choc latéraux) ;
- 11 pertes de contrôle avec le 2RM seul en cause dont sept pertes de contrôle en courbe ;
- 2 chocs fronto/arrière où le 2RM est percuté ;
- 1 choc indéterminé.

Les vitesses au choc sont comprises entre 10 et 90 km/h au moment du choc ou de la chute.

D'un point de vue équipements, le port du casque était systématique pour tous les motards qui sont globalement bien équipés : gants, blouson, chaussures/bottes de motocyclette. Concernant les gilets airbags, 26 étaient équipés d'un gilet/blouson « filaires » et un d'un gilet « radio ». Tous les gilets/blousons airbags se sont déclenchés (au moins à un instant donné...) sauf un gilet qui ne s'est pas déclenché à cause d'un percuteur grippé d'après le témoignage de l'impliqué.

Parmi les 27 conducteurs, il y a 20 blessés et sept indemnes (+/– médicalement vérifiés). On dénombre 14 blessés qui présentent au moins une blessure aux membres inférieurs, 12 blessés qui présentent au moins une blessure aux membres supérieurs, six blessés qui présentent au moins une blessure au tronc (thorax, abdomen, colonne vertébrale).

D'un point de vue gravité des lésions, nous avons codé les blessures à l'aide du codage AIS. Seules les lésions du tronc ont été retenues étant donné que c'est le segment corporel protégé par les gilets airbags. On dénombre :

- 3 blessés qui présentent une blessure d'AIS 3+ (AIS supérieur ou égal à 3) au tronc dont deux ont en plus une autre blessure AIS 1-2 (AIS égal à 1 ou 2) également au tronc ;
- 3 blessés qui présentent une blessure d'AIS 1-2 au tronc ;
- 1 blessé léger au rachis cervical AIS 1.

Concernant les témoignages sur l'effet protecteur du gilet airbag, de nombreuses déclarations ont été recueillies sur internet. Il en ressort globalement un sentiment de satisfaction de la part des usagers. En effet, beaucoup d'entre eux déclarent être sortis indemnes ou blessés légèrement grâce au gilet airbag. Ainsi, 21 conducteurs déclarent explicitement leur conviction/sentiment sur le fait qu'ils ont été mieux protégés par l'airbag lors de l'accident. Les conducteurs pensent également que leurs blessures auraient été plus sévères sans l'utilisation de celui-ci. Ils sont quelque fois (quatre témoignages) confortés dans ce sentiment par les médecins des urgences ou les pompiers. Ces derniers n'ont toutefois pas de données objectives pour étayer leurs déclarations (bien que compétents dans leurs domaines ils n'ont pas de données chiffrées sur les vitesses et les énergies mises en jeu lors des divers accidents).

En conclusion à ce recueil, il est à noter que dans la plupart des cas, la configuration du choc n'est pas un impact direct du tronc avec un obstacle (autre que le sol) mais plutôt une chute ou une éjection induisant une glissade. Globalement, les lésions subies restent faibles. Il semble donc que le gilet airbag soit efficace pour des configurations de chute au sol et de glissade.

Toutefois, deux cas ont plus particulièrement retenu notre attention et ont été reconstruits numériquement. Nous décrivons ci-après les éléments principaux à retenir :

*Cas n° 1* : Cet accident concerne une moto percutée à l'arrière gauche par un VL en tourne à gauche (voir Figure 2). La moto ayant été déstabilisée, son conducteur a été éjecté, a chuté au sol et a glissé sur 25-30 m sans percuter d'obstacle (trottoir, îlot, autre véhicule…) autre que le sol. Les lésions observées sont les suivantes : cinq côtes cassées côté gauche, une côte cassée et deux côtes fêlées côté droit, décollement de la plèvre, hématome jambe gauche.

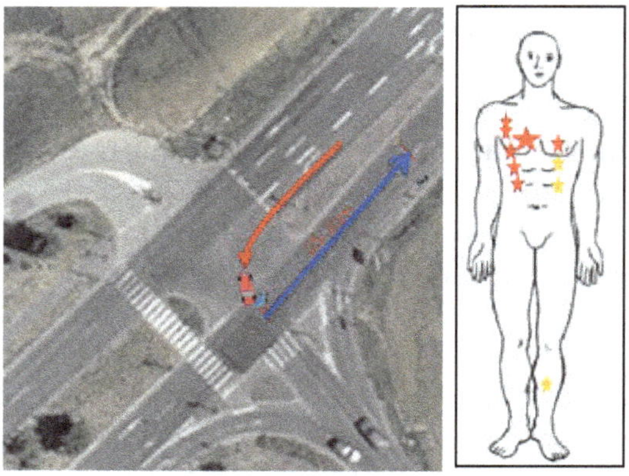

*Figure 2 : Cas d'accident n° 1, configuration de l'accident et lésions observées*

La reconstruction cinématique et multicorps de cet accident a permis d'estimer une vitesse d'impact de la victime sur le sol d'environ 63 km/h, avec une composante principale tangentielle de 60 km/h et une composante verticale d'impact de 16 km/h. Le gonflage de l'airbag se serait déclenché 300 ms avant l'impact et l'airbag avait donc atteint sa pression optimale pour amortir l'impact. L'airbag a joué un rôle sur la diminution des lésions mais nous ne pouvons quantifier son bénéfice. La victime a tout de même subi des lésions graves avec le décollement de la plèvre et six côtes cassées. La reconstruction de cet accident semble donc montrer les limites du gilet airbag lors d'une chute avec glissade mais sans impact direct avec un obstacle autre que le sol.

*Cas n° 2* : Cet accident concerne une conductrice qui perd le contrôle dans une courbe à gauche. La conductrice « solidaire » de sa moto va chuter au sol, glisser puis percuter une glissière de sécurité métallique équipée d'un écran de protection pour motocycliste. La moto était suivie par une autre qui était équipée d'une caméra. La scène de l'accident a donc été entièrement filmée et nous avons pu accéder au film (Figure 3). Les lésions observées sur la victime sont :

- fracture du foie avec saignement actif sur le temps artériel (AIS 3) ;
- fracture du sternum (AIS 2).

*Figure 3 : Cas d'accident n° 2, photos de l'accident, déformations de la glissière*

La reconstitution cinématique de l'accident à partir des informations recueillies a permis de fournir les éléments suivants :

- Vitesse d'approche située entre 90 km/h et 100 km/h ;
- Décélération en freinage situé entre –2,8 m/s² et –3,5 m/s² ;
- Vitesse à la chute entre 50 km/h et 55 km/h ;
- Décélération de glissade entre –1,5 m/s² et –4 m/s² ;
- Vitesse au choc située globalement entre 35 km/h et 45 km/h.

Nous avons pu en particulier définir que l'airbag se serait déclenché environ 0,4 seconde après la chute au sol et que l'impact de la moto contre la glissière aurait eu lieu à environ 1,2 seconde. Par ailleurs, nous avons déterminé que les lésions au foie (fracture) ont été provoquées par l'impact de la valise gauche de la moto sur la partie latérale droite, au-dessus de la ceinture et au niveau du foie de la conductrice.

Ces lésions graves au niveau du tronc (AIS 3+) montrent les limites du gilet en question pour un impact direct autour de 35 km/h contre la moto. En effet, dans ce cas d'accident, la présence du gilet n'a pas pu empêcher des lésions graves au niveau du tronc (AIS 3+). Par contre, on peut penser que le gilet ait atténué ces lésions ou en a évité d'autres.

### 2.2 Résultats des crash-tests

La Figure 4 fournit respectivement l'évolution des pressions des quatre gilets airbags (« Filaire 1 », « Filaire 2 », « Radio 1 » et « Radio 2 ») au cours des essais. Le temps t = 0 ms correspond à l'impact de la roue de la moto avec l'obstacle.

Concernant les essais avec gilets filaires, ces courbes fournissent un temps de déclenchement d'environ 150 ms pour le gilet « Filaire 2 » et de 110 ms pour le gilet « Filaire 1 ». Elles montrent également un temps de gonflage (stabilisation de la pression) d'approximativement 250 ms pour le gilet « Filaire 2 » et de 100 ms pour le « Filaire 1 ». On peut observer également que les niveaux de pressions entre ces deux gilets du même type (filaire) ne sont pas les mêmes. Concernant les niveaux d'accélérations subis par le corps, on notera que dans les deux tests « filaire », la tête subit un impact d'environ 120 g et que le sternum atteint des accélérations d'environ 20 g.

Concernant les deux gilets « Radio », on observe notamment que les deux gilets se déclenchent suffisamment tôt et se gonflent suffisamment rapidement pour être opérationnels lors de l'impact du sujet contre l'obstacle. En comparaison avec les gilets filaires, ces technologies « radios » détectent le choc plus tôt qu'une technologie basée sur l'arrachement d'un câble puisque les courbes confirment un temps de déclenchement d'environ 20 ms pour les deux gilets. Elles montrent également un temps de gonflage (stabilisation de la pression) d'approximativement 80 ms pour le gilet « Radio 2 » et de 100 ms pour le gilet « Radio 1 ». On peut observer également que les niveaux de pressions entre ces deux gilets du même type ne sont pas les mêmes puisque le gilet « Radio 2 » se gonfle jusqu'à environ 1,5 Bar tandis que le gilet « Radio 1 » atteint environ 0,3 Bar. Ces différences de pressions dans les gilets testés peuvent s'interpréter par des niveaux de protection différents suivant les produits. En effet, pour certains gilets cela peut se traduire par une tendance à plutôt absorber de l'énergie alors que d'autres produits auraient tendance à répartir l'effort appliqué.

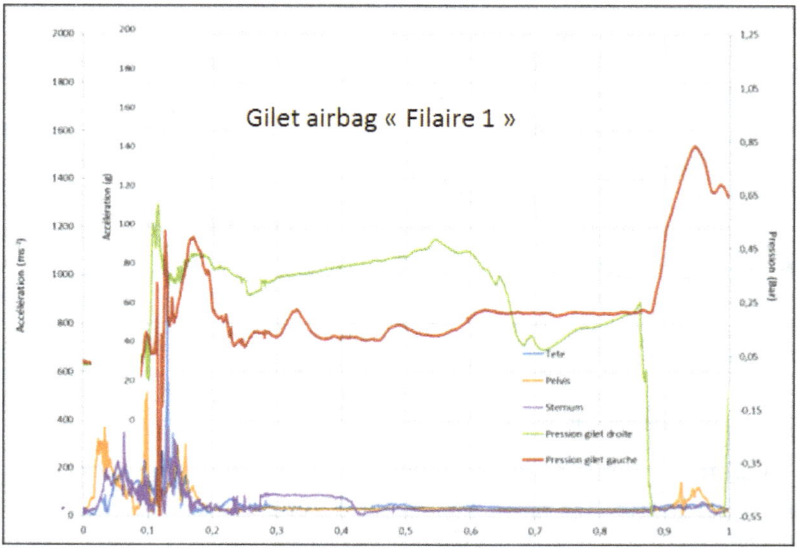


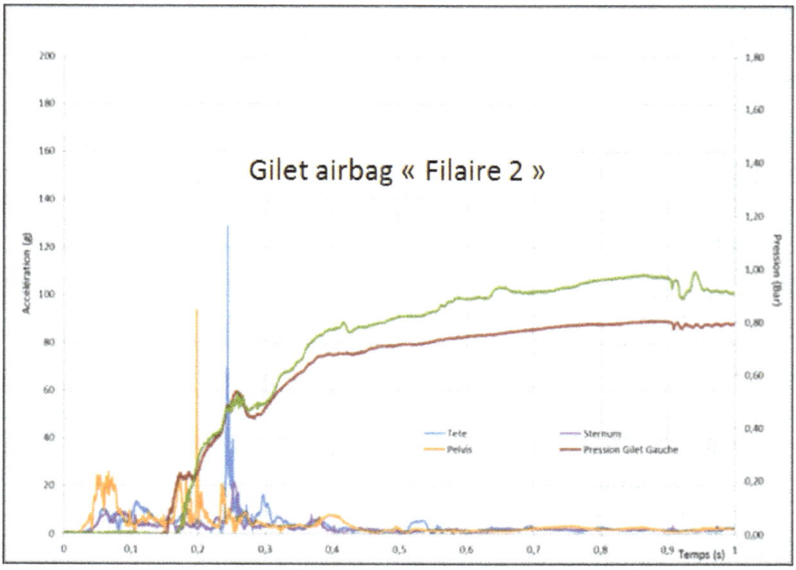


*Figure 4 : Courbes des pressions des gilets airbags au cours du crash-test et accélérations subies par les sujets*

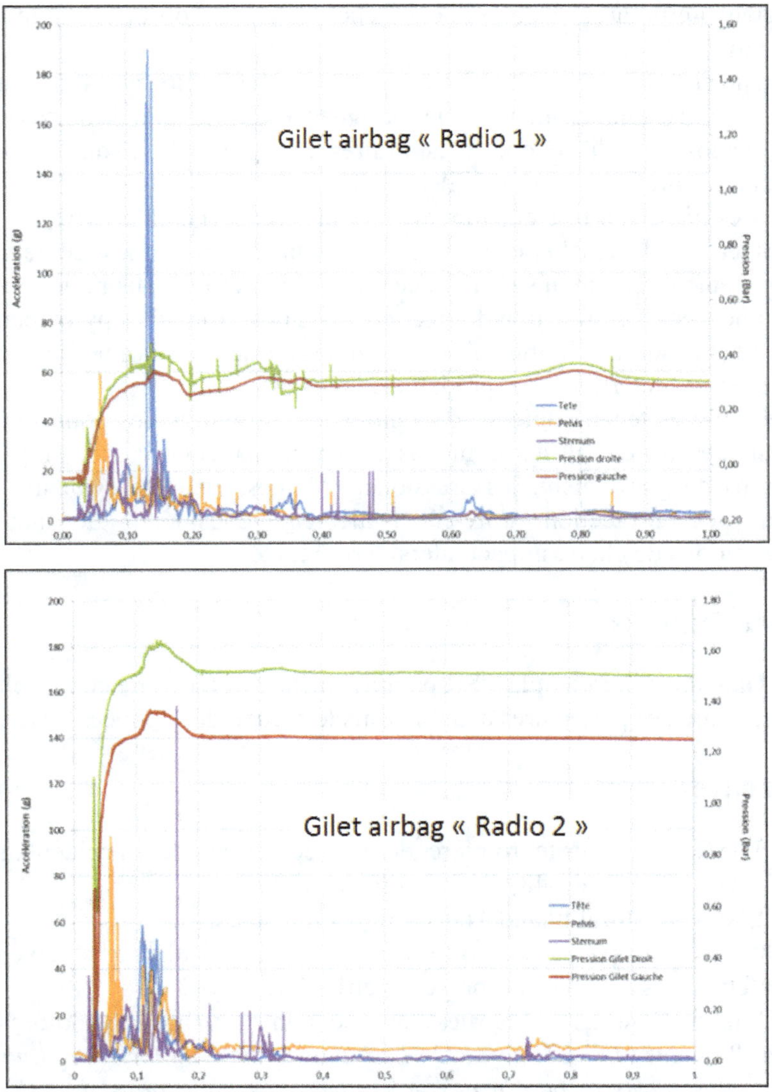


*Figure 4 (suite) : Courbes des pressions des gilets airbags au cours du crash-test et accélérations subies par les sujets*

## Conclusion

Cette recherche a permis une évaluation réelle de l'efficacité protectrice de plusieurs gilets airbags commercialisés de nos jours. Il en ressort que le gilet airbag est globalement bien perçu par les usagers et que la plupart de ceux qui ont eu un accident relèvent son effet protecteur. Toutefois, des cas ont été recueillis où les configurations de choc montrent que les gilets ont un effet protecteur limité aussi bien en cas de choc contre un obstacle qu'en cas de chute puis glissade.

Ainsi, si les gilets airbags montrent un effet protecteur indéniable et prometteur, il est important aussi de souligner ses limites afin de ne pas induire une homéostasie du risque c'est-à-dire une prise de risque accrue et inconsidérée du fait du port du gilet.

Des essais crash-test ont montré une différence notable entre les gilets filaires et les déclenchements radios notamment en termes de temps de déclenchement. Les temps de montée en pression et les valeurs de pressions varient beaucoup en fonction des technologies des cartouches pyrotechniques et des poches airbag. Il apparaît donc important de bien évaluer ces valeurs dans le but de déterminer les produits les plus efficaces.

Des progrès technologiques doivent encore être effectués pour améliorer ces systèmes que ce soit sur les modes de déclenchement (glissade, impact…), les temps de gonflement, les pressions, volumes, etc. Les évaluations des niveaux de protection doivent également considérer de nouvelles configurations de choc : impact latéral, arrière, etc.

## Remerciements

Les auteurs remercient la DSR pour avoir financé en partie cette recherche et l'ensemble des partenaires ayant permis le recueil des données de terrain.

## Références

[1] ONISR. La sécurité routière en France : bilan de l'accidentalité de l'année 2016, p. 46-48, *ONISR,* France, 2017.

[2] EUROPA. Mobility and Transport: Motorcycles: [http://ec.europa.eu/transport/road_safety/specialist/knowledge/vehicle/safety_design_needs/motorcycles_en], March 2018.

[3] Elvik, R. Benefits and fairness: are the high risks faced by motorcyclists fair? *Actes INRETS n° 122 Les deux-roues motorisés : nouvelles connaissances et besoin de recherches. Les collections de l'INRETS.* p. 17-26. 2009, Marseille, France.

[4] Serre, T. et al. The motorcyclist impact against a light vehicle: Epidemiological, accidentological and biomechanic analysis. *Accident Analysis and Prevention,* 2012, Vol. 49, p. 223-228.

[5] ISO 13232-2 International Standard. Motorcycles — Test and analysis procedures for research evaluation of rider crash protective devices fitted to motorcycles —Part 2: Definition of impact conditions in relation to accident data, December 2005.

[6] Moskal, A., Martin, J.-L., Laumon, B., Lenguerrand, E. Injuries among motorised two-wheelers in relation to vehicle and crash characteristics in Rhone, France. *20th Enhanced Safety Vehicles*, 2007, paper n°07-0232.

[7] Cherta Ballester, O., Llari, M., Afquir, S., Martin, J.-L., Bourdet, N., Honore, V., Masson, C., Arnoux, P.-J. Analysis of trunk impact conditions in motorcycle road accidents based on epidemiological, accidentological data and multibody simulations. *Accident Analysis and Prevention.* 2019, vol. 127, p. 223-230.
[8] Piantini, S., Mangini, M., Baldanzini, N., Pierini, M., Franci, A., Peris, A. Prediction of motorcyclist serious injury in powered two-wheeler to other vehicle urban crash. Proceedings of IRCOBI Conference, 2017, p. 54-62, Antwerp, Belgium.
[9] MAIDS [http://www.maids-study.eu/]. Accès juin 2019.
[10] De Rome, L. & al., Motorcycle protective clothing: Protection from injury or just the weather? *Accident Analysis and Prevention.* 2011, Volume 43(6), p. 1893-1900.
[11] Aldman, B., Cacciola, I., Gustafsson, H., Nygren, A., Wersall, J., The protective effect of different kinds of protective clothing worn by motorcyclists. *J. Traffic Med.* 1981, 9(4):57–58.
[12] Meredith, L., Hurren, C., Clarke, E., Fitzharris, M., Baldock, M., De Rome, L., Olivier, J., Brown, J., Abrasion Resistance Performance of Clothing Worn by Australian Motorcyclists. Proceedings of IRCOBI Conference, 2016, p. 505-506, Malaga, Spain.
[13] Sun, J., Rojas, A., Kraenzler, R. & Arnoux, P.-J. Investigation of motorcyclist safety systems contributions to prevent cervical spine injuries using HUMOS model, *International Journal of Crashworthiness*, 2012, 17:6, 571-581.
[14] Kuroe & al., Exploratory study of an airbag concept for a large touring motorcycle, *19th Enhanced Safety Vehicle Conference*, June 6-9 2005, paper no 05-0316, Washington.
[15] Thollon, L., Godio, Y., Bidal, S., Brunet, C., Evaluation of a new security system to reduce thoracic injuries in case of motorcycle accidents. *International Crashworthiness Conference*, Kyoto, July 22-25, 2008.
[16] Marconi, E., Gatto, F. & Massaro, M. Numerical and Experimental Assessmentof the Performance of Wearable Airbagsfor Motorcycle Riders. Proceedings of the World Congress on Engineering 2018, Vol. II. July 4-6, 2018, London, U.K.
[17] Serre, T., Llari, M., Numerical Analysis of the Impact between a PTW Rider and a Car in Different Accident Configuration. *IFMBE 6th World Congress of Biomechanics Proceedings*, vol. 31, p. 521-524, Springer-Verlag, 2010.

# Étude sur les évolutions technologiques et sur la sinistralité des deux-roues

Didier Mahieus, Christophe Bellembois, Bertrand Lacroix

CFEA (Confédération française des experts en automobile)

## Introduction

Cet article a pour double objectif de faire le point sur les nouvelles technologies disponibles pour les deux-roues motorisés et d'analyser la sinistralité des deux-roues motorisés au travers de la base de données de la CFEA.

Concernant le premier point, les nouvelles technologies et plus précisément les ADAS (Advance Driver Assistance System) sont maintenant largement répandues dans le monde de l'automobile, permettant de renforcer la sécurité des usagers de la route et de réduire la sinistralité des véhicules (Page et al., 2011).

Pour mémoire, les ADAS sont des systèmes d'aide à la conduite dont les fonctions principales de sécurité sont les suivantes (Thalen, 2006 ; EEVC, 2006) :

- Éviter l'apparition d'une situation dangereuse risquant d'aboutir à un accident ;
- Libérer le conducteur d'un certain nombre de tâches qui pourraient atténuer sa vigilance ;
- Assister le conducteur dans sa perception de l'environnement en fournissant au véhicule des informations permettant une alerte (sonore, lumineuse, vibration, etc.) ou une correction automatique des paramètres de conduite (freinage d'urgence, correction de trajectoire, etc.) de manière anticipée par rapport aux réflexes du conducteur.

Mais qu'en est-il exactement pour les deux-roues ? Plusieurs travaux aux niveaux national et international ont mis en évidence la nécessité de faire progresser la technologie des deux-roues motorisés (Guyot et al., 2008 ; OCDE/ITF, 2015). L'évolution technologique des 2RM suit donc t'elle la tendance des véhicules légers (véhicules particuliers et véhicules utilitaires de moins de 3T5) ? Cet article proposera dans un premier temps un recensement des nouvelles technologies pour les deux-roues motorisés. Cet état de l'art distinguera les technologies déjà existantes sur le marché, celles en cours mais encore peu diffusée et celles à venir dans le futur.

Dans un second temps, cet article concernera l'étude de la sinistralité des deux-roues motorisés à travers l'analyse de la base de données d'expertises de véhicules endommagés de la Confédération française des experts en automobile. L'intérêt de cette étude est de mettre à disposition des données qui ne sont pas fréquemment exploitées, notamment pour la recherche en sécurité routière.

La CFEA a été créée dans les années 1980 pour rassembler les organisations professionnelles regroupant environ 95 % des experts en automobile sur le territoire français. Elle est composée actuellement de quatre instances nationales ou entreprises représentatives de la profession :

1. ANEA - Alliance nationale des experts en automobile ;
2. UPEAS - Union professionnelle des experts en automobile salariés ;
3. SEI - Syndicat des experts indépendants ;
4. BCA Expertise - pour les salariés qu'il représente en dehors de l'UPEAS et de l'ANEA.

L'expert en automobile est un professionnel de l'automobile dont les compétences techniques lui permettent d'évaluer précisément l'état d'un véhicule, notamment après un accident de la route, d'en déceler les déficiences, de rechercher les causes d'une défaillance, d'évaluer le coût de sa remise en état et de déterminer sa valeur. Cette profession règlementée est sous l'autorité de la Direction de la sécurité routière qui en exerce le contrôle et veille à son indépendance. Il y a en France actuellement un peu plus de 3400 experts en automobile agréés.

Ainsi, fort de plus de trois millions d'expertises par an et de son expérience, la profession des experts en automobile, représentée par la CFEA, a donc mené une analyse de cette base de données pour apporter un éclairage sur les questions de la sinistralité du deux-roues motorisé.

En effet, chaque année environ 180 000 deux-roues motorisés sont expertisés suite à des accidents de la circulation, et près de 20 000 accidents corporels deux-roues ont été relevés en 2017.

Dans le cadre de l'étude présentée ici, nous avons analysé plus de 16 500 rapports d'expertise de deux-roues motorisés endommagés et qui ont été traités sur une année glissante de juillet 2017 à fin juin 2018.

## 1. Recensement des principales ADAS disponibles sur les deux-roues

L'objectif de cette étude était de faire un état de l'art des nouvelles technologies pour les deux-roues motorisés. Trois groupes d'ADAS ont été répertoriés : les systèmes déjà présents sur le marché, ceux encore peu diffusés et ceux à venir. Pour chacun d'entre eux, nous décrivons brièvement les fonctionnalités de l'ADAS.

Concernant les ADAS déja très présentes sur les deux-roues motorisés, nous recensons :

- ABS : l'ABS empêche le blocage de la roue avant en agissant sur la force de freinage permettant le maintien de la stabilité (Hardy et al., 2017) ;
- Airbag : l'airbag est un coussin gonflable principalement intégré dans le blouson du conducteur qui se déclenche en cas de chute ou d'éjection (Serre et al., 2019) ;
- *Traction Control* - Contrôle de motricité (anti-patinage) : ce système consiste à éviter le patinage de la roue arrière ;
- *Engine Brake Control* - Contrôle frein moteur : il permet d'éviter un blocage de la roue arrière (dribble) et de sécuriser le comportement en entrée de courbe.

Parmi les ADAS encore peu diffusées, nous recensons :

- *Anti Wheeling* - Contrôle du cabrage : ce système détecte le risque de cabrage de la moto et régule le couple fourni par le moteur ;
- *Anti Lift System* - Contrôle du freinage de la roue avant : similaire à l'*Anti Wheeling*, l'*Anti Lift System* empêche cette fois que la roue arrière se lève sur un freinage appuyé ;
- *Cruise Control* - Régulateur de vitesse : il permet de maintenir une vitesse de consigne sans l'aide de la poignée de gaz ;
- *Launch Control* - Aide au départ : ce système gère automatiquement les informations de motricité et moteur afin d'obtenir un démarrage efficace et sécurisé ;
- *Hill Start Control* - Aide au démarrage en côte : cette ADAS facilite les démarrages en côte en maintenant le frein de la moto jusqu'à la détection d'un couple de démarrage.

Enfin, parmi les ADAS à venir, nous avons identifié :

- Système de contrôle de stabilité centrale inertielle : ce système combine des gyroscopes et des accéléromètres pour détecter la vitesse, l'angle d'inclinaison et la puissance de freinage pour intervenir électroniquement sur les freins, le couple moteur et les suspensions pilotées, afin d'éviter une perte de contrôle ;
- Système d'alerte anticollision frontale : il alerte le conducteur par un signal lumineux ou sonore, s'il détecte que ce dernier ne réagit pas assez vite à l'approche d'un véhicule devant lui ;
- Détecteur d'angle mort : cette technologie utilise un radar qui détecte les véhicules en approche et affiche une alerte, idéalement par un signal lumineux sur le rétroviseur approprié (Figure 1) ;

*Figure 1 : Illustration d'un détecteur d'angle mort*

- Tableau de bord multimédia : l'écran TFT haute définition permet l'affichage de diverses informations supplémentaires. On trouve notamment celles concernant la vitesse, le régime moteur, la pression des pneus ou encore les consignes de navigation. Une solution de communication permet également d'assurer la connectivité, un appel automatique d'urgence en cas d'accident (Ecall), ou toute autre fonction connectée. La montre du conducteur peut également être utilisée pour faire remonter des informations au conducteur telles que la température du corps, le rythme cardiaque… Enfin, on trouve également des « affichage tête haute » dans la visière du casque.

De manière générale, les ADAS identifiées sur les deux-roues sont sensiblement les mêmes que celles présentes en quatre-roues, avec quelques particularités toutefois. Il n'existe pas d'aide au stationnement, ni un contrôle de stabilité spécifique (contrôle de cabrage par exemple).

Nos recherches des ADAS dans notre base de données du CFEA montrent qu'elles sont peu présentes sur les deux-roues du parc expertisé. Ce « retard relatif » par rapport au parc quatre-roues peut s'expliquer par :

a) Des critères techniques : on peut citer notamment que les normes d'homologation du deux-roues ont évolué moins vite que sur les quatre-roues (gestion moteur par exemple). Mais il apparaît également la nécessité de miniaturiser les composants rendant plus coûteux et complexe la mise en production.
b) Un critère « marché » : le volume des ventes deux-roues étant très inférieur à l'équivalent quatre-roues, les constructeurs ou les équipementiers tendent à prioriser leurs recherches et développements sur les quatre-roues plutôt que celui du deux-roues.

Toutefois, on note une présence accrue d'ADAS qui s'affirme sur les nouveaux modèles. En effet, la norme « EURO 4 » (EURO 4, 2016), par exemple, incite à la généralisation de l'injection et de l'ABS. De même, la présence de centrale inertielle dans les véhicules permet de développer la présence de contrôle de stabilité.

## 2. Analyse de la sinistralité des deux-roues

### 2.1 Échantillon d'analyse

L'analyse porte sur 16 529 véhicules expertisés qui ont fait l'objet d'un rapport d'expertise entre juillet 2017 et fin juin 2018. Le Tableau 1 ci-après donne la répartition par catégorie de cylindrée.

| | Nombre | Répartition |
|---|---|---|
| Cyclo (< 50 $cm^3$) | 6224 | 37.6 % |
| Moto légère (< ou = 125 $cm^3$) | 3158 | 19.1% |
| Moto (> 125 $cm^3$) | 6214 | 37.6% |
| Tricycle (Scooter 3 roues) | 933 | 5.6% |

*Tableau 1 : Répartition par catégories du nombre de véhicules expertisés*

Si l'on se réfère à l'étude publiée en 2012 par le ministère de l'Écologie, du développement durable et de l'énergie sur la répartition du parc roulant des deux-roues motorisés, celui-ci s'élevait à 3,8 millions de véhicules en France. Les motocyclettes de plus de 125 $cm^3$ restent la catégorie la plus représentée avec 1,7 million de véhicules devant les moins de 125 $cm^3$ (1,1 million) et les cyclomoteurs (un million) soit 26 % du parc roulant (ONISR, 2012).

Nous pouvons constater que près de 38 % du parc expertisé concerne des cyclomoteurs (<50 $cm^3$) alors qu'il représente que 26 % du parc roulant (ONISR, 2012).

### 2.2 Résultats

Chaque véhicule expertisé donne lieu à une des trois issues suivantes :

- Issue Réparation : le véhicule est réparable au sens technique et économique, l'indemnisation de l'assuré est réalisée par une remise en état (réparation) du véhicule ;
- Issue Perte Totale : le véhicule n'est pas réparable, au moins au sens économique, l'indemnisation de l'assuré est réalisée sur les bases de la valeur du véhicule avant le sinistre. Le véhicule accidenté est généralement détruit (recyclé) ;
- Autres issues : toutes les conclusions qui ne sont pas « Réparation » ou « Perte Totale », comme par exemple un véhicule volé et non retrouvé, ou retrouvé après indemnisation du propriétaire, une assistance technique, une assistance à protection juridique, une étude de valeur sur le marché etc.

La Figure 2 ci-après fournit la répartition par catégorie de la destination – issue – des deux-roues motorisés. On constate notamment que le taux de véhicules non réparables des deux-roues expertisés, est largement supérieur au taux constaté pour les véhicules légers (quatre-roues), qui est en général de l'ordre de 15 % à 20 %.

| ***Catégorie Genre*** | ***Issue*** | ***Répartition*** |
|---|---|---|
| Cyclo | Réparation | 45,2 % |
| Cyclo | Perte totale | **40,7 %** |
| Cyclo | Autre | 14,0 % |
| Moto Légère | Réparation | 51,4 % |
| Moto Légère | Perte totale | **36,2 %** |
| Moto Légère | Autre | 12,3 % |
| Moto | Réparation | 61,1 % |
| Moto | Perte totale | **25,3 %** |
| Moto | Autre | 13,6 % |
| Tricycle | Réparation | 69,6 % |
| Tricycle | Perte totale | **21,2 %** |
| Tricycle | Autre | 9,2 % |

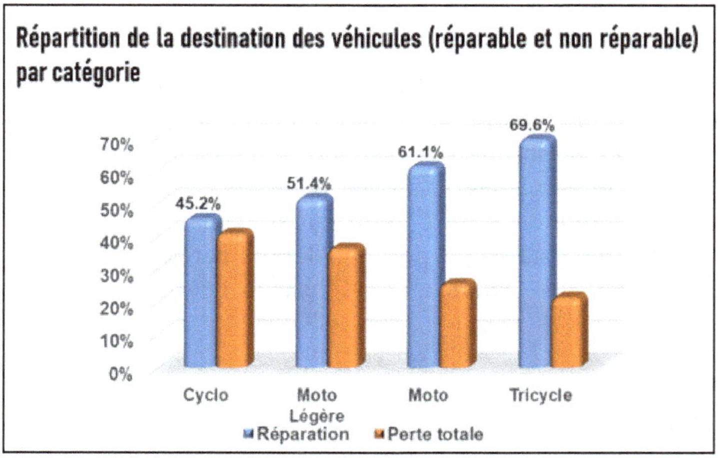


*Figure 2 : Répartition par catégories de la destination des deux-roues motorisés (réparable et non réparable)*

Concernant la nature du sinistre, nous en distinguerons quatre types : les accidents de circulation, le vol, le stationnement et l'incendie. La Figure 3 donne la répartition des sinistres et montre que 73,9 % des sinistres font suite à un accident en circulation, donc potentiellement dangereux pour les utilisateurs. Le déploiement progressif des aides à la conduite (ADAS) doit ainsi contribuer à la réduction des sinistres en circulation avec un impact positif sur les conséquences corporelles (fréquence et gravité des accidents). À noter que 80 sinistres « incendies » ont été recensés sur l'échantillon, tous sur des véhicules essence et qu'un seul sinistre est dû à un « dommage électrique » sur un véhicule essence.

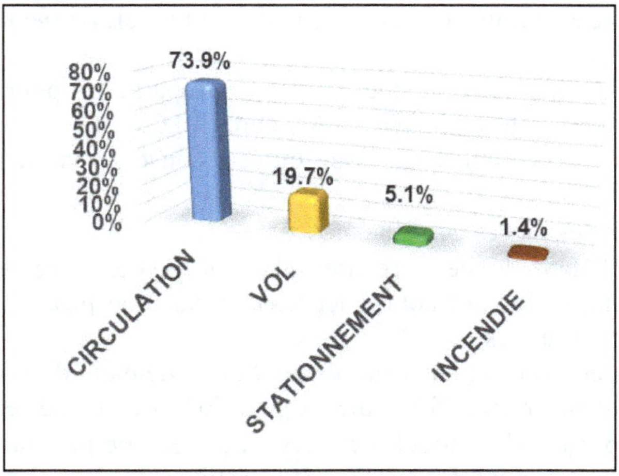


*Figure 3 : Répartition par nature de sinistres*

Le coût moyen des sinistres représente le montant de la facture des réparations qui ont permis de remettre le véhicule en état à la suite du sinistre. L'échantillon est donc constitué de dossiers en issue « Réparation ». Le coût moyen est directement impacté par la valeur du véhicule, le montant de la réparation étant en effet limité par la valeur du véhicule avant le sinistre. La Figure 4 donne la répartition du coût moyen des sinistres (TTC) par catégorie de deux-roues motorisés.

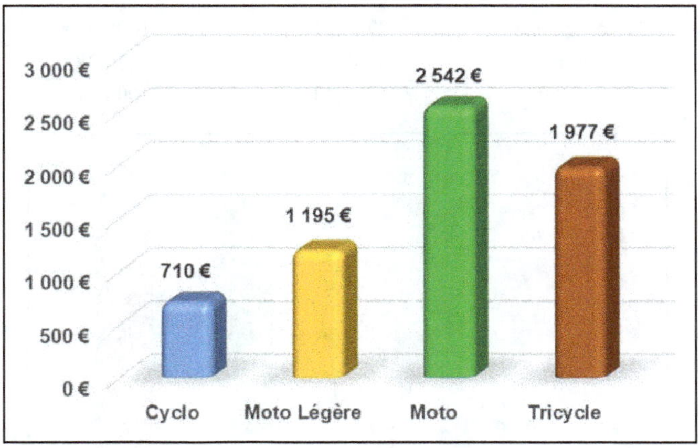


*Figure 4 : Répartition du coût moyen des sinistres (TTC) pour les véhicules ayant une issue « réparation »*

Sans surprise, le coût de la réparation est plus élevé sur les motos (>125 $cm^3$). Outre le prix des pièces de rechange qui ont un impact important sur le prix de la réparation, la faible valeur avant sinistre constatée sur les petites cylindrées entraîne également rapidement un classement du dossier en « non réparable ».

À titre de comparaison, le coût moyen des réparations pour les véhicules légers (VL, quatre-roues) s'élève à 1800 euros TTC.

Les causes potentielles du coût moyen constaté en deux-roues sont attribuées à :

- Le coût des pièces de rechange ;
- Le faible taux de pièces réparées, la majorité des pièces endommagées sont remplacées. En conséquence, la répartition pièces/main d'œuvre sur une facture est de :
    - deux-roues : 80 % pièces pour 20 % de main d'œuvre ;
    - quatre-roues : 50 % pièces pour 50 % de main d'œuvre.
- La dispersion des modèles et versions, avec une plus faible diffusion, qui entraîne un impact sur le coût logistique.

Pour l'échantillon des véhicules « non réparables », une « valeur de remplacement » est calculée et elle représente la valeur permettant à l'assuré de remplacer son véhicule endommagé, par un véhicule équivalent. La Figure 5 ci-dessous fournit les coûts moyens des valeurs de remplacement à dire d'expert pour chaque catégorie de 2RM. À noter que si le véhicule n'est pas réparé, il est recyclé (retiré de la circulation) et le montant de la réparation est alors estimé (pas de facturation).

| *Catégorie Genre* | *Mt Moy Réparation* | *Mt Moy VRADE* |
|---|---|---|
| Cyclo | 2128,23 € | 912,66 € |
| Moto Légère | 2739,31 € | 1609,52 € |
| Moto | 6962,07 € | 4450,28 € |
| Tricycle | 5087,34 € | 4000,91 € |

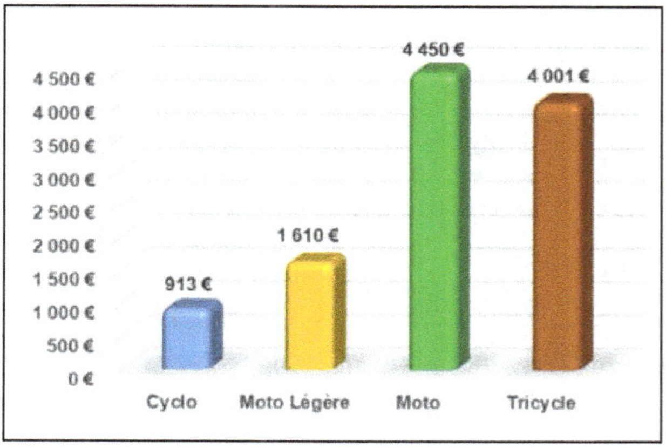


*Figure 5 : Coûts moyens des réparations et des valeurs de remplacement (TTC) à dire d'expert par catégorie de 2RM pour les véhicules « non réparables »*

Les deux-roues électriques étant un nouveau type émergent de véhicule, nous avons réalisé un focus sur notre échantillon de ce type de deux-roues. La Figure 6 fournit le nombre de deux-roues électriques présents dans notre base de données, répartis selon les catégories de deux-roues et par marque.

| Expertises sur 12 mois glissants à fin juin 2018 | Electrique |
|---|---|
| Cyclo | 15 |
| Moto légère < ou = 125 cm³ | 25 |
| Moto > 125 cm³ | 10 |

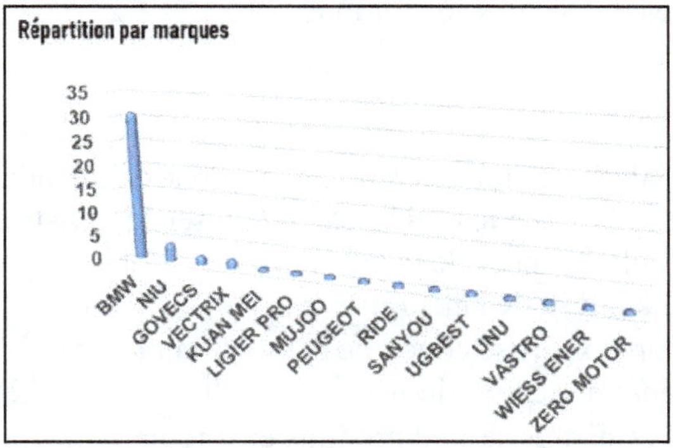


*Figure 6 : Répartition par catégorie de 2RM et par marque de l'échantillon de deux-roues électriques*

La Figure 7 donne les coûts moyens des sinistres des deux-roues électriques en réparation comparés aux coûts des véhicules « essence ». Toutefois, ce panel de véhicules étant faible (N = 50), ces résultats doivent être considérés avec prudence.

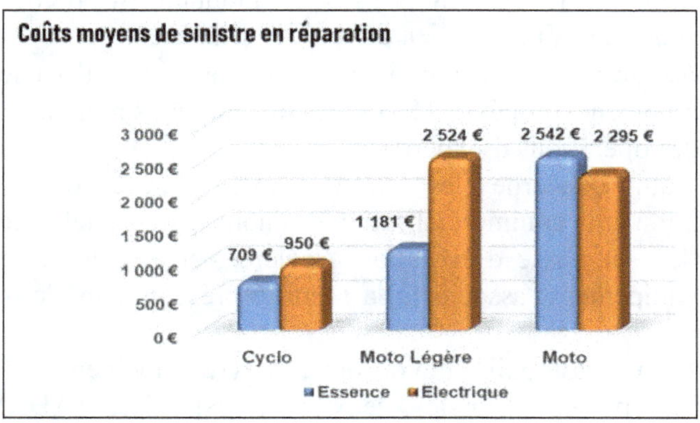


*Figure 7 : Répartition, par catégorie de deux-roues, des coûts moyens des sinistres des deux-roues électriques en réparation comparés aux coûts des véhicules « essence ».*

En synthèse, notre focus sur les véhicules électriques fait ressortir :

- Une faible présence de véhicules « électriques » dans le parc expertisé, de l'ordre de 0,3 % ;
- Une forte représentation du scooter BMW C Evolution ;
- Une concentration dans les centres urbains et en particulier l'Île-de-France, avec pour le C Evolution un kilométrage moyen observé représentatif d'un usage quotidien ;
- Pas de mise en évidence de dommages électriques ou de composants ayant un rapport direct avec le mode d'énergie électrique suite à notre analyse des détails des réparations.

## Conclusions

Ce travail avait pour double objectif de dresser un bilan des nouvelles technologies présentes sur les 2RM et d'analyser la sinistralité des 2RM au travers de la base de données de la CFEA.

Il ressort de l'analyse de sinistralité que :

- 38 % du parc expertisé concerne des cyclomoteurs (<50 $cm^3$) alors qu'il ne représente que 26 % du parc roulant (ONISR, 2012) ;
- 73,9 % des sinistres se sont produits en circulation, typologie de sinistre où l'apport des ADAS sera le plus efficient ;
- Le taux de véhicules non réparables est largement supérieur au taux constaté pour les véhicules légers (quatre-roues) ;
- Le coût moyen de la réparation s'élève à 2542 euros TTC pour les motos >125 $cm^3$ alors que le coût de sinistre moyen des véhicules légers (VL) est d'environ 1800 euros TTC ;
- Le montant moyen de la valeur avant sinistre des deux-roues expertisés >125 $cm^3$ est de 4450 euros TTC. Ce montant est proche des valeurs moyennes des VL, sans lien direct identifiable ;
- La base de données exploitée ne permet pas d'identifier les véhicules effectivement équipés d'ADAS, ces informations n'étant pas collectées lors des opérations d'expertise.

En ce qui concerne les ADAS, avec l'évolution des normes d'homologation et la commercialisation des nouveaux modèles, le marché du deux-roues est en phase d'évolution accélérée, et tend à s'aligner sur les niveaux d'équipements associés à la sécurité présents dans le domaine des quatre-roues.

L'expert en automobile devra donc suivre l'incidence des niveaux d'équipements présents sur les deux-roues expertisés (ADAS) afin de quantifier à la fois les évolutions de la sinistralité mais aussi la gravité et coûts des dommages constatés ainsi que leurs liens avec les ADAS présents.

## Références


[1] EEVC (European Enhanced Vehicle-safety Committe, WG19), 2006, Primary secondary safety interaction, 115 p.

[2] EURO 4 (2016). [https://www.legifrance.gouv.fr].

[3] Guyot, R. et al., 2008, Gisement de Sécurité Routière : les deux-roues motorisés. La Documentation française.

[4] Hardy, H., Pierini, M., Margaritis, D., Saleh, P., 2017, Effects of ABS on motorcycle crash, [https://investigativereserarch.org].

[5] OCDE/ITF, 2015, Improving safety for motorcycle, scooter and moped riders. OECD Publishing, Paris.

[6] ONISR, 2012, La sécurité routière en France : Bilan de l'accidentalité de l'année 2012. Observatoire national interministériel de la sécurité routière.

[7] Page, Y., Hermitte, T., Cuny S., 2011, How Safe is Vehicle Safety? The Contribution of Vehicle Technologies to the Reduction in Road Casualties in France from 2000 to 2010. Ann Adv Automot Med. 2011 Oct. 55: 101-112.

[8] Serre, T., Masson, C., Llari, M., Canu, B., Py, M., Perrin, C., 2019, Airbag jacket for motorcyclists: evaluation of real effectivness. IRCOBI conference. 11-13 September, Firenze, Italy. 15 p.

[9] Thalen, J. P., 2006, ADAS for the Car of the Future - Interface Concepts for Advanced Driver Assistant Systems in a Sustainable Mobility Concept of 2020, University of Twente, Design report 68 p.

# Étude sur les conditions initiales d'impact du motard sur l'écran motard d'une glissière

Li Peng, Denis Brizard, Michel Massenzio

Univ Lyon, Univ Gustave Eiffel, IFSTTAR, LBMC UMR_T 9406

## Introduction

Le deux-roues motorisé (2RM) est devenu un moyen de transport populaire, grâce à son efficacité et sa flexibilité. En 2012, 3,6 millions de deux-roues motorisés sont en circulation en France, qui ne représentent qu'environ 1,9 % du trafic mais 24 % des morts sur la route, juste après la voiture. Le risque de mortalité pour un motocycliste est jusqu'à 21 fois plus élevé que pour un conducteur de véhicule léger à distance égale parcourue [4]. Dans des accidents motards sans autres usagers routiers impliqués, la perte de contrôle est souvent la cause principale qui déclenche l'accident. Elle est généralement due à un glissement : vitesse inadaptée dans le virage, accélération ou freinage excessif, mauvais état de route ou fausse manœuvre [5, 7, 2]. Notre étude s'intéresse aux accidents des motocyclistes sans tiers impliqué, dus à la perte de contrôle et dont les conséquences pourraient être améliorées par la qualité des équipements routiers.

Le motard après la chute impacte très fréquemment des objets de la voirie comme une barrière, un poteau ou un arbre, etc. Parmi des objets impactés, le motard subit en général une blessure plus sévère lorsqu'il impacte une barrière plutôt que d'autres obstacles [12]. En effet, les dispositifs de retenue de véhicule présentent des « points durs » agressifs pour le motard, et l'espacement entre le sol et la glissière peut également « coincer » le motard et produire des blessures secondaires. Dans ce contexte, des systèmes de protection routiers spécifiques pour motocyclistes ont été développés, ils sont installés en dessous de la glissière principale (qui, elle, est dédiée aux véhicules légers et aux poids lourds). Il s'agit généralement d'un écran en acier qui a pour but de retenir le motard, l'empêcher de passer sous la glissière et d'éviter des obstacles voiries afin de minimiser des blessures subies. On nomme souvent ce dispositif l'écran motard, glissière motard ou lisse inférieure.

Pour évaluer la performance des écrans motards, il existe actuellement des procédures normatives qui diffèrent suivant les pays, mais globalement elles ne reposent que sur une ou deux configurations précises. En France, on peut citer le protocole d'essai LIER[1] ; dans le domaine européen, il y a la norme nationale espagnole UNE135900, ainsi que la procédure européen EN 1317-8[2] qui est la plus récente [3, 10, 6]. La problématique de ces normes, c'est qu'elles ne peuvent prendre en compte l'ensemble des paramètres nécessaires pour décrire la diversité des accidents réels. Ces incertitudes peuvent être liées aux propriétés des matériaux ou aux paramètres initiaux d'impact sur la barrière. De plus, les critères de blessure sont limités par le nombre de capteurs de mesure équipant le mannequin.

L'objectif de cette étude est d'étudier en amont le comportement dynamique des motocyclistes de la perte de contrôle jusqu'à l'impact contre l'écran motard en faisant varier des paramètres de déclenchement de la chute. L'objectif est de disposer d'une distribution statistique des conditions initiales de l'impact motard-écran tels que la vitesse, l'angle d'incidence, la position et la posture de motocycliste. L'amélioration des connaissances des conditions initiales d'impact du motard sur l'écran est nécessaire afin d'améliorer la procédure normative.

## 1. Construction du modèle

Contrairement à l'impact avec la barrière, le déclenchement de la chute jusqu'à l'impact est un processus qui dure plusieurs secondes. Pour obtenir une distribution statistique des paramètres, il est nécessaire de réaliser un grand nombre de simulations. De ce fait, le temps de calcul est un élément important. Le modèle utilisé est un modèle éléments finis au maillage grossier dans LS-DYNA. Il est constitué de trois éléments : un motocycle simplifié, un mannequin Hybrid III comme motocycliste et un plan rigide (*RIGID_WALL) modélisant le sol. Le comportement dynamique du motard durant sa chute permettra en post-traitement d'identifier les conditions d'impact sur le dispositif. La première étape consiste à construire un modèle de moto et à le valider. Ensuite, il faudra choisir un mannequin qui permet de simuler la chute, puis valider l'ensemble du modèle moto-motard. Une fois le modèle validé, un plan d'expérience sera établi (travaux futurs).

### 1.1 Construction du motocycle

Le motocycle Ducati 996 de type sportive est utilisé pour cette étude car la moto sportive est la plus souvent accidentée [14]. Les dimensions requises pour la construction telles que la longueur totale, largeur, hauteur, hauteur du

[1] Laboratoire INRETS Équipement de la Route.

[2] EN 1317-8 : Dispositifs de retenue routiers réduisant la sévérité de choc en cas de collision de motocyclistes avec les barrières de sécurité.

siège, empattement, hauteur de cale-pied, dimension de la roue et poids sont issus du manuel de la moto Ducati 996 [1]. Le motocycle a été modélisé par des ellipsoïdes et des cylindres. Des éléments coques sont utilisés pour l'ensemble de modèle afin de gagner en temps de calcul. Le motocycle simplifié se compose de sept parties représentant le châssis principal, le siège, le guidon, les fourches (tubes et fourreaux), les roues avant et arrière. La Figure 2 montre tous les composants de la moto. Une superposition du modèle simplifié au vrai motocycle est illustrée dans la Figure 1. Tous les composants *PART sont modélisés en rigide à l'exception des pneus qui sont déformables afin d'extraire des résultats pour la validation. On associe chaque *PART une densité adaptée permettant de retrouver l'inertie du motocycle réel [13].

*Figure 1 : Superposition du modèle numérique de la moto et de la photo d'une moto Ducati 996 (Source : http://www.fondsecran.eu)*

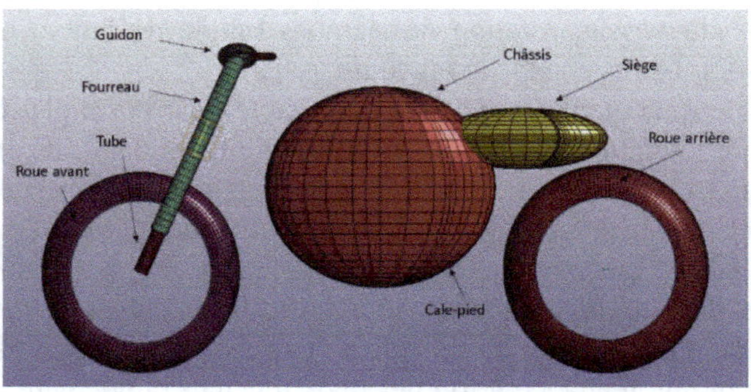


*Figure 2 : Modèle de la moto*

Le châssis était considéré comme une part hiérarchiquement supérieure sur lequel les autres parts sont relié respectivement par des contraintes ou joints. Le mot clé *CONSTRAINTE_RIGID_BODY dans LS-DYNA a été utilisé pour relier respectivement le siège et le guidon sur le châssis. Deux liaisons pivot ont été appliquées pour simuler la rotation des roues. La première était entre la roue avant et les tubes de la fourche. L'autre a permis de faire tourner la roue arrière par rapport au châssis. Dans un premier temps, il a été choisi de ne pas modéliser la suspension arrière. Cependant, cela pourra être réalisé dans la suite. Deux éléments discrets qui permettent de modéliser le ressort et l'amortisseur ainsi qu'une liaison glissière, ont été établis entre les tubes et les fourreaux de la fourche. La raideur de la suspension avant était fixée à 20 N/mm avec une pré-charge appliquée et la courbe caractéristique d'amortissement issue de [13]. Pour modéliser la souplesse de la fourche qui est constituée d'éléments indéformables, un ressort de rotation et une liaison pivot ont été introduits entre la fourche et le châssis. Ce ressort de rotation était associé à une courbe caractéristique moment-angle [11]. Selon [8, 13], la position du centre de masse du motocycle a été déduite et des propriétés d'inerties du châssis et des roues ont étécalculés.

### 1.2 Choix du mannequin

Il n'existe pas encore de modèle de mannequin spécifique pour motard à notre disposition. Il est nécessaire de faire un choix parmi des mannequins disponibles : Hybrid III 50$^{th}$ FAST et Hybrid III 50$^{th}$ Standing.

- Hybrid III 50$^{th}$ FAST est un mannequin pour modéliser l'occupant de véhicule et donc il est en position assis. Afin de s'adapter le positionnement du motard et le mouvement après la chute, des angles de butée des cuisses du mannequin ont été modifiés [9] puisque ces valeurs étaient initialement établies pour la position assise (Figure 3a).
- Hybrid III 50$^{th}$ Standing est un mannequin spécifique pour l'étude de impact des piétons (Figure 3b).

Des différences entre ces deux mannequins sont visuellement présentes aux niveaux du bassin, rotation des jambes (angle de butée) ainsi que la rotation des lombaires chez le mannequin assis.

Pour savoir quel mannequin est le plus adapté pour la simulation de chute, on a comparé le comportement du mannequin en simulant une chute simple en imposant la partie antérieure du corps vers haut, vitesse composée en direction x et -z et de magnitude 5 m/s et 1 m/s respectivement comme indiqué sur la Figure 4. La cinématique de ces deux mannequins est illustrée dans les Figures 5 et 6. Dans la simulation, le mannequin FAST assis s'est retourné totalement autour de son axe, ce qui n'était pas physique alors que celui Standing avait une tendance à tourner mais revenait rapidement au sol et se stabilisait. Cet écart important pouvait être expliqué par la différence de géométrie du bassin et la grande déformation du thorax et du bassin dû à la libération des lombaires.

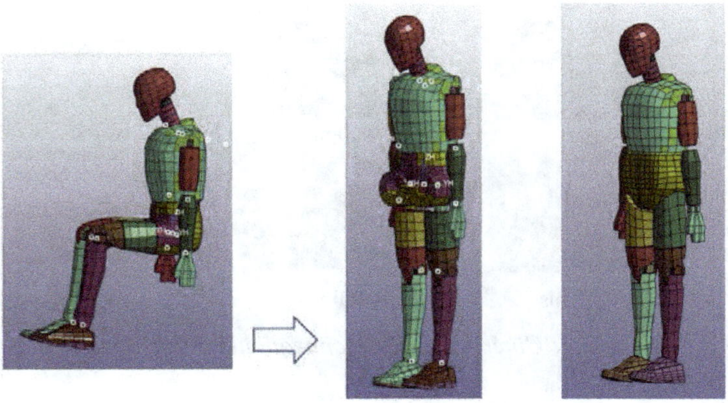

(a) (b)

*Figure 3 : (a) Mannequin Hybrid III $50^{th}$ FAST avec modification des angles (b) Mannequin Hybrid III $50^{th}$ Standing*

Le mannequin Standing est donc plus adapté à la simulation de la chute et sera donc retenu pour la suite de l'étude.

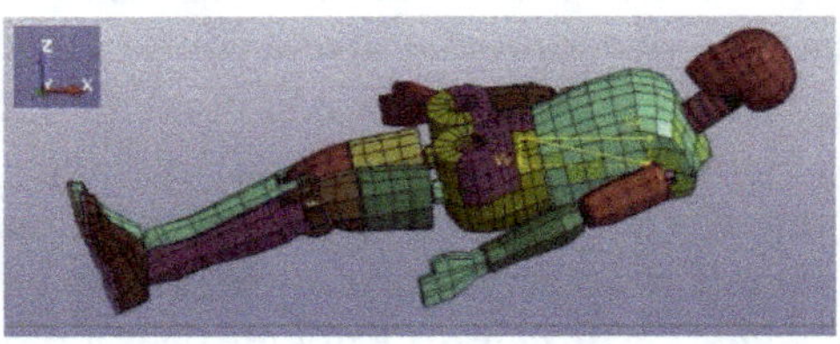

*Figure 4 : Chute vers le sol du mannequin*

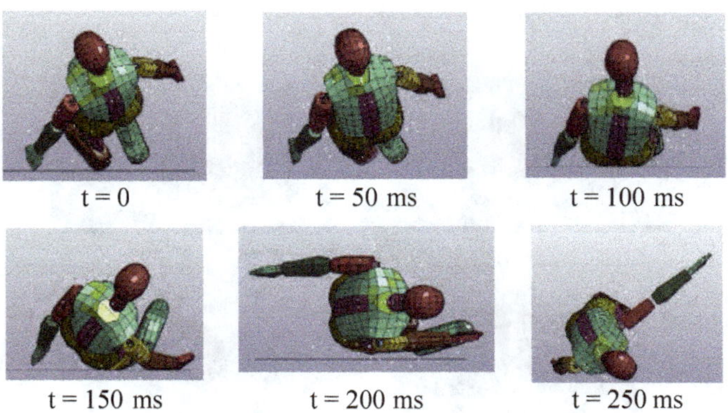


*Figure 5 : Cinématique du mannequin Hybrid III $50^{th}$ FAST*

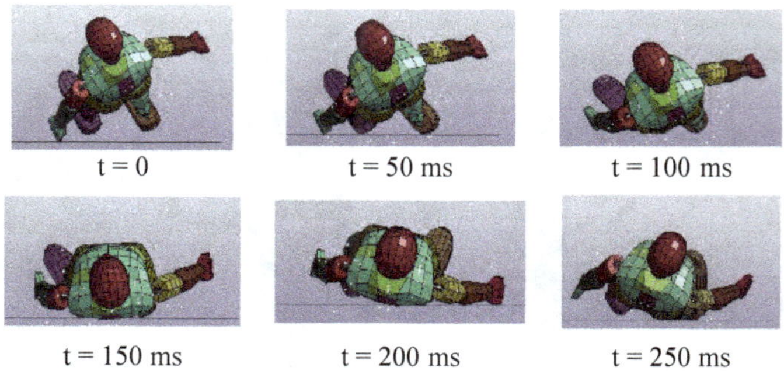


*Figure 6 : Cinématique du mannequin Hybrid 50$^{th}$ Standing*

## 2. Validation du modèle

Le modèle simplifié de motocycle est considéré seul pour une validation partielle. Ensuite, le modèle de l'ensemble moto-motard est comparé avec un crash expérimental avec un véhicule.

### 2.1 Validation du modèle de moto seule

La moto seule est validée vis-à-vis de résultats issus de la littérature [11]. La simulation consiste à lancer un motocycle contre un mur rigide avec une incidence normale et à la vitesse de 32,2 km/h. La Figure 7 présente une comparaison de la simulation avec le résultat expérimental (trait continu) issue de [11] dans la Figure 8. On voit que le comportement du motocycle simulé est assez cohérent avec le résultat publié au niveau de la cinématique globale. L'évolution de l'accélération du centre de gravité de la moto et la force exercée sur le mur rigide pour notre simulation et l'essai expérimental sont également présentés dans la Figure 9. La corrélation avec des résultats publiés est satisfaisante.

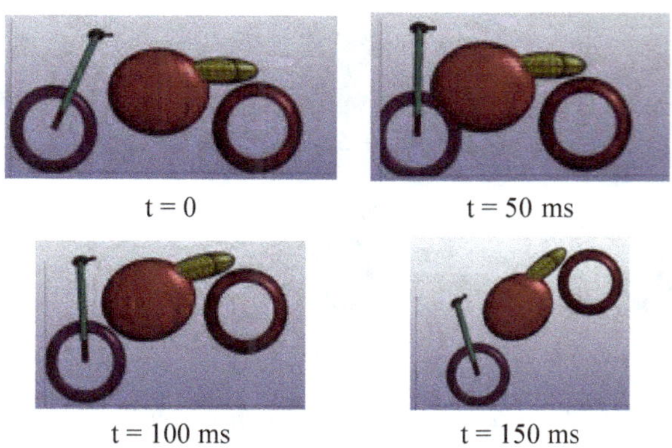


*Figure 7 : Cinématique du motocycle simulé contre un mur rigide à 32,2 km/h / 90°*

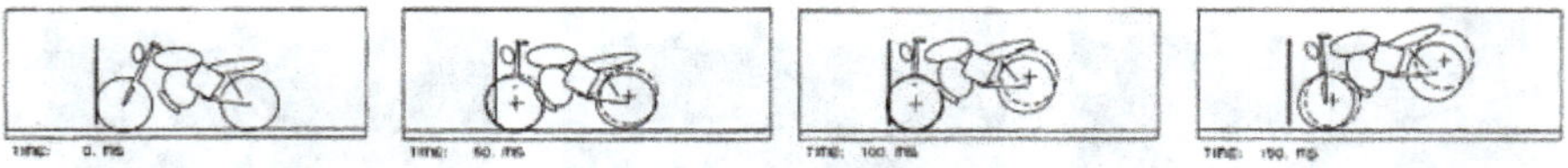

t = 0 t = 50 ms t = 100 ms t = 150 ms

*Figure 8 : Cinématique du motocycle expérimental contre un mur rigide à 32,2 km/h / 90°; Correspond à Essai experimental ; Résultat simulé de la littérature [11]*

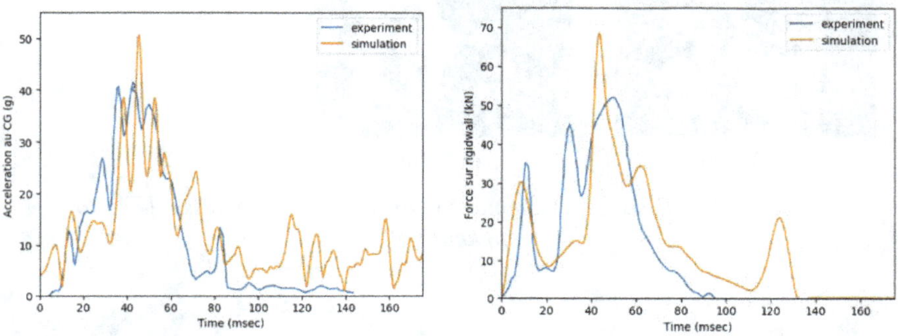


(a) (b)

*Figure 9 : (a) Accélération du centre de gravité (CG) du motocycle (b) Force exercée sur le mur rigide par le motocycle*

## 2.2 Validation du modèle de moto avec motard

Le modèle de mannequin Hybrid III 50th Standing a été ensuite positionné sur la moto. La procédure de validation consiste à lancer la moto avec conducteur contre une voiture immobile à l'angle droit et à vitesse 48 km/h. La position d'impact se fixe au milieu à droite de la voiture. La comparaison entre l'essai expérimental et celui de simulation est montré dans les Figures 10 et 11. La cinématique du mannequin est raisonnablement corrélée avec le résultat d'essai [15]. Cependant, à partir de *t0* = 300 ms, le mannequin commence à se comporter différemment à cause des interactions avec la moto. Bien qu'il présente certaines différences, on peut considérer que le modèle de moto avec conducteur est qualitativement validé.

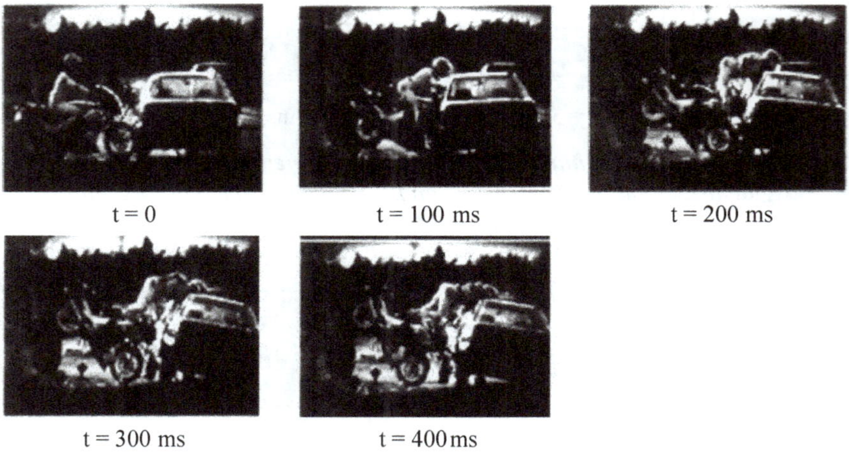


*Figure 10 : Essai experimental : voiture immobile, vitesse de moto 48 km/h / 90°*

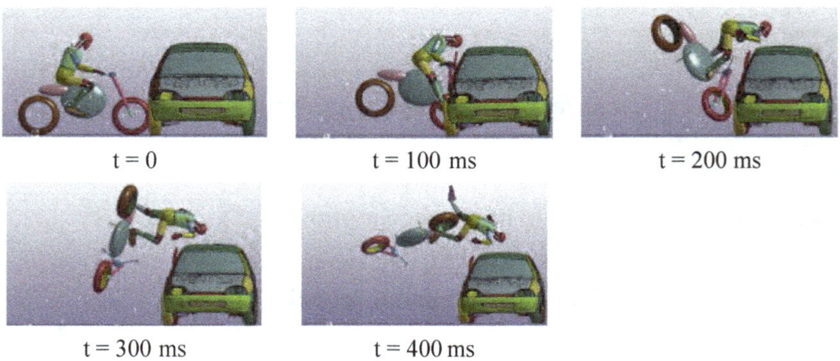


*Figure 11 : Simulation réalisée : voiture immobile, vitesse de moto 48 km/h / 90°*

### 2.3 Modèle de moto avec motard pour la simulation de la perte de contrôle

Les hypothèses suivantes sont retenues pour le modèle de simulation de la perte de contrôle :

- Hypothèse sur la simplification de la moto : géométrie de la moto simplifiée en ellipsoïde et cylinder ; profil de pneu modélisé en demi cercle ; pour le châssis et des jantes, les propriétés d'inertie sont données par des matrices d'inertie.
- Hypothèse sur le positionnement du pilote sur la moto : le plan sagittal du motard est superposé avec le plan de symétrie de la moto (ce qui signifie que le motard s'incline avec la moto). Il n'y aura pas de position de type compétition (quand le motard n'est pas centré sur son siège).

- Hypothèse sur la réaction du motard : on suppose qu'il n'y a pas de réaction du motard pendant la chute, il reste passif.
- Hypothèse sur le relâchement du guidon : le motard relâche son guidon quand une partie du modèle (*PART du moto ou motard) touche au sol.

## Conclusion et perspective

Cet article présente le développement et la validation d'un modèle de motocycle/motard dans le logiciel LS-DYNA en vue de simuler la perte de contrôle et la dynamique du motard qui s'en suit. Ce modèle simplifié est validé par comparaison avec des essais d'impact expérimentaux de la littérature. Nous avons également présenté le choix du mannequin Hybrid III $50^{th}$ utilisé pour modéliser le motard.

Ces éléments présentés vont servir ensuite à simuler la chute d'un motard[3]. L'étude suivante portera sur des scénarios de la perte de contrôle qui sera provoquée en jouant sur les coefficients de frottement des roues avec le sol. Un plan d'expérience permettra de constituer une base de données pour les conditions initiales d'impact du motard (vitesse, posture, position, etc.) juste avant le choc avec la barrière.

## Références


[1] Ducati 748/996 Ower's manual. Technicalreport.

[2] MAIDS - Étude approfondie sur les accidents en motocycles (1999). Annual report 1.3, Association des Constructeurs Européens de Motocycles, Avenue de la Joyeuse Entrée 1 – 1040 Brussels.

[3] New standards for road restraint systems for motorcyclists (2012). Technical report, FEMA (Federation of European Motorcyclists' Associations).

[4] Bilan de l'accidentalité de l'année 2016. Annual report, L'Observatoire national interministériel de la sécurité routière, France.

[5] Bonci, A., De Amicis, R., Longhi, S., Lorenzoni, E., Scala, G. A. (2017). Modeling and Simulation of the Motorcycle's Lowside Fall. *Procedia Manufacturing*, 11:2061-2068, Jan. 2017.

[6] Capitani, R., Pellari, S. S. (2010). Evaluation of motorcycle safety barrier normative. *Berichte der Bundesanstalt fuer Strassenwesen. Unterreihe Fahrzeugtechnik*, (77), Dec. 2010.

[7] Cossalter, V., Bellati, A., Cafaggi, V. (2005). Exploratory Study of the Dynamic Behaviour of Motorcycle-Rider During Incipient Fall Events. In *19th International Technical Conference on the Enhanced Safety of*


[3] Simulation en cours au moment de la rédaction de l'article.

*Vehicles (ESV)*, Washington, D.C, June 2005.

[8] Cossalter, V., Doria, A., Mitolo, L. (2002). Inertial and Modal Properties of Racing Motorcycles. University of Padova, Dec. 2002.

[9] Miralbes, R. (2013). Design of motorcycle rider protection systems using numerical techniques. *Accident Analysis and Prevention*, 59:94-108, Oct. 2013.

[10] Miralbes, R. (2015). Motorcyclist Protection Systems: Analysis of the Crash Test Tolerances of the European Technical Specification and the Spanish Standard. *Advances in Mechanical Engineering*, 7(2):682875, Feb. 2015.

[11] Nieboer, J. J., Wismans, J., Versmissen, A. C. M., van Slagmaat, M. T. P., Kurawaki, I., Ohara, N. (1993). Motorcycle Crash Test Modelling. Nov. 1993.

[12] Peldschus, S., Schuller, E., Koenig, J., Gaertner, M., Ruiz, D. G., Mansilla, A. (2017). Technical Bases for the Development of a Test Standard for Impacts of Powered Two-Wheelers on Roadside Barriers.

[13] Sequenzia, G., Oliveri, S., Fatuzzo, G., Calì, M. (2014). An advanced multibody model for evaluating rider's influence on motorcycle dynamics. *Proceedings of the Institution of Mechanical Engineers, Part K: Journal of Multi-body Dynamics*, 229:193-207, June 2014.

[14] Van Elslande, P., Perrin, C., Hermitte, T., Page, Y., Engel, R. (2008). Accidentologie, usage et représentations des deux-roues motorisés : Rapport de synthèse final du projet « 2RM ». 2$^{e}$ partie : Présentation des travaux. Technical report.

[15] Wang, Y., Sakurai, M. (1999). Development and Verification of a Computer Simulation Model of Motorcycle-to-Vehicle Collisions. SAE Technical Paper 1999-01-0719, SAE International, Warrendale, PA, Mar. 1999.

# Nouvelle méthode de test consumériste pour les casques de motocyclistes

Nicolas Bourdet, Caroline Deck, Frank Meyer, Rémy Willinger

Université de Strasbourg, Laboratoire ICube UMR7357

## Introduction

L'évaluation objective de tout système de protection de la tête nécessite une bonne connaissance des conditions d'impact de la tête (vitesse et angle d'impact) ainsi qu'une estimation réaliste des limites de tolérance cérébrale, également appelées critères de lésion cérébrale. Ces deux aspects ne sont pas considérés de façon optimale dans la procédure actuelle de test du casque. La littérature rapporte de nombreuses simulations d'accidents réels de motocyclistes qui démontrent que l'impact de la tête n'est pas simplement perpendiculaire à la surface impactée (Bourdet et al., 2012, 2016). Typiquement l'impact a un caractère oblique ce qui signifie que la tête ne subit pas uniquement une accélération linéaire (ou en translation) mais aussi une accélération rotationnelle, comme illustré en Figure 1.

En plus de cette observation, il faut rappeler que la tête est réputée être très sensible à l'accélération rotatoire, un phénomène connu depuis 1943 (Holbourn, 1943). Malgré ces constatations reconnues, à ce jour aucune norme de protection de la tête ne considère les impacts obliques qui conduisent à la mise en rotation brutale de la tête.

En conséquence de quoi, les casques actuels sont conçus pour protéger contre les impacts perpendiculaires et ce n'est que rarement que la protection vis-à-vis du chargement rotationnel n'est considérée. C'est dans le but de progresser dans ce domaine que des impacts contre des enclumes inclinées sont proposées dans la méthodologie exposée plus loin.

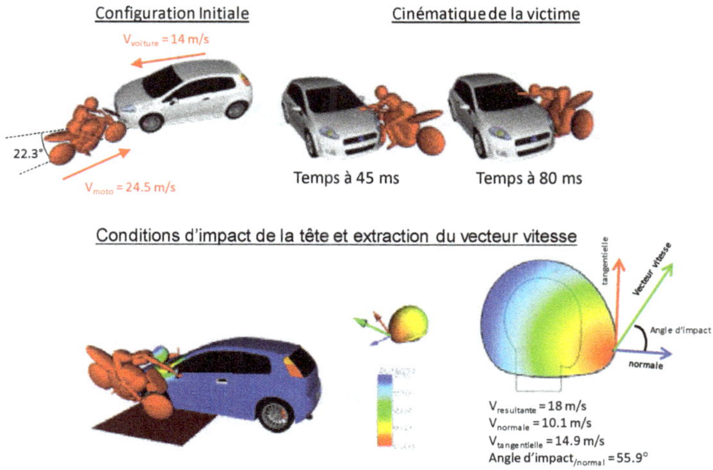


*Figure 1 : Illustration d'un accident de moto. Le calcul de la cinématique de la victime démontre le caractère oblique des conditions d'impact de la tête*

# Matériels et méthodes

La méthode d'évaluation du casque moto est une méthode couplée expérimentale et numérique. Elle implique un total de 18 tests d'impact expérimentaux par type de casque, suivi par le calcul numérique de la réponse du milieu intracérébral au moyen du modèle par éléments finis de la tête, SUFEHM, permettant l'évaluation du risque de lésion cérébrale pour chaque impact. Les aspects novateurs de cette méthode d'évaluation sont la prise en compte de conditions d'impact de la tête plus réalistes ainsi que l'évaluation du niveau de protection via des critères biomécaniques basés sur les lésions cérébrales.

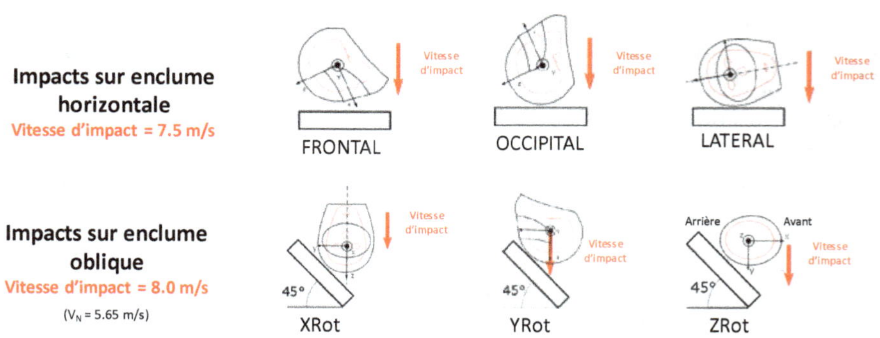


*Figure 2 : Illustration des trois configurations d'impacts contre une enclume horizontale et des trois impacts obliques contre une enclume inclinée*

Concernant les essais expérimentaux, les impacts sont obliques et non pas seulement perpendiculaires à la surface d'impact, comme le suggèrent les méthodes de test du casque actuel. Par conséquent, les impacts expérimentaux conduits avec la fausse tête casquée consistent en des essais perpendiculaires et obliques comme illustré en Figure 2. De façon plus précise, il est proposé d'effectuer des impacts verticaux sur une enclume plate horizontale à une vitesse de 7,5 m/s en choc frontal, occipital et latéral puis sur enclume plate oblique, inclinée à 45°, à une vitesse de 8,0 m/s afin d'induire une rotation autour de l'axe Y (YRot) et deux impacts latéraux, l'un conduisant à une rotation autour de l'axe X (XRot) et un conduisant à la rotation autour de l'axe Z (ZRot).

Pour tous les essais d'impact expérimentaux, les casques sont testés avec une fausse tête plus élaborée, capable d'enregistrer le chargement linéaire et rotatoire en fonction du temps. Par conséquent, la fausse tête ISO utilisée dans les normes actuelles a été remplacée par la tête de mannequin Hybrid III instrumentée avec des capteurs accélérométriques linéaires triaxiaux et des capteurs de vitesse angulaire de type ATA, comme illustré dans la Figure 4.

Les impacts sont réalisés en chute libre car le cou est supposé avoir un effet limité sur la réponse du casque au moment de l'impact.

Le modèle de l'université de Strasbourg, dénommé SUFEHM (Strasbourg University Finite Element Head Model), est un modèle de tête adulte validé et constitué de lois de comportement avancées du cerveau et du crâne (Deck et al., 2008 ; Sahoo et al., 2013, 2015, 2016*)* et qui permet de calculer la réponse mécanique du cerveau au moment du choc.

Pour ce modèle de tête, illustré en Figure 3, la géométrie des surfaces interne et externe du crâne a été numérisée à partir d'un crâne humain adulte pour assurer la précision anatomique. Les principales caractéristiques anatomiques prises en compte comprennent le cerveau, le tronc cérébral, la peau et le liquide cérébrospinal (LCS), représentés par des éléments brique. Le crâne, la face et les deux membranes (la faux et la tente) sont modélisés au moyen d'éléments coque. Ce modèle numérique présente un maillage continu composé de 13 208 éléments, dont 1797 éléments coque pour le crâne composite et 5320 éléments brique pour le cerveau. La masse totale du modèle de tête est de 4,7 kg. Des lois de matériaux isotropes, homogènes et élastiques ont été appliquées à chacune des parties du SUFEHM à l'exception du cerveau et du crâne.

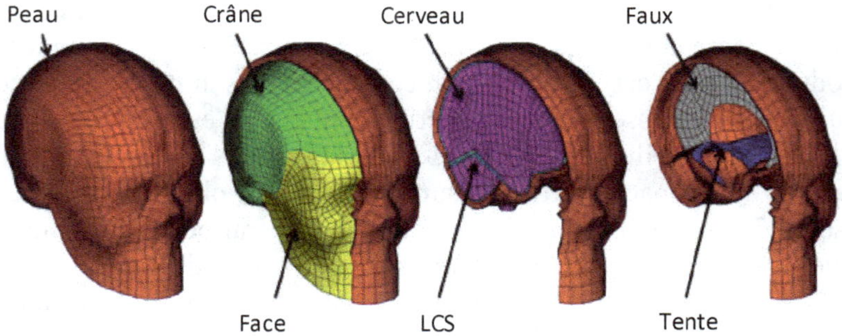


*Figure 3 : Illustration des différentes parties du Modèle Eléments Finis de la tête de l'université de Strasbourg (SUFEHM)*

La validation de ce modèle de la tête humaine a été proposée par Deck & Willinger (2008, 2009) vis-à-vis de déformation de la matière cérébrale en regard des expérimentations de Hardy et al. (2001, 2007) [9], [10] puis en termes de pressions intracérébrales calculées et comparées aux données de Nahum et al. (1977) [11] et Trosseille et al. (1992) [12].

Ce modèle a été utilisé afin d'établir des limites de tolérance de la tête pour des mécanismes de blessures spécifiques. L'objectif était de développer des critères de blessures pour prédire les lésions axonales diffuses modérées ou commotion cérébrale. Pour ce faire, des traumatismes crâniens réels bien documentés provenant de différentes bases de données d'accidents et impliquant des accidents de piétons, de cyclistes, de sport automobile, de football américain et de motocyclistes ont été simulés afin de calculer la réponse mécanique du cerveau. La corrélation de ces réponses avec l'occurrence d'une lésion donnée a permis d'extraire des critères de blessure pour des mécanismes de lésion spécifiques. Ainsi, basé sur une analyse statistique approfondie de différents paramètres intracérébraux, il a été montré que la contrainte de cisaillement de Von Mises calculée au sein du cerveau était la métrique la plus appropriée pour prédire une commotion cérébrale. La limite de tolérance pour un risque de 50 %, qui correspond à une perte de connaissance considérée comme une lésion cérébrale réversible, a été établie à 36 kPa.

Le dispositif expérimental utilisé pour effectuer les essais est un puits de chute de type AD ENGINEERING et consiste en une colonne en aluminium, et une base en béton. Il permet de guider une fausse tête instrumentée et casquée qui tombe en chute libre sur une enclume (horizontale ou inclinée) à une vitesse pouvant atteindre 9 m/s, comme illustré en Figure 4.

Afin de contrôler la répétabilité des essais, chaque configuration d'impact est reproduite trois fois selon la matrice d'essais rapportée au Tableau 1.

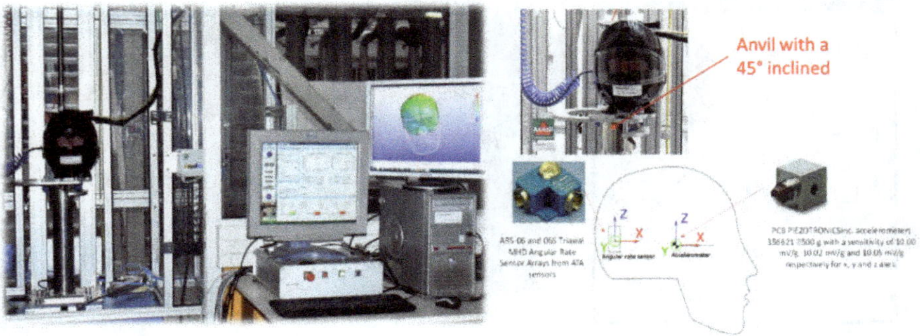


*Figure 4 : Dispositif expérimental de test ainsi que la représentation de la fausse tête Hybrid III instrumentée*

| Casque ID | Premier Impact | Second Impact | Troisième Impact |
|---|---|---|---|
| **H1** | FRONTAL | OCCIPITAL | LATERAL |
| **H2** | LATERAL | FRONTAL | OCCIPITAL |
| **H3** | OCCIPITAL | LATERAL | FRONTAL |
| **H4** | YRot | XRot | ZRot |
| **H5** | ZRot | YRot | XRot |
| **H6** | XRot | ZRot | YRot |

*Tableau 1 : Matrice de tests pour les trois tests d'impact sur enclume horizontale et trois impacts sur enclume oblique impliquant six casques différents pour chaque type de casque*

Les essais décrits ci-dessus conduisent à des résultats sous la forme de six courbes d'accélérations (trois linéaires et trois rotations) de la fausse tête pour chaque impact. La méthode couplée expérimentale – numérique consiste alors à considérer ce chargement de la tête comme données d'entrée de la simulation numérique du choc au moyen du modèle de la tête et de calculer pour chaque choc le cisaillement intracérébral puis d'exprimer le risque de lésion correspondant, comme illustré en Figure 5.

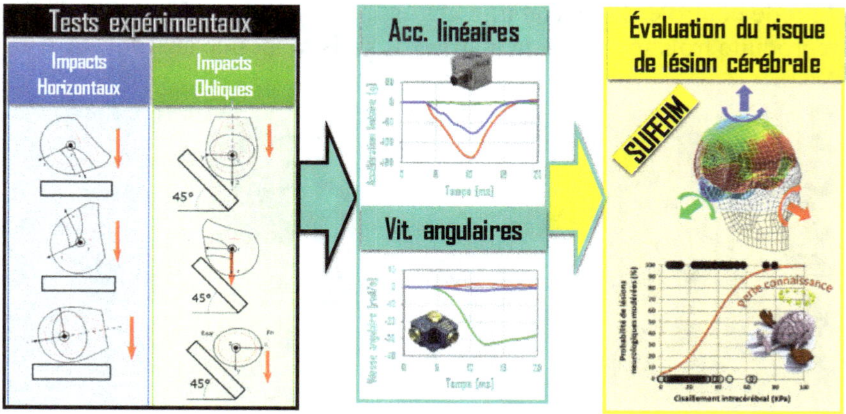


*Figure 5 : Illustration de la méthode d'essai couplée expérimentale et numérique. L'accélération expérimentale de la fausse tête est considérée comme condition initiale de la simulation numérique de l'impact de la tête suivie de l'évaluation du risque de lésions cérébrales*

Pour l'élaboration d'une méthode d'évaluation comparative des casques, un risque moyen est calculé par casque en faisant la moyenne des cisaillements intracérébraux moyens calculés pour toutes les configurations d'impact, comme exprimé dans l'équation 1. Cette valeur quantitative exprime le niveau de protection offert et permet d'allouer une note puis d'établir une échelle comparative qui consiste alors à évaluer le casque testé sur une échelle de zéro à cinq (étoiles) par pas de demi étoile en fonction du risque moyen calculé, comme illustré en Figure 6. La note de cinq étoiles est obtenue pour un risque moyen inférieur à 10 % et la note de 0,5 étoile est obtenue lorsque le casque conduit à un risque supérieur à 90 %.

$$MMVMS = \frac{(MVMS_{FRONTAL} + MVMS_{OCCIPITAL} + MVMS_{LATERAL} + MVMS_{YRot} + MVMS_{XRot} + MVMS_{ZRot})}{6} \quad (1)$$

Avec *MMVMS* (*Mean Max. Von Mises Stress*), la contrainte maximale de Von Mises moyenne, $MVMS_i$ la contrainte de Von Mises maximale de la configuration *i* (*FRONTAL, OCCIPITAL, LATERAL, YRot, XRot, ZRot*).

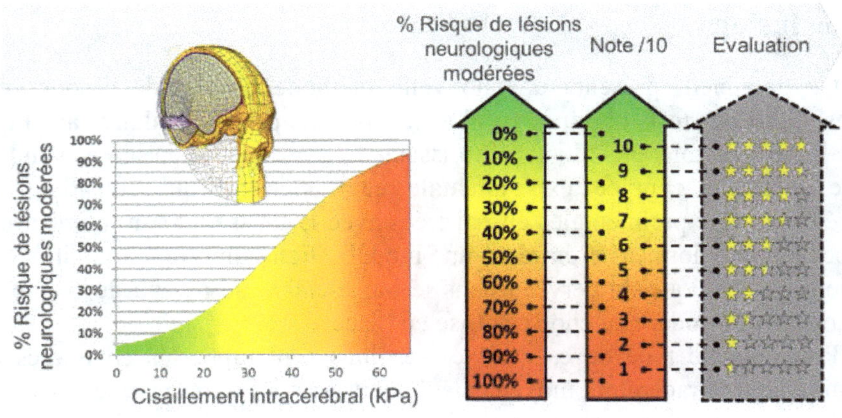


*Figure 6 : Évaluation du casque basée sur le risque de lésions cérébrales sur une échelle de zéro à cinq étoiles par pas de demi étoile en fonction de la contrainte intracérébrale calculée avec le SUFEHM*

La méthode de test a été appliquée à l'évaluation de 22 types de casques moto (15 casques « intégral », cinq casques « modulable » et deux casques « jet »), comme le montre la Figure 7. Il a été observé que le nombre d'étoiles allait d'une étoile et demie (risque élevé de commotion) à trois étoiles (risque modéré de commotion). Par ailleurs, une analyse plus détaillée a montré que les impacts les plus critiques sont l'impact linéaire-latéral ainsi que l'impact oblique entraînant une rotation autour de l'axe vertical. Dans cette étude, il a également été démontré que les impacts linéaires entraînent une charge de rotation importante du cerveau, ce qui signifie qu'il est essentiel de recommander l'enregistrement du mouvement de rotation, même sous un impact linéaire.

*Figure 7 : Illustration des 22 casques évalués*

## Conclusion

Ce document présente une nouvelle méthode de test de casques qui consiste en des tests obliques en plus des impacts perpendiculaires ainsi que des limites de tolérance du cerveau issues de la recherche en biomécanique. Une méthode couplée expérimentale et numérique qui considère les accélérations expérimentales enregistrées avec la fausse tête au moment des chocs comme données d'entrée d'une modélisation numérique qui simule la réponse mécanique du cerveau dans le but d'établir le niveau de risque de lésion correspondant au choc est mise en place.

Pour chaque type de casque, les résultats sont rapportés en termes de cisaillement intracérébral moyen calculé pour tous les impacts et le niveau de risque correspondant mais aussi de façon distincte pour chaque configuration de choc. En fonction du cisaillement intracérébral moyen, un nombre d'étoiles de zéro à cinq est attribué par pas de demi étoile, ce qui permet une évaluation comparative des casques.

En termes de communication vers le consommateur, il est essentiel de rappeler que tous les casques testés sont conformes aux normes en vigueur et protègent donc la tête de façon acceptable.

Au total, le but de cette étude est à la fois d'informer le consommateur sur la qualité comparative des produits (au-delà des normes), d'accompagner les industriels dans leurs efforts pour améliorer la protection de la tête sous impact linéaire et oblique, et finalement de contribuer à l'évolution des normes actuelles en introduisant des conditions d'impact plus réalistes et des critères de blessures biomécaniques.

## Remerciements

Les auteurs souhaitent remercier la Fondation MAIF pour son soutien. Une partie de l'étude proposée était financée par le projet HNBi (Head-Neck Biomechanics) N° 3.8 Interreg V Rhin Supérieur project – FEDER (Fonds européen de développement régional).

## Références

[1] Bourdet, N., Deck, C., Vinard, T, Willinger, R. (2011). « Behaviour of helmets during head impact in real accident cases of motorcyclists », *Int. J. Crashworthiness*, vol. 17, n° 1, p. 51-61.

[2] Bourdet, N., Mojumder, S., Piantini, S., Deck, C., Pierini, M., Willinger, R. (2016). « Proposal of a new motorcycle helmet test method for tangential impact », p. 12.

[3] Holbourn, A. H. S. (1943). « Mechanics of Head Injuries », *The Lancet*, vol. 242, n° 6267, p. 438-441, oct. 1943.

[4] Deck, C., Willinger, R. (2008). « Improved head injury criteria based on head FE model », *Int. J. Crashworthiness*, vol. 13, n° 6, p. 667-678.
[5] Sahoo, D., Deck, C., Willinger, R. (2013). « Finite element head model simulation and head injury prediction », *Comput. Methods Biomech. Biomed. Engin.*, vol. 16, n° sup 1, p. 198-199, juill. 2013.
[6] Sahoo, D., Deck, C., Yoganandan, N., Willinger, R. (2015). « Influence of head mass on temporo-parietal skull impact using finite element modeling », *Med. Biol. Eng. Comput.*, vol. 53, n° 9, p. 869-878, avr. 2015.
[7] Sahoo, D., Deck, C., Willinger, R. (2016). « Brain injury tolerance limit based on computation of axonal strain », *Accident Analysis and Prevention*, vol. 92, p. 53-70, juill. 2016.
[8] Deck, C., Willinger R. (2009). « The current state of the human head finite element modelling », *Int. J. Veh. Saf.*, vol. 4, n° 2, p. 85-112.
[9] Hardy, W. N., Foster, C. D., Mason, M. J., Yang, K. H., King, A. I., Tashman, S. (2001). « Investigation of Head Injury Mechanisms Using Neutral Density Technology and High-Speed Biplanar X-ray », *Stapp Car Crash J.*, vol. 45, p. 337-368, nov. 2001.
[10] Hardy, W. N. et al. (2007). « A Study of the Response of the Human Cadaver Head to Impact », *Stapp Car Crash J.*, vol. 51, pp. 17-80, oct. 2007.
[11] Nahum, A. M., Smith, R., Ward, C. C. (1977). « Intracranial Pressure Dynamics During Head Impact », SAE International, Warrendale, PA, 770922, févr. 1977.
[12] Trosseille, X., Tarriére, C., Lavaste, F., Guillon, F., Domont, A. (1992). « Development of a F.E.M. of the Human Head According to a Specific Test Protocol », SAE International, Warrendale, PA, 922527, nov. 1992.

# Évaluation par la méthode des éléments finis de l'efficacité d'un collier cervical pour motocycliste sous chargement vertical

Frank Meyer, Caroline Deck, Nicolas Bourdet, Rémy Willinger

Université de Strasbourg, Laboratoire ICUBE UMR 7357 CNRS

## Introduction

Les motocyclistes sont considérés comme des usagers de la route vulnérables tout comme les piétons et représentent plus de 70 % des accidents mortels dans certaines régions d'Asie (Hsu et al., 2008) et 18,3 % en Europe (Annual Statistical Report, 2014). D'un point de vue accidentologie, Ooi et al. (2011) ont collecté et analysé 76 cas d'accident de motocycliste où des lésions du rachis ont été observées. Plus de 15 % présentaient une lésion de niveau AIS3+ au niveau du rachis cervical dont la moitié présentait également une lésion cranio-encéphalique. Une des méthodes pour diminuer ce risque lésionnel est d'améliorer le transfert d'énergie entre la région cranio-rachidienne et le système collier cervical/casque moto.

Cette étude s'appuie sur l'utilisation d'un Modèle Éléments Finis (MEF) du cou et de la tête développé au sein de l'université de Strasbourg (Meyer et al., 2004, 2012), d'un casque de moto développé par Tinard et al. (2011) et d'un modèle de collier cervical. Enfin, un torse simplifié a été ajouté afin d'avoir une interaction réaliste entre les épaules et le collier cervical.

Pour vérifier le comportement du MEF du cou en situation de choc vertex, une validation s'appuyant sur les résultats d'essais cadavériques de la littérature a été réalisée permettant de contrôler la réponse du MEF en terme de forces au niveau de la première vertèbre thoracique (T1).

Pour évaluer l'efficacité qu'apporte un collier cervical, trois angles d'impact ont été définis : un impact vertex antérieur (80°), un choc vertex pur (90°) et un choc vertex postérieur (100°). Pour chacune de ces configurations, quatre vitesses de chargements ont été imposées au MEF allant de 5,5 m/s à 8,5 m/s. Les simulations numériques ont été conduites avec et sans le MEF de collier cervical afin d'évaluer le gain en terme de protection que propose ce dernier. Au final, 24 simulations numériques ont été réalisées. Pour chacune d'entre elles, les forces et les moments au niveau des condyles occipitaux ont été calculés ainsi que le Nij (Neck Injury Criterion NHTSA 2008).

# 1. Matériels et méthodes

## 1.1. Modèle Éléments Finis du système tête, cou, torse, collier cervical, casque motocycliste développé à l'université de Strasbourg

Le MEF du système tête cou est composé de 491 éléments ressorts, 11 0786 éléments coques et 10 786 éléments briques et consistent en un couplage du MEF de la tête développée par Deck et al. (2008) et du MEF du cou développé par Meyer et al. (2004, 2013). Ce modèle prend en compte les parties anatomiques suivantes : pour la tête, le cerveau, le liquide cérébrospinal, les deux membranes, le crâne et le scalp. Pour le cou, sont modélisés : les ligaments du rachis inférieur et supérieur, les sept vertèbres cervicales, la première vertèbre thoracique, les disques intervertébraux et les muscles. Par ailleurs, un MEF du collier cervical (commercialisé et déclaré en tant que corps rigide), un casque motocycliste (développé par Tinard et al., 2011), et un torse a été couplé au modèle du système tête-cou. Une vue d'ensemble du modèle est illustrée en Figure 1.

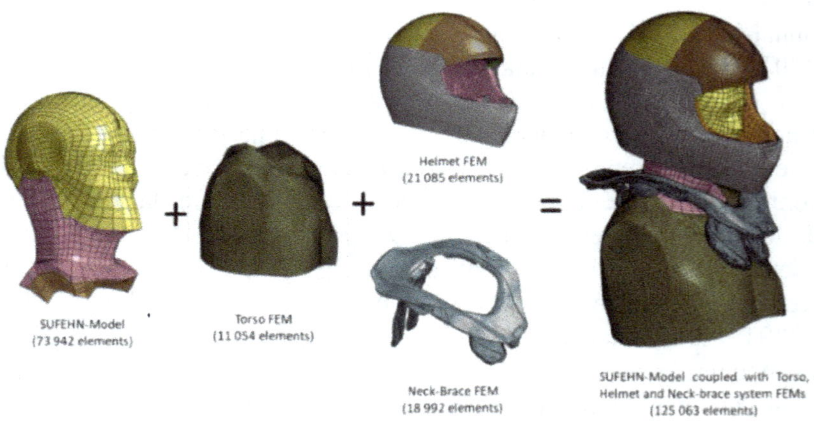


*Figure 1 : Description of the FEM composed by the updated SUFEHN-Model, Torso, Helmet and Neck Brace FEMs*

## 1.2. Données de validations en choc vertical

Avant de pouvoir évaluer le risque lésionnel du cou en choc vertical, il est nécessaire au préalable d'estimer la biofidélité du MEF pour ce type de choc. Les essais réalisés par Nightingale et al. (1997) ont été effectués sur des rachis décharnés en choc vertical à une vitesse de chute de 3,2 m/s. Ont été enregistrées la force d'impact entre la tête et l'impacteur ainsi que la force au niveau de la première vertèbre thoracique. Une masse de 16 kg a été rajoutée à la base du rachis (T1) et trois angles d'impact ont été réalisés permettant d'avoir un choc au niveau de la tête dans la région postérieure (–15°), pur vertex (0°) et antérieur (+15°).

### 1.3. Impact numérique pour l'évaluation du collier cervical

Trois angles d'impact du MEF contre une structure simulant le bitume ont été définis : un impact vertex antérieur (80°), un choc vertex pur (90°) et un choc vertex postérieur (100°). Les configurations d'impacts sont illustrées en Figure 2. Pour chacune de ces configurations, quatre vitesses de chargements ont été imposées au MEF allant de 5,5 m/s à 8,5 m/s. Les simulations numériques ont été conduites avec et sans le MEF du collier cervical afin d'évaluer le gain en terme de protection que propose ce dernier. Au final, 24 simulations numériques ont été réalisées. Pour chacune d'entre elles, les forces et les moments au niveau des condyles occipitaux ont été calculés ainsi que le Nij.

$$N_{ij} = \frac{F_z}{F_{zc}} + \frac{M_{Ocy}}{M_{yc}}$$

$F_Z$ : Force axiale [N], $M_{Ocy}$ Moment au niveau des condyles occipitaux [N.m], $F_{zc} = 6160$ N and $M_{yc} = 310$ N.m (NHTSA).

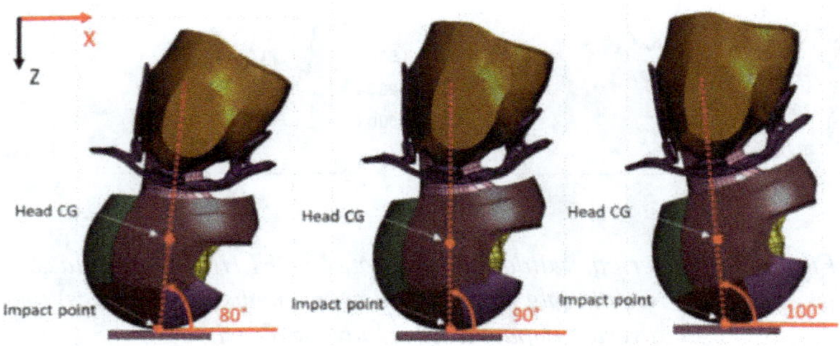


*Figure 2 : Impact Angle configurations (80°, 90° and 100° relative to X-axis) used to evaluate the level of protection offered by the neck brace during vertex impacts*

## 2. Résultats

### 2.1 Validation du Modèle Éléments Finis du système tête-cou par rapport aux essais de Nightingale et al. (1997)

En ce qui concerne les conditions cinématiques, la première vertèbre thoracique (T1) a été bloquée dans toutes les directions sauf en translation verticale et une vitesse initiale de 3,2 m/s a été appliquée à l'ensemble du MEF. La surface d'impact a été définie en tant que corps rigide et un coefficient de friction de 0,2 a été attribué entre le scalp et la surface impactée. La force d'impact est calculée ainsi que la force axiale et la force de cisaillement au niveau de la première vertèbre thoracique. La Figure 3 illustre les données de validations pour un choc en vertex pur.

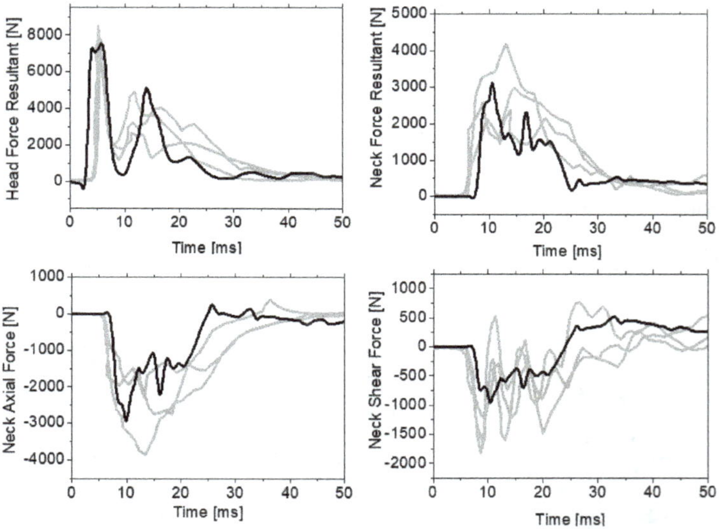


*Figure 3 : Numerical validation of updated SUFEHN-Model (black curves) against Nightingale et al. (1997) experiments (grey curves) for a vertex impact at 0° relative to Z-axis*

### 2.2 Évaluation du collier cervical

L'ensemble des résultats (simulations avec et sans collier cervical et pour les trois angles d'impact) est illustré sous la forme d'un diagramme défini par la NHTSA 2008 et reporté sur la courbe de risque pour un risque de lésion du cou de niveau AIS 3+ (Figure 4).

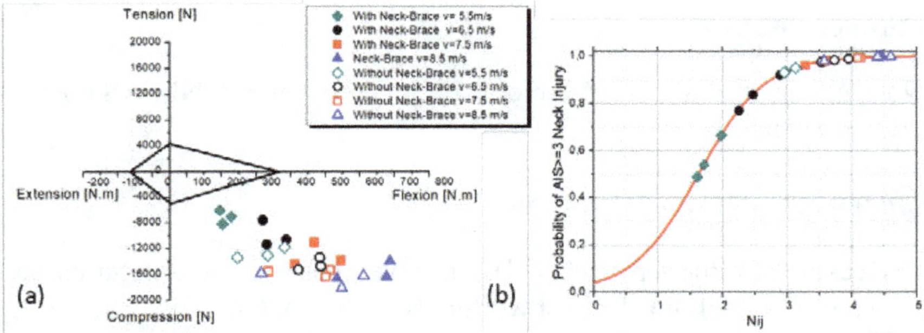


*Figure 4 : Representation of the $N_{ij}$ results computed (symbols) as compared to the NHTSA requirement (black line) and b) neck injury risk of AIS 3+ related to $N_{ij}$ for the 24 simulations computed with SUFEHN-Model*

Pour les simulations sans le collier cervical, toutes les configurations présentent un haut niveau de risque lésionnel. Le risque le plus faible obtenu sans collier correspond à une vitesse d'impact à 5,5 m/s en configuration vertex antérieur et présente un Nij de trois, ce qui signifie un risque lésionnel d'AIS 3+ du cou supérieur à 95 %.

Avec le collier cervical, le niveau de risque lésionnel, le plus faible correspond à la configuration 80° à une vitesse de 5,5 m/s (50 % de risque de lésion AIS 3+). Jusqu'à 6,5 m/s le collier cervical semble contribuer de manière significative à diminuer le risque de lésion (jusqu'à 45 % de risque de lésion en moins pour la configuration à 80°). Au-delà de cette vitesse, toutes les situations présentent un risque de lésion supérieur à 95 %.

## Conclusions et discussion

Le couplage d'un MEF du système tête-cou, d'un MEF du casque de motocycliste, d'un thorax simplifié et d'un MEF du collier cervical a été réalisé.

Avant d'étudier l'influence du collier cervical, une validation en choc vertical (essais de Nightingale et al., 1997) a été réalisée pour s'assurer du bon comportement du MEF.

Trois configurations d'impacts sous quatre vitesses de chargement ont été simulées avec et sans collier cervical conduisant au total à 24 simulations. L'étude montre que le collier cervical permet de diminuer le risque de lésion du cou pour des chocs à des vitesses inférieures ou égales à 6,5 m/s mais qu'au-delà, ce système de protection est insuffisant.

Une des limites de cette étude repose sur les propriétés mécaniques du collier cervical. En effet, dans cette étude, il est supposé comme un corps indéformable. Une caractérisation de ses divers composants permettrait d'obtenir un modèle plus représentatif.

## Remerciements

Les auteurs souhaitent remercier le projet européen PIONEERS pour son soutien financier.

## Références

1. Deck, C., Willinger, R. (2008). Improved head injury criteria based on head FE model, Int. J. Crashworthiness 13(6), p. 667-679.
2. European Road Safety Observatory, Annual Statistical Report.
3. Hsu, T. P, Ahmad, F. M. S, Nguyen, X. D (2008). A comparison study on motorcycle traffic development in some Asian countries – case of Taïwan, Malaysia and Vietnam, Eastern Asia Society for Transportation Study, p. 1-53.
4. Meyer, F., Bourdet, N., Deck, C., Willinger, R., Raul, J. S. (2004). Human neck finite element model development and validation against original experimental data, Proceeding of Stapp Car Crash Conference paper: 2004-22-0008, p. 177-206.
5. Meyer, F., Bourdet, N., Gunzel, K., Willinger, R. (2013). Development and validation of a coupled head-neck FEM – application to whiplash injury criteria investigation. International Journal of Crashworthiness, vol. 18(1), p. 40-63.
6. NHTSA (2008). Title 49 Code of Federal Regulations (CFR) Part 571 Section 208, Occupant Crash Protection. Washington, DC: Office of the Federal Register, National Archives and Records Administration.
7. Nightingale, R., McElhaney, J., Camacho, L., Kleinberger, M., Winkelstein, B., Myers, B. (1997). The Dynamic Responses of the Cervical Spine: Buckling, End Condition, and Tolerance in Compressive Impacts, Proceeding of Stapp Car Crash Conference, paper 973344, p. 451-471.
8. Ooi, S. S., Wong, S. S., Yeap, J. S., Umar, R. (2011). Relationship between Cervical Spine Injury and Helmet Use in Motorcycle Road Crashes, Asia-Pacific Journal Public Health, vol. 23(4), p. 608-619.
9. Tinard, V., Deck, C., Bourdet, N., Willinger, R. (2011). Motorcyclist helmet composite outer shell characterization and modeling, Materials and Design, vol. 32, Issue 5, p. 3112-3119.

# Améliorer la visibilité des motocycles

Stéphane Espié[1, 3], Viola Cavallo[2], Flavien Delgehier[3]

[1] TS2-SIMU&MOTO, Univ Gustave Eiffel, IFSTTAR
[2] COSYS-LEPSiS, Univ Gustave Eiffel, IFSTTAR
[3] CNRS SATIE

## Introduction

Le projet AVIMOTO et son extension AVIMOTO2 ont eu pour but la définition d'une signature visuelle pour motocycle permettant d'améliorer la perceptibilité des motocycles pour les autres usagers de la route. Ce projet (2011-2013 puis 2014-2017) a été cofinancé par la Fondation MAIF. AVIMOTO a permis de proposer une nouvelle signature visuelle, signature raffinée et testée en situation réelle, sur piste, au cours d'AVIMOTO2. Nous utiliserons dans ce qui suit le terme « moto » pour le véhicule et son conducteur.

Les problèmes liés à la perception des motos sont de deux ordres : non détection ou détection tardive de la moto d'une part, mauvaise perception de la vitesse et du temps d'arrivée d'autre part.

Les erreurs de détections sont liées à non seulement à une faible saillance de la moto, mais aussi à la présence de distracteurs visuels dans l'environnement routier. La faible taille de la moto, sa géométrie et sa couleur ne favorisent pas toujours sa détection sur un « fond » visuel varié. Pour améliorer la détectabilité des motos, la solution ergonomique consiste à définir une nouvelle signature visuelle qui donne à la moto des propriétés visuelles (couleur, position, etc.) qui la distinguent clairement de son environnement routier. Des travaux expérimentaux ont été réalisés par plusieurs équipes de chercheurs pour proposer de telles signatures (Maruyama et al., 2009 ; Rössger et al., 2010 ; Cavallo & Pinto, 2012 ; Gershon & Shinar, 2013 ; Pinto et al., 2014 ; Binder et al., 2015 ; Ranchet et al., 2016). Il est à noter que l'apparition des feux diurnes sur les VL et PL (2011) annule les effets de la réglementation obligeant les motos à rouler avec leurs feux de croisement de jour, réglementation qui avait pour but de les rendre plus saillantes.

Les erreurs de perception de la vitesse et du temps d'arrivée sont liées à la petite taille de la moto qui induit une faible vitesse angulaire lors de son approche (la silhouette d'un objet en approche s'agrandit plus vite s'il est « gros » que s'il est « petit »). La vitesse angulaire peut être en dessous du seuil de perception, ou très faible et difficilement perceptible. Cette caractéristique produit une sous-estimation de la vitesse d'approche des « petits objets », dont les motos. Gould et al. (2012a, 2012b) ont montré une sous-estimation de la vitesse d'approche, tandis que DeLucia (1991), Caird & Hancock (1994) et Horswill et al. (2005) ont montré une sur-estimation du temps d'arrivée. L'intérêt de feux additionnels (*i.e.* en plus des feux « centraux ») a été montré par plusieurs études (Tsutumi & Maruyama, 2008 ; Gould et al., 2012b ; Cavallo et al., 2015 ; Ranchet et al., 2016). Il est à noter que ce type d'erreur est plus prononcé en condition nocturne lorsque la silhouette de la moto se résume à ses dispositifs d'éclairage.

AVIMOTO a permis de tester en images de synthèse et sur simulateur de conduite une solution ergonomique consistant pour les feux avant en : 1) le phare central standard mais de couleur jaune, de deux feux de additionnels jaunes sur les bas de fourche de la moto, et d'un feu additionnel jaune au sommet du casque du conducteur. Ces trois feux additionnels « à LED » correspondent peu ou prou aux feux diurnes utilisés sur voitures. Les résultats ont montré que cette solution permettait d'améliorer : 1) la détectabilité de la moto dans un flot de véhicules avec feux de circulation diurnes, et 2) la perception du mouvement d'approche de la moto. Cette « signature » est plus performante que celles proposées par les études précédentes (cf. revue de littérature).

Une limite dans la solution préconisée dans AVIMOTO était l'usage de la couleur jaune, notamment pour le phare de la moto. Du fait de l'apport prouvé du jaune pour « signer » la moto (et donc lui redonner une saillance visuelle perdue du fait de l'apparition des feux diurnes VL/PL), AVIMOTO2 a eu pour but de vérifier si une solution verticale jaune/blanc – « phare blanc » avec des feux additionnels « diurnes » jaunes – était pertinente. Les travaux ont été réalisés sur simulateur et sur piste. Le présent article présente l'expérimentation conduite sur piste et les résultats obtenus.

## 1. Méthodes

Étant donné la difficulté de réaliser une expérimentation en condition nocturne sur piste, nous avons dû adapter nos méthodes expérimentales pour tenir compte de la faisabilité technique et organisationnelle des essais. La complexité porte sur la durée d'une passation liée au matériel et personnel mobilisable (dans notre cas, deux expérimentateurs, une voiture et une moto), l'expérimentateur réalisant le « roulage » devant changer de véhicule entre les passages, atteindre la vitesse de consigne et s'y stabiliser, commuter la solution d'éclairage, ce en fonction du protocole. Pour chaque passage, le véhicule effectuait environ 2 km, ce qui nécessitait au moins deux minutes. Enfin, entre chaque passage, il fallait ramener le véhicule utilisé au point de départ.

Pour limiter le nombre d'essais et ainsi la durée de l'expérimentation, nous avons limité le nombre de configurations de feux avant pour la moto à deux, en comparant la configuration standard (feu central blanc) à la configuration verticale jaune/blanc. Nous avons inclus des essais avec une voiture qui, y compris dans les expérimentations antérieures, nous a servi de référence.

Nous aurions souhaité mettre en œuvre une tâche expérimentale consistant pour un conducteur à observer, dans une voiture arrêtée, une file de trois véhicules à l'approche d'une intersection et de tourner à gauche entre le deuxième et troisième véhicule (qui était souvent une moto) lorsque le conducteur jugeait la manœuvre possible sans danger. Or, la situation de tourne-à-gauche en situation réelle n'était pas envisageable pour des raisons de sécurité. La meilleure solution aurait alors été d'avoir deux véhicules approchant avec une vitesse constante et un intervalle inter-véhiculaire contrôlé, et de demander à un conducteur assis dans sa voiture stationnaire de juger s'il aurait pu tourner à gauche entre ces deux véhicules. Nous ne disposions malheureusement pas des moyens nécessaires pour réaliser l'expérimentation (voitures et moto capables de rouler « en convoi » avec contrôle de la vitesse et de l'inter-distance). Nous avons donc opté pour une autre tâche d'estimation qui avait déjà été utilisée par nos collègues japonais (Tutsumi & Maruyama, 2007). Elle consiste à faire approcher un véhicule (motocycle ou voiture) à vitesse constante et de demander à des conducteurs automobile, assis dans leur voiture stationnaire, d'estimer le dernier moment où ils auraient encore pu tourner à gauche devant ce véhicule à l'approche. Cette tâche est moins écologique car moins habituelle lors de la conduite en situation réelle. Une importante phase de familiarisation a donc été prévue pour habituer les conducteurs à cette tâche.

Les travaux relatifs à cette expérimentation sur piste ont été pilotés par le laboratoire TS2/SIMU&MOTO, en collaboration avec le laboratoire IFSTTAR/COSYS/LEPSiS. L'expérimentation sur piste a pu avoir lieu grâce au concours de l'entreprise Nexter, gestionnaire de celle-ci.

## 2. Participants

Les participants étaient tous des conducteurs réguliers (>3000 km/an) détenteurs du permis depuis au moins deux ans ; ils avaient tous une acuité visuelle minimale de 6/10 (avec ou sans verres correcteurs) conformément au code de la route. Au total, 27 conducteurs volontaires ont participé à l'étude. Ils ont été indemnisés pour leur participation. Le groupe comportait neuf femmes et 18 hommes de 25 à 44 ans, avec une moyenne de 32 ans (écart-type : 5,34). Ils ont été recrutés en partie parmi le personnel de l'IFSTTAR à

Satory et d'autre part par voie d'affichage sur le site de l'entreprise Nexter à Satory.

# 3. Matériel

## 3.1 Piste Satory

Une longue ligne droite a été choisie comme lieu d'expérimentation.

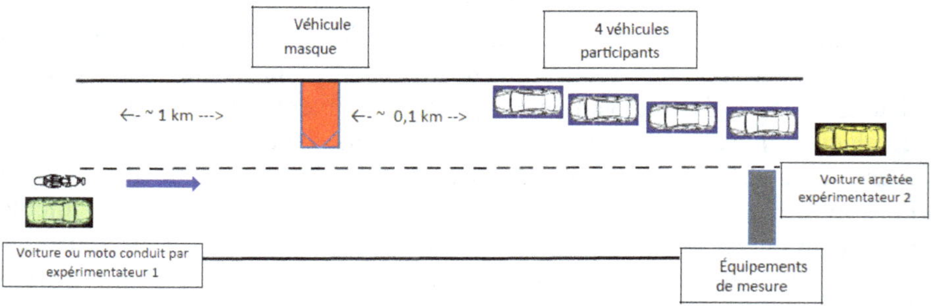


*Figure 1 : Schéma du dispositif expérimental sur la piste de Satory*

## 3.2 Moto et casque

La moto utilisée a été sélectionnée du fait de son équipement de série avec un régulateur de vitesse (BMW R1200RT). Elle a été équipée de barrettes de LEDs sur les bas de fourche, barrettes « OEM » destinées à des équipements en seconde monte de « feux de jour » (marché asiatique). Le coût de ces barrettes est de l'ordre d'une vingtaine d'euros (achat à l'unité). Leur très faible poids (quelques grammes) permet un montage direct sur le bas de fourche de la moto (zone « non suspendue »).

Un casque, fourni par la société Shark, a été équipé avec une « ampoule » à LED (marché asiatique). Une pièce additionnelle a été conçue et produite afin d'intégrer cette « ampoule » sur le sommet du casque. Le coût à l'unité de cette « ampoule » est d'une dizaine d'euros (achat à l'unité).

*Figure 2 : Configuration testée sur piste de Satory (en arrière plan le véhicule « masque »)*

Un dispositif de commande permettant de piloter l'allumage et l'extinction de ces éclairages additionnels, selon les options prédéterminées pour l'expérimentation (phare moto « seul », phare moto + systèmes à LEDs casque et bas de fourche) a été conçu et intégré sur la moto.

Un réglage empirique de l'intensité des LEDs a été réalisé afin d'éviter l'éblouissement en condition nocturne.

### 3.3 Dispositif de mesure

Un dispositif de mesure du temps écoulé entre l'appui sur des boutons (4) par les participants et le passage de la moto au droit d'un repère (positionné au niveau du véhicule « expérimentateur 2 » a été conçu et réalisé. Le dispositif consiste en une barrière « optique » et quatre boutons pilotés par un système à micro-contrôleur. Le temps d'appui de chaque bouton est mémorisé (appui lorsque la moto est en approche), ainsi que le temps de passage devant la cellule.

Connaissant 1) les distances entre les participants (à bord des véhicules) et la barrière optique, 2) la vitesse du véhicule en approche (vitesse constante grâce au régulateur de vitesse) et 3) le temps entre l'appui sur les boutons et le passage de la moto devant la barrière optique, on peut calculer simplement, et pour chacun des quatre participants, le temps entre l'appui sur « son » bouton et le passage de la moto au droit du participant concerné.

Les données acquises sont transmises à un ordinateur portable qui les enregistre et réarme le dispositif pour chaque essai.

## 4. Tâche

Les participants étaient installés au bord de leur propre véhicule à droite de la piste d'essai. Ils voyaient sur la voie de gauche un véhicule (voiture ou motocycle) approcher à vitesse constante. Les participants devaient s'imaginer d'être arrêtés devant une intersection et de devoir effectuer un tourne-à-gauche devant ce véhicule approchant pour emprunter une voie secondaire.

La tâche des participants consistait à indiquer le dernier moment où ils pouvaient encore effectuer en toute sécurité une manœuvre de tourne-à-gauche devant le véhicule arrivant en face sur la route en sens inverse. Pour indiquer ce moment (le « temps d'arrivée minimum » – TA), ils devaient appuyer sur un bouton poussoir.

## 5. Protocole expérimental

### 5.1 Variables expérimentales

*Ergonomie des feux avant de motocycle/véhicule*

Seule une configuration innovante a été testée, consistant en un feu additionnel jaune sur le casque et deux autres feux jaunes au niveau de l'axe de la roue avant en plus du feu central standard blanc (Figure 3.C). Il s'agit donc d'une configuration accentuant la dimension verticale du motocycle. Cette configuration d'éclairage frontal a été comparée à un motocycle avec un éclairage standard (à savoir un phare unique central, voir la Figure 3.A), ainsi qu'à une voiture.

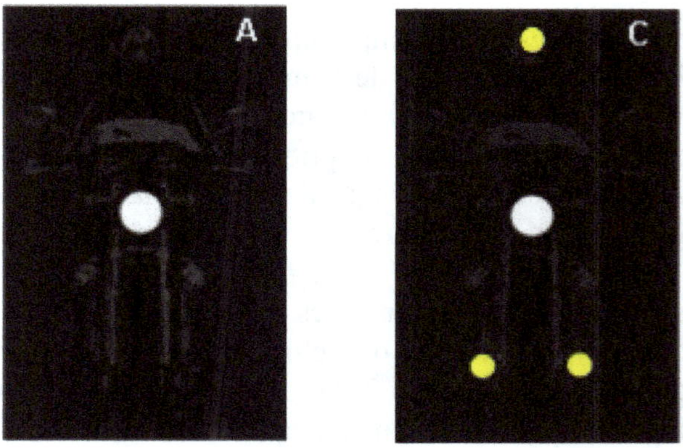


*Figure 3 : Représentation schématique des différentes configurations d'éclairage frontal des motos, agencement A) standard, C) vertical jaune/blanc*

*Vitesse*

Nous avons choisi les vitesses d'approche de 60 km/h et 90 km/h.

*Répétition*

Chacune des conditions expérimentales, résultant de la combinaison des facteurs ergonomie et vitesse, a été répétée quatre fois.

### 5.2 Plan d'expérience

L'expérimentation s'est déroulée selon le plan expérimental intra-individuel suivant : Ergonomie des feux de motocycle/véhicule3 (motocycle feux standards *vs* motocycle configuration verticale jaune/blanc *vs* voiture) × Vitesse2 (60 km/h *vs* 90 km/h) × Répétition4.

Le croisement de ces variables donne 16 essais expérimentaux comprenant un motocycle et huit essais comprenant une voiture, donc un total de 24 essais. Les essais de motocycle et de voiture étaient présentés par blocs. L'ordre de présentation des deux blocs d'essais a été contrebalancé : la moitié des participants commençait avec les essais de motocycle, l'autre moitié avec les essais de voiture. Les essais à l'intérieur des blocs ont été présentés dans des ordres aléatoires.

## 6. Procédure

L'expérimentation a eu lieu en condition de nuit. Quatre participants avec leur véhicule personnel étaient convoqués ensemble pour chaque session expérimentale. Les participants étaient accueillis par les expérimentateurs à l'entrée de la piste où ils remettaient aux expérimentateurs le « formulaire de consentement libre et éclairé » signé. Les participants étaient ensuite amenés sur le lieu de l'expérimentation où leurs véhicules étaient positionnés au bord droit de la piste d'essai. Leurs positions étaient légèrement décalées de façon à ce que tous les participants pouvaient bien percevoir le véhicule à l'approche à partir de leur siège de conducteur. Les boutons poussoir ainsi que le dispositif de mesure étaient ensuite mis en place par les expérimentateurs.

Une fois installé dans leur voiture, l'expérimentateur leur lisait à haute voix les instructions de l'expérimentation. Afin de bien comprendre les consignes, les participants effectuaient d'abord deux essais pour se familiariser avec le protocole. Les deux blocs d'essais étaient ensuite présentés aux participants. La partie visible de l'approche des véhicules durait environ 10 s (l'approche plus lointaine était masquée par un véhicule arrêté en travers de la piste). Ensuite le véhicule expérimental ralentissait et retournait à sa position de départ. Le véhicule expérimental était conduit par un opérateur. Avant chaque essai, l'expérimentateur donnait des indications à l'opérateur concernant la vitesse d'approche, le type de véhicule et la configuration de feux de motocycle.

Chaque essai durait environ deux minutes. À la fin de l'expérience, les participants étaient raccompagnés à la sortie de la piste. En tout, la session expérimentale durait environ 1 h 30. Deux sessions expérimentales avec quatre participants chacune ont eu lieu par soirée : la première de 18 h 30 à 20 h 00, la seconde de 20 h 15 à 21 h 45.

## 7. Traitement des données

Pour chaque participant, la moyenne des temps d'arrivée minimum estimés lors des quatre essais a été calculée pour chaque condition expérimentale (Ergonomie/véhicule3 × Vitesse2). Ces données ont été soumises à des analyses de la variance (ANOVA). Le seuil de significativité a été établi à 0,05. Les effets significatifs ont été analysés plus en détail par le test post-hoc de Fisher LSD.

## 8. Résultats

L'ANOVA du plan intra-individuel Ergonomie des feux/véhicule3 x Vitesse2 a révélé un effet principal de la variable ergonomie des feux/véhicule, ($F(2,1) = 5{,}62$ ; $p < 0{,}01$ (Figure 4).

Les tests post-hoc révèlent que le TA minimum estimé est significativement plus long ($p < 0{,}05$) pour l'agencement d'éclairage frontal vertical jaune/blanc (M = 6,87 s) que pour l'éclairage standard (M = 6,47 s), et qu'aucune différence n'a été constatée entre la configuration verticale jaune/blanc et le TA estimé pour la voiture (M = 7,13 s).

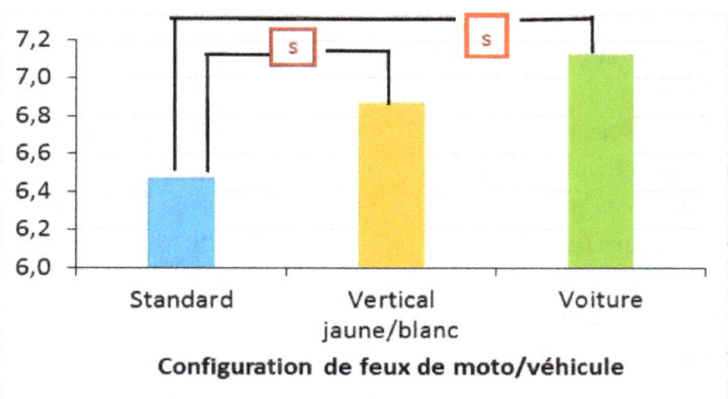


*Figure 4 : Temps d'arrivée minimum pour tourner à gauche (s), en fonction de l'ergonomie des feux de moto et du type de véhicule*

Le TA minimum pour un motocycle équipé d'un phare standard est significativement plus court ($p < 0{,}0025$) que celui estimé pour une voiture.

L'effet principal de la vitesse est également significatif ($F(1,1) = 57{,}70$ ; $p < 0{,}0001$) : les TA minimum estimés à 90 km/h (M = 6,03 s) sont plus courts qu'à 60 km/h (M = 7,62 s).

L'interaction entre l'ergonomie des feux/véhicule et la vitesse des véhicules approchants n'est pas significative ($F(4,1) = 0{,}89$).

## 7. Discussion

Les résultats obtenus en condition réelle sur piste montrent une influence significative de l'ergonomie des feux de motocycle sur le temps d'arrivée minimum estimé acceptable par les conducteurs pour tourner à gauche devant le motocycle arrivant en sens opposé. Les intervalles de temps sont significativement plus courts lorsque le motocycle comporte seulement un phare central (condition standard) par rapport à une moto disposant d'un éclairage vertical jaune/blanc. De plus, les temps d'arrivée minimum estimés pour cette configuration innovante ne se différencient pas significativement de ceux acceptés pour la voiture, contrairement à ceux acceptés pour le motocycle avec la configuration de feux standard qui sont significativement plus courts que pour la voiture.

Ces résultats mettent en évidence un gain significatif de sécurité procuré par la configuration verticale jaune/blanc. Cette configuration d'éclairage accentue la dimension verticale du motocycle et permet au conducteur automobile d'accepter des intervalles temporels proches de ceux adoptés pour les voitures. La configuration verticale jaune/blanc permet de gagner en moyenne 0,40 s dans le choix des créneaux d'insertion par rapport à l'intervalle de temps accepté pour un éclairage standard, ce qui correspond à une augmentation des distances de sécurité de 6,7 m à 60 km/h et de 8,8 m à 90 km/h. Ces distances supplémentaires sont des marges de sécurité supplémentaires dont disposent les motocyclistes et automobilistes dans des situations d'interaction conflictuelle.

Nos résultats sont en accord avec l'étude de Tsutsumi & Maruyama (2017), également réalisée sur piste, et montrant un avantage significatif du système LONG (feux central blanc plus deux feux additionnels blancs sur la fourche et deux feux additionnels blancs sur le guidon). L'étude japonaise constatait une augmentation de 0,68 s du temps d'arrivée accepté pour le système LONG comparé à l'éclairage standard.

Le bénéfice apporté par des configurations de feux verticales s'explique d'une part par une augmentation de la vitesse angulaire de la moto approchante due à l'agrandissement de sa silhouette visible, et donc une meilleure perception de la vitesse (Gould et al., 2012b) et du temps d'arrivée de la moto. En même temps, l'augmentation des dimensions visibles de la moto permettent aussi une meilleure perception de la distance du motocycle (des grands objets sont perçus comme étant plus proches que des petits objets).

Dans cette expérience sur piste, nous avons également constaté un effet significatif de la vitesse des véhicules approchants, effet que l'on observe systématiquement dans les études sur la perception et l'estimation du temps d'arrivée, et dans les expérimentations sur l'acceptation d'intervalles temporels (*gap acceptance*).

## Conclusion

L'expérimentation que nous avons réalisée en conditions réelles sur piste fait apparaître les résultats suivants :

- Un effet significatif des configurations d'éclairage frontal des motos, avec des marges de sécurité plus grandes pour les configurations de feux verticales comparées à l'éclairage central standard ;
- Un effet significatif de la vitesse des véhicules à l'approche, avec des marges de sécurité plus grandes lorsque la vitesse d'approche est plus faible, résultat classique observé dans la quasi-totalité des études mettant en jeu l'estimation de fenêtres temporelles ;
- L'absence d'interaction entre les deux facteurs « vitesse » et « configuration de feux avant de moto ».

Cette expérimentation en situation réelle permet d'observer les mêmes tendances que celles observées sur une expérimentation menée sur simulateur. La seule différence observée entre les deux études concerne l'amplitude des gains de temps apportés par les configurations de feux verticales comparativement à l'éclairage standard : gain de temps 0,7 s en conditions simulées et de 0,4 s en conditions réelles. Ce moindre gain en condition réelle peut être dû à deux facteurs :

1. La configuration standard de la moto réelle consistait en deux « larges » feux centraux (moto de grand tourisme sélectionnée car dotée d'un régulateur de vitesse), au lieu d'un seul feu sur la moto simulée. La moto réelle a pu ainsi paraître sensiblement plus grande que la moto simulée, et le bénéfice de l'agrandissement grâce à la configuration verticale était moindre.
2. Les conditions d'éclairement étaient sensiblement différentes : sur simulateur, les conditions nocturnes étaient parfaites (noir « absolu »), tandis que sur la piste de Versailles-Satory la présence de sources lumineuses parasites (lune, éclairage d'une route adjacente) ne donnait pas des conditions nocturnes parfaites. Ainsi, la silhouette de la moto approchante a pu parfois être visible en conditions réelles, donnant des informations visuelles supplémentaires aux participants pour apprécier le temps d'arrivée de la moto.

Malgré ces différences dans l'amplitude du gain temporel produit par la configuration verticale des feux avant de moto, les deux études apportent des preuves convaincantes pour l'intérêt de cette configuration de feux permettant une augmentation significative des marges de sécurité lors des interactions avec des motos pour des conditions nocturnes réelles.

Enfin, il est à noter que les dispositifs de signalisation additionnels que nous avons testés sont d'un coût (achat et mise en œuvre) et d'une consommation électrique extrêmement limités. Pour le véhicule, cela permet d'envisager une installation non seulement sur des motocycles mais aussi sur des vélomoteurs voire des cyclomoteurs.

## Références


1. Binder, S., Perel, M., Pierowicz, J., Gawron, V., Wilson, G. (2005). Motorcycle conspicuity and the effects of motor vehicle fleet Daytime Running Lights (DRLs). In Proceedings of the 6th International Symposium on Automotive Lighting (ISAL), Darmstadt, Germany.
2. Caird, J. K., Hancock, P. A. (1994). The perception of arrival time for different oncoming vehicles at an intersection. Ecological Psychology, 6, p. 83-109.
3. Cavallo, V., Pinto, M. (2012). Are car daytime running lights detrimental to motorcycle conspicuity? Accident Analysis and Prevention, 49, p. 78-85.
4. Cavallo, V., Ranchet, M., Pinto, M., Espié, S., Vienne, F., Dang, N.-T. (2015). Improving car drivers' perception of motorcycle motion through innovative headlight configurations. Accident Analysis and Prevention, 81, p. 187-193.
5. DeLucia, P. R. (1991). Pictorial and motion-based information for depth perception. Journal of Experimental Psychology: Human Perception and Performance, 17, p. 738-748.
6. Gershon, P., Shinar, D. (2013). Increasing motorcycles attention and search conspicuity by using alternating-blinking lights system (ABLS). Accident Analysis and Prevention, 50, p. 801-810.
7. Gould, M., Poulter, D. R., Helman, S., Wann, J. P., (2012a). Errors in judging the approach rate of motorcycles in nighttime conditions and the effect of an improved lighting configuration. Accident Analysis and Prevention, 45, p. 432-437.
8. Gould, M., Poulter, D. R., Helman, S., Wann, J. P. (2012b). Judgement of approach speed for motorcycles across different lighting levels and the effect of an improved tri-headlight configuration. Accident Analysis and Prevention, 48, p. 341-345.
9. Horswill, M. S., Helman, S., Ardiles, P., Wann, J. P. (2005). Motorcycle accident risk could be inflated by a time-to-arrival illusion. Optometry and Vision Science, 82, p. 740-746.
10. Maruyama, K., Tsutsumi, Y., Murata, Y. (2009). Study of face design, lighting system design for enhanced detection rate of motorcycles. In Proceedings of the 21st International Technical Conference on the Enhanced Safety of Vehicles, Stuttgart, Germany, Paper No. 09-406.
11. Pinto, M., Cavallo, V., Saint-Pierre, G. (2014). Influence of front light configuration on the visual conspicuity of motorcycles. Accident Analysis and Prevention, 62, p. 230-237.

12. Ranchet, M., Cavallo, V., Dang, N.-T., Vienne, F. (2016). Improving motorcycle conspicuity through innovative headlight configurations. Accident Analysis and Prevention, 94, p. 119-126.
13. Rössger, L., Hagen, K., Krzywinski, J., Schlag, B. (2010). Recognisability of of different configurations of front lights on motorcycles. Accident Analysis and Prevention, 44, p. 82-87.
14. Tsutsumi, Y., Maruyama, K. (2008). Long lighting system for enhanced conspicuity of motorcycles. JSAE Transaction, 39, p. 119-124.

# Les motards wallons sont-ils bien équipés ? Mesure de comportement sur le port des équipements de protection individuelle

Mathieu Roynard

AWSR (Agence wallonne pour la sécurité routière)

## Introduction

En Wallonie, les motos[1] ne représentent que 1,5 % de l'ensemble des 38,5 milliards de kilomètres parcourus annuellement mais sont impliquées dans 8,5 % des accidents corporels, et leurs occupants représentent 13 % de l'ensemble des tués dans la circulation. De manière générale, la gravité des accidents corporels enregistrés pour les motos est deux fois plus élevée que celle des accidents impliquant au moins une voiture (avec 42 tués pour 1000 accidents pour les motards contre 20 pour les automobilistes sur la période 2013-2017). En 2017, 901 accidents corporels impliquant au moins une moto ont été enregistrés en Wallonie, 28 motocyclistes sont décédés et 933 ont été blessés.

Les équipements de protection individuelle (EPI), homologués pour la pratique de la moto, ont pour mission principale de protéger l'intégrité physique des porteurs et de minimiser les conséquences en cas de choc, chute ou glissade (De Rome, 2012 ; Wu, 2018). Ainsi, le port du casque moto réduit le risque de blessures mortelles d'environ 42 % et le risque de traumatisme crânien sévère de 69 % (Liu, 2008). Le port d'un blouson moto et des gants réduit de 48 % le risque de blessures, le pantalon et les bottes de moto diminuent de 68 % le risque de blessures graves au bas du corps (De Rome, 2003).

---

[1] Tout véhicule motorisé à deux ou trois roues, avec ou sans side-car, dont la cylindrée est supérieure à 50 $cm^3$ et/ou qui roule à une vitesse supérieure à 45 km/h. Le conducteur est âgé de plus de 18 ans et doit disposer d'un permis A (Arrêté royal du 1er décembre 1975 portant règlement général sur la police de la circulation routière et de l'usage de la voie publique).

Outre le port du casque, la législation belge impose depuis 2011 aux motocyclistes, conducteurs ou passagers, le port de gants, d'une veste à manches longues et d'un pantalon ou d'une combinaison, ainsi que de bottes ou bottillons qui protègent les chevilles[2]. À l'exception du casque, aucune norme qualitative n'est prescrite pour ces équipements. Par ailleurs, aucun élément fluorescent ou rétro-réfléchissant n'est exigé. Si le motard ne respecte pas cette législation, il encourt une amende de 55 euros.

Malheureusement, très peu d'informations sur l'utilisation effective des EPI sont disponibles en Belgique. En 2013, en région de Bruxelles-Capitale, 79 % des motocyclistes (hors scootéristes) et 43 % des scootéristes portaient l'ensemble des EPI imposés par la législation (Riguelle, 2013). Aucune autre étude n'a été menée depuis lors en Belgique sur la question.

Le but principal de cette étude était d'observer, en conditions réelles, comment les motards (exclusivement les conducteurs de deux-roues de plus de 50 cc) sont équipés et d'ainsi définir la prévalence des principaux EPI : casque, blouson, pantalon, gants, bottes mais également le port de certains éléments fluorescents. Les résultats de cette étude fournissent un premier constat sur le taux d'équipement des motards et illustrent les enjeux futurs pour améliorer leur sécurité.

## 1. Méthodologie

### 1.1 Choix des catégories de moto observées

En se basant sur la classification établie par l'OCDE (2001), les motocyclettes observées ont été réparties en trois catégories, sur base de critères morphologiques facilement identifiables. Cela permet de distinguer les scooters, les choppers et les « autres motos » (terme générique regroupant les autres types de motocyclettes comme les roadsters, les routières, les sportives, etc.). La raison de cette distinction est que les conducteurs de ces trois types de deux-roues sont susceptibles de présenter des profils différents en matière de mobilité et de sensibilité à la sécurité, et en conséquence, une utilisation différente des EPI.

[2] Article 36 de l'arrêté royal du 1er décembre 1975 portant règlement général sur la police de la circulation routière et de l'usage de la voie publique.

| | <br>**Scooter** | <br>**Chopper** | <br>**Autre moto** |
|---|---|---|---|
| | Scootériste | Biker | Motard |
| **Caractéristiques physiques** | Caractérisé par un repose-pied central.<br>Position de conduite où le conducteur place les jambes devant lui sans devoir enfourcher le véhicule. | Sans carénage, fourche allongée.<br>Position de conduite avec un guidon surélevé, une assise basse et reculée.<br>Marque emblématique : Harley-Davidson | Avec ou sans carénage.<br>Nom générique regroupant les autres types de motos.<br>Ex : roadsters, routières, sportives… |
| **Hypothèse d'utilisation** | Déplacement utilitaire et en milieu urbain.<br>Alternative à la voiture (embouteillages). | Plutôt loisir | Utilisation mixte (utilitaire et loisir) |
| **Hypothèse comportementaliste** | Choix du véhicule dans un but utilitaire.<br>Ne s'identifie pas comme un motard. | Appartenance à un groupe répondant à des codes précis.<br>Culture motard. | Appartenance à un groupe.<br>Culture motard. |

*Tableau 1 : Classification des motocyclettes en trois catégories distinctes*

## 1.2 Collecte et analyse des données

La collecte de données a été réalisée du 27 juin au 4 juillet et du 1er au 15 septembre 2018. Ces périodes combinent un trafic de deux-roues motorisés élevé et des conditions climatiques favorables pour faciliter les observations. Des enquêteurs ont été placés le long des routes, sur 98 sites différents pour un total de 145 sessions de trois heures (dont 28 % par temps chaud avec une température supérieure ou égale à 25 °C). Des sites avec un trafic de deux-roues significatif et dans des endroits sécurisés pour les enquêteurs (présence d'un trottoir) ont été choisis. En outre, compte tenu des difficultés liées à la collecte des données sur des véhicules en mouvement et la quantité d'informations à encoder, des endroits où la vitesse de circulation est faible (moins de 50 km/h) et permettant l'observation ont été privilégiés. Une majorité de sites ont donc été sélectionnés en ronds-points car ils induisent souvent des vitesses faibles et une bonne visibilité pour les enquêteurs. Il a été choisi de travailler exclusivement en milieu urbain dans les quatre provinces wallonnes (en ciblant les quatre principales agglomérations en termes de population[3] : Charleroi, Liège, Mons et Namur). Pour chaque ville choisie, les sites ont été sélectionnés aléatoirement parmi ceux répondant aux différents critères listés ci-dessus.

Le formulaire d'encodage, la qualité et la quantité des informations collectées ont été évalués lors d'un pré-test sur différents sites. Cela a permis de simplifier ou réduire certaines modalités trop compliquées à identifier et de mettre l'accent sur certains aspects lors de la formation des enquêteurs notamment l'identification des EPI, la reconnaissance des types de motos, etc. Le codage des enquêteurs a été évalué en conditions réelles, lors de la formation, par un double codage indépendant. L'analyse conjointe des erreurs a permis d'améliorer la qualité du processus de collecte. Les enquêteurs ont également fait l'objet d'un suivi durant toute la phase de terrain.

[3] Ces quatre villes concentrent à elles seules 17 % de la population wallonne en nombre d'habitants.

Par ailleurs, la faible fréquence des passagers sur les deux-roues motorisés (moins de 3 % des observations lors du pré-test) a conforté le choix de focaliser l'attention des enquêteurs exclusivement sur les conducteurs et leurs équipements.

De nombreuses variables ont été recueillies lors des observations, liées aux éléments suivants :

- au conducteur ou à sa moto :
  - sexe du conducteur : homme/femme[4] ;
  - type de moto : scooter/chopper/autre moto.
- aux conditions de circulation :
  - jour de la semaine : semaine/week-end ;
  - horaire : heure creuse (12 h 00-15 h 00)/heure de pointe (15 h 30-18 h 30) ;
  - conditions météo : temps sec/pluie ;
  - températures : tempérées (18-24 °C)/chaudes (25 °C et plus).
- aux EPI :
  - type de casque : pas de casque ou non attaché/intégral ou modulable avec mentonnière abaissée/modulable avec mentonnière relevée/jet ;
  - type de blouson : pas de blouson/blouson non moto/blouson moto ;
  - type de pantalon : jambes non couvertes/pantalon non moto/pantalon moto ;
  - port de gants : oui/non (sans distinction gants « moto » - gants « non moto » car trop compliqué à distinguer avec un véhicule en mouvement) ;
  - type de chaussures : basses ou ouvertes/montantes non moto/moto ;
  - port d'un élément fluorescent[5] : casque/gilet-veste/autre équipement.

Pour chaque variable, en cas de doute ou de défaut d'observation, l'observateur devait préciser que l'information était « inconnue ».

L'échantillon final est constitué de 6131 motards (67 % de motos, 25 % de scooters et 8 % de choppers) pour lesquels les EPI ont pu être observés en conditions réelles d'utilisation. Le Tableau 2 illustre la distribution de l'échantillon en fonction du type de motocyclette et selon différents paramètres en lien avec leur utilisation. La distribution de l'échantillon par moments de la semaine révèle un usage plus utilitaire des scooters (78 % en semaine) et plus « loisir » des choppers (36 % le week-end et 32 % par temps chaud). Les motos semblent plus liées à un usage mixte. De plus, il y a

---

4 De nombreux indices permettent de définir le sexe du conducteur malgré le casque comme la morphologie-carrure, la coupe et la couleur des vêtements, etc.

5 Le fluorescent est visible de jour contrairement au rétro-réfléchissant qui est non détectable en conditions diurnes.

significativement plus de femmes qui conduisent des scooters que d'autres types de moto (6 % contre 2-3 % pour les autres types, p <0,00001).

| Type de moto | Sexe du conducteur | | Conditions météo | | Températures | | Moment semaine | |
|---|---|---|---|---|---|---|---|---|
| | Homme | Femme | Sèches | Pluvieuses | Tempéré (18-24° C) | Chaud (>25° C) | Semaine | Week-end |
| Scooter | 94 % | 6 % | 96 % | 4 % | 74 % | 26 % | 78 % | 22 % |
| Chopper | 97 % | 3 % | 94 % | 6 % | 68 % | 32 % | 64 % | 36 % |
| Autre moto | 98 % | 2 % | 95 % | 5 % | 73 % | 27 % | 70 % | 30 % |
| Global | 97 % | 3 % | 95 % | 5 % | 73 % | 27 % | 72 % | 28 % |

Pour chaque variable, pourcentages en ligne (Source : AWSR)

*Tableau 2 : Distribution de l'échantillon en fonction du type de motocyclette selon différents paramètres en lien avec leur utilisation (n = 6131)*

Les analyses ont été effectuées avec le logiciel Intercooled Stata, version 14. Tous les tests de significativité reposent sur le test ajusté de Wald avec un intervalle de confiance à 95 % (p <0,05).

## 2. Résultats

### 2.1 Prévalence détaillée pour les différents équipements de protection individuelle

Cette recherche a permis d'affiner les connaissances sur les équipements portés par les utilisateurs de chaque type de motocyclette (Tableau 3). Globalement, les scootéristes sont significativement moins bien équipés que les autres motocyclistes. Les hypothèses comportementales associées à un type d'usage de la moto (usage utilitaire des scooters) ou à l'appartenance à un groupe avec des codes notamment vestimentaires (bikers) conditionnent significativement le choix et l'utilisation de certains EPI. Ainsi, il ressort que :

- Le taux de port du casque est proche des 99 %. Il existe des différences significatives en ce qui concerne les types de casque portés selon les catégories de motocyclettes. Ainsi, le casque intégral (ou modulable avec mentonnière fermée) est porté par 80 % des motards, 44 % des scootéristes et 31 % des bikers. Le casque jet est plébiscité par les bikers (62 %) contre 43 % des scootéristes et 10 % des motards.
- Les utilisateurs des trois types de motocyclettes portent le blouson à des fréquences significativement différentes. Le blouson moto est utilisé par 73 % des motards contre 46 % des bikers et 20 % des scootéristes. Par ailleurs, 20 % des scootéristes ne portent pas de blouson (manches courtes) contre 3 à 7 % pour les autres types de motos.
- Le port du pantalon moto diffère également significativement entre les catégories de motocyclettes. Le pantalon moto est porté par 33 % des motards contre 12 % des bikers et uniquement 2 % des scootéristes.

Cinq pour cent des scootéristes ont été observés jambes nues (bermuda/short/jupe) contre 0,4 % pour les autres catégories.

- Les bottes moto sont significativement plus portées par les motards (41 %) que les bikers (16 %) et ne sont portées que par seulement 3 % des scootéristes. Quatre-vingt deux pour cent des scootéristes ne sont pas équipés de chaussures couvrant les chevilles (basses ou ouvertes) contre 25-27 % pour les autres catégories de motocyclistes.
- Les motards sont significativement plus nombreux que les autres à porter des gants (95 %) contre 86 % des bikers et 57 % des scootéristes.
- Les motards sont significativement plus nombreux que les autres à arborer au moins un élément fluorescent pour accroître leur visibilité (21 %) contre 13 % des scootéristes et 4 % des bikers. Les éléments fluorescents les plus portés sont le casque (avec 12 % pour les motards, 7 % pour les scootéristes et 2 % pour les bikers) suivi par le gilet.

| | Type de casque** | | | Type de blouson*** | | | Type de pantalon*** | | |
|---|---|---|---|---|---|---|---|---|---|
| | Avec mentonnière abaissée | Avec mentonnière relevée | Jet | Moto | Pas moto | Pas de blouson | Moto | Pas moto | Jambes à nu |
| Autre moto | 80 % | 10 % | 10 % | 73 % | 24 % | 3 % | 33 % | 66 % | 0 % |
| Scooter | 44 % | 13 % | 43 % | 20 % | 61 % | 20 % | 2 % | 93 % | 5 % |
| Chopper | 31 % | 7 % | 62 % | 46 % | 47 % | 7 % | 12 % | 88% | 0 % |

| | Type de chaussures*** | | | Port de gants *** | Port d'un accessoire fluorescent*** | | | |
|---|---|---|---|---|---|---|---|---|
| | Moto | Montantes | Basses ou ouvertes | | Au moins un | Casque | Gilet | Autre accessoire |
| Autre moto | 41 % | 34 % | 25 % | 95 % | 21 % | 12 % | 11 % | 3 % |
| Scooter | 3 % | 16 % | 81% | 57 % | 13 % | 7 % | 7 % | 1 % |
| Chopper | 16 % | 57 % | 27% | 86 % | 4 % | 2 % | 2 % | 1 % |

Différences significatives : * $p < 0,05$ ** $p < 0,01$ *** $p < 0,00001$ (Source : AWSR)

*Tableau 3 : Distribution des conducteurs en fonction de l'équipement porté et du type de moto utilisé (n = 6131)*

Les données recueillies ont également mis en lumière l'impact négatif de certaines variables prédictives comme : un temps sec, de fortes températures, un trajet en semaine en heure de pointe sur le taux de port des EPI.

## 2.2 Prévalence des conducteurs en conformité avec la législation

Un motocycliste est considéré en conformité avec la législation belge si sa tenue correspond aux critères requis par le code de la route à savoir porter un casque, un blouson, des gants, un pantalon et des chaussures couvrant les chevilles. La législation ne faisant nullement mention de critères qualitatifs spécifiques autres que pour le casque (vêtements et chaussures), tous les blousons, gants, pantalon et chaussures montantes sont reconnus comme conformes qu'ils soient certifiés et/ou homologués « moto » ou non.

Les motards sont significativement plus nombreux à être en conformité avec la législation belge concernant le port des EPI (72 % contre 65 % pour les bikers et 15 % pour les scootéristes). Le Tableau 4 reprend la prévalence des conducteurs respectant la législation en fonction de différents facteurs l'impactant significativement.

| Type de moto | Global *** | Sexe du conducteur | | Conditions météo | | Températures | | Moment semaine | |
|---|---|---|---|---|---|---|---|---|---|
| | | Hommes | Femmes | Normales | Pluvieuses | Tempéré (18-24° C) | Chaud (>25° C) | Semaine | Week-end |
| Autre moto | 72 % | 72 % | 68 % | 72 % | 72 % | 72 % | 73 % | 70 %*** | 77 %*** |
| Scooter | 15 % | 15 % | 14 % | 15 % | 18 % | 16 % | 14 % | 15 % | 15 % |
| Chopper | 65 % | 65 % | 71 % | 64 %* | 81 %* | 70 %** | 53 %** | 60 %** | 74 %** |

Différences significatives : * p <0,05 ** p <0,01 *** p <0,00001 (Source : AWSR)

*Tableau 4 : Prévalence des conducteurs en conformité avec la législation belge concernant le port des EPI (n = 6131)*

## 2.3 Prévalence des motards présentant un niveau de protection élevé

Un motocycliste est considéré comme présentant une protection élevée en cas de chute ou de collision si l'ensemble des EPI observés permettent d'en minimiser les conséquences. Selon cette définition, il doit être équipé d'un casque intégral ou modulable avec la mentonnière abaissée garantissant la meilleure protection de la tête et du visage, d'un blouson, gants, pantalon et bottes spécialement conçus pour la moto.

Les motards sont significativement plus nombreux à avoir un taux d'équipement assurant une protection élevée (25 % contre 7 % pour les bikers et seulement 1 % pour les scootéristes). Le Tableau 5 reprend la prévalence des conducteurs présentant un niveau de protection élevé en fonction de différents facteurs l'impactant significativement.

| Type de moto | Global ** | Sexe du conducteur | | Conditions météo | | Températures | | Moment semaine | |
|---|---|---|---|---|---|---|---|---|---|
| | | Hommes | Femmes | Normales | Pluvieuses | Tempéré (18-24 °C) | Chaud (>25 °C) | Semaine | Week-end |
| Autre moto | 25 % | 25 % | 19 % | 24 %* | 34 %* | 23 %* | 29 %* | 23 %* | 29 %* |
| Scooter | 1 % | 1 % | 1 % | 1 % | 5 % | 1 % | 1 % | 1 % | 1 % |
| Chopper | 7 % | 7 % | 0 % | 5 %* | 30 %* | 8 %* | 3 %* | 7 % | 5 % |

Différences significatives : * p <0,01 ** p <0,00001 (Source : AWSR)

*Tableau 5 : Prévalence des conducteurs présentant un niveau de protection élevé (n = 6130)*

L'analyse a été poussée plus loin en jugeant qu'un motocycliste présente un niveau renforcé de protection et de visibilité si celui-ci répond aux critères définissant le fort degré de protection, auquel s'ajoute le port d'au moins un élément fluorescent (casque, gilet ou autre accessoire), augmentant significativement sa détectabilité en conditions diurnes par les autres usagers de la route.

Seuls 4 % des motocyclistes sont équipés d'EPI présentant un niveau de protection élevé et portent au moins un élément fluorescent. Une fois de plus, les motards sont significativement plus nombreux à répondre à ces critères (6 %) contre 0,7 % des bikers et 0,3 % des scootéristes. Aucune différence statistique n'a pu être établie en fonction du sexe du motard ou des conditions de circulation.

## 3. Discussion

La volonté de privilégier des sites présentant un trafic moto important et la complexité d'identification et d'encodage de certains EPI quand les motos roulent à haute vitesse n'ont pas permis d'observer les EPI de manière exhaustive. Ainsi, le trafic urbain a été ciblé, au moment de l'année où la présence des deux-roues sur les routes est la plus élevée. Les observations se sont en outre effectuées par conditions météo clémentes. Ces paramètres de mesure ont eu un rôle non négligeable dans les prévalences constatées, notamment concernant le non-port de blouson, de gants, de pantalon ou de chaussures montantes et un taux relativement élevé de tenues légères (tee-shirts/chemisettes, bermudas/jupes, chaussures basses ou ouvertes). Le choix d'observations en milieu urbain peut constituer un biais de sélection avec une éventuelle surreprésentation des motards effectuant de courts trajets ou de ceux ayant un usage « utilitaire » de la moto (par opposition à une conduite loisir).

Sur le plan méthodologique, parmi les protocoles possibles, deux ont été étudiés et évalués lors d'une phase de pré-tests pour la collecte des données : le recours à un observateur ou l'analyse sur base de photos. Compte tenu des objectifs, des moyens alloués (temps et budget) et des résultats attendus, l'analyse de photos est apparue comme moins adaptée.

Certains EPI comme les gants n'ont pas fait l'objet d'une distinction entre des gants moto et des gants classiques. D'autres EPI n'ont pas pu être observés car souvent quasi indétectables ou difficilement observables (protection dorsale ou pectorale, airbag moto, éléments rétro-réfléchissants observables que de nuit), tandis que d'autres ont probablement été sous-estimés. Il s'agit de tous les équipements moto dont le design tend à les rendre plus discrets et à les confondre avec des tenues jugées « non moto » (exemples : certains blousons, jeans avec renfort kevlar, certaines chaussures/bottes, etc.). La prévalence globale des EPI a donc probablement été sous-estimée.

Enfin, d'autres données potentiellement déterminantes concernant les motocyclistes et leur choix d'équipement n'ont pas pu être collectées et donc évaluées comme leur âge, leur niveau socio-professionnel, le motif et la longueur de leur trajet, leur perception du risque de blessures et leurs connaissances du faible degré de protection apporté par les habits du quotidien. L'aspect financier lié à l'acquisition de tels équipements, les difficultés rencontrées pour le stockage des EPI, les antécédents de chutes ou d'accidents sont d'autres éléments susceptibles d'influencer le port des EPI qui n'ont pu être évalués.

## Conclusion

En Wallonie, comme ailleurs, les motocyclistes constituent un groupe d'usagers particulièrement vulnérables en termes de risque d'accident et de gravité des accidents. Il est donc nécessaire d'en savoir plus sur eux afin d'accroître leur sécurité. Grâce à la taille importante de son échantillon et à sa méthodologie de récolte de données rigoureuse, cette étude apporte d'importants éléments de connaissance sur le port des EPI. À travers des indicateurs synthétiques de protection et de visibilité, elle informe tout d'abord sur la prévalence du port des équipements de protection individuelle en région wallonne. Elle met aussi en lumière l'existence de différences comportementales en fonction du type de motocyclette utilisée.

Cette recherche apporte donc de nouvelles pistes pour mieux définir les prochaines actions visant à améliorer le taux de port et la qualité des EPI pour les motocyclistes :

- La très faible prévalence des vêtements conçus pour la pratique de la moto constitue un véritable enjeu dans la prévention des blessures. Il est essentiel d'informer et sensibiliser les motocyclistes sur l'intérêt de porter un équipement homologué pour l'usage de la moto même si ceux-ci ne sont pas obligatoires. De plus, les résultats attestent de la nécessité d'adapter la manière de communiquer en fonction de groupes cibles spécifiques, avec une attention toute particulière pour les scootéristes.
- Le renfort du niveau de protection actuel des motocyclistes pourrait également passer par une révision de la loi belge actuelle sur les équipements moto afin de la rendre plus contraignante, notamment en fixant une norme qualitative (norme CE liée à la directive européenne 89/686/CEE).
- Dans une approche intégrée, les actions menées pourraient être combinées, en collaboration avec les autorités compétentes, à une politique de contrôle et de sanction effective, ce qui permettrait d'augmenter le risque subjectif d'être contrôlé, de s'assurer du bon respect de la législation en vigueur et de modifier les comportements.
- Enfin, de futures recherches permettront d'approfondir les connaissances pour mieux appréhender les motivations et les freins qui incitent les conducteurs de motocyclettes à s'équiper ou non. Il serait également intéressant d'étudier par d'autres méthodes la nature exacte des EPI portés, afin de connaître l'utilisation exacte de vêtements renforcés pour la moto ou d'autres EPI difficilement observables en bord de route (comme, par exemple, les airbags moto ou les protections dorsales).

Toutefois, gardons à l'esprit que le lourd tribut payé par les motocyclistes sur les routes n'est pas uniquement imputable à leur équipement, qui n'est là que pour modérer les conséquences des accidents. Il est capital de poursuivre les travaux sur les mécanismes accidentels et les facteurs aggravants pour influencer les comportements et améliorer les infrastructures et les véhicules.

## Références


1. De Rome, L., Stanford, G., Wood, B. (2003). *Motorcycle protective clothing.* In: Proceedings of the Road Safety Research, Policing and Education Conference, 24-26 September 2003, Sydney. p. 24-26.
2. De Rome, L., Ivers, R., Fitzharris, M., Haworth, N., Heritier S., Richardson, D. (2012). *Effectiveness of motorcycle protective clothing: Riders' health outcomes in the six months following a crash.* Injury, 2012, 43(12), p. 2035-2045.
3. Guyot, R. (2012). *Équipements de protection individuelle des utilisateurs de deux-roues motorisés.* Rapport au ministre de l'Intérieur. Groupe de travail du Préfet R. Guyot.
4. Liu, B. C., Ivers, R., Norton, R., Boufous, S. et al. (2008). *Helmets for preventing injury in motorcycle riders.* In: Cochrane Database of Systematic Reviews 2008.
5. OCDE (2001). *International Coordinating Committee of the Expert Group for Motorcycle Accident Investigations.*
6. Riguelle, F., Roynard, M. (2013). *Mesure de comportement équipements individuels de protection motards en Région de Bruxelles-Capitale.* Bruxelles, Belgique : Institut Belge pour la Sécurité Routière.
7. Wu, D. (2018). *Quantification des causes des accidents de deux / trois-roues motorisés et de leurs conséquences corporelles (approche épidémiologique)*, Santé, université de Lyon.

# PARTIE 3 :
# VITESSE, DYNAMIQUE ET INFRASTRUCTURE

# Vitesses pratiquées par les conducteurs de deux-roues motorisé en conduite naturelle

Vincent Ledoux[1], Michèle Guilbot[2], Thierry Serre[2], Bernard Rongione[1], Éric Violette[1]

[1] Cerema
[2] TS2-LMA, Univ Gustave Eiffel, IFSTTAR

## Introduction

La gestion et la maîtrise de la vitesse sont essentielles pour la sécurité routière. La vitesse constitue aussi un paramètre d'analyse de la sécurité routière en raison du lien statistique avéré entre vitesse pratiquée et accidentalité.

Jusqu'à ces dernières années, la détermination des vitesses pratiquées par les conducteurs provenait majoritairement de mesures effectuées avec des dispositifs bord de voie tel qu'une station de recueil de donnée de trafic ou un analyseur de trafic. Bien que présentant de nombreux avantages (connaissance précise et sans équivoque du positionnement du point de mesure, prise en compte quasi-exhaustive de l'ensemble des véhicules circulant en un point..., cette technique de recueil présente l'inconvénient majeur d'être spatialement très localisée.

Les évolutions technologiques récentes dans le domaine de l'électronique permettent de disposer désormais de dispositifs d'enregistrements embarqués rendant possible, à faible de coût, le recueil en continu de la vitesse de déplacement des véhicules associée à leurs positions GPS. Disposer, en continu, de la vitesse géoréférencée permet notamment de lier finement la vitesse pratiquée et les caractéristiques de l'infrastructure routière et laisse entrevoir la possibilité de mettre en œuvre de nouvelles analyses jusqu'alors difficilement réalisables.

Dans le cadre du projet DYMOA (Diagnostic d'infrastructures et dynamiques du véhicule pour les motos et les autos), nous avons investigué l'intérêt de mettre en œuvre un observatoire des vitesses à partir des données recueillies par des enregistreurs embarqués sur une flotte de deux-roues motorisés (2RM) et de voitures (4RM) appartenant à des particuliers volontaires pour participer à l'expérimentation. Il s'agissait d'en étudier la faisabilité juridique et technique et de commencer à réfléchir à la définition d'indicateurs pertinents.

Cet article décrit la méthodologie de recueil utilisé et présente à titre illustratif quelques résultats sur une partie des données collectées dans le cadre du projet.

# 1. Méthodologie

## 1.1 Le projet DYMOA

Financé par la Fondation sécurité routière, le projet DYMOA (2014-2017) associait l'IFSTTAR, le Cerema et l'assurance mutuelle des motards. Il ambitionnait de développer de nouvelles connaissance sur l'utilisation des 2RM en se focalisant notamment sur leurs interactions avec l'infrastructure et leurs sollicitations dynamiques au regard de leur capacité dynamique.

DYMOA est basé sur l'instrumentation d'une flotte d'une trentaine de véhicules de particuliers (26 2RM et six VL) à l'aide d'Enregistreurs de Données d'Événements de la route de types smartphones développés par l'IFSTTAR et dénommés EMMAphones. Ces véhicules circulaient majoritairement sur trois zones géographiques situées dans les trois départements de la Seine-Maritime, des Bouches-du-Rhône et de l'Hérault.

## 1.2 Le recueil des vitesses

Les EMMAphones utilisés dans le projet ont été conçus de manière à enregistrer les vitesses pratiquées par les conducteurs de 2RM à une fréquence de 1 Hz. En pratique, la vitesse provient du GPS interne des EMMAphones. Elle commence à être enregistrée une trentaine de secondes après la mise sous contact du 2RM. Ensuite, toutes les secondes, jusqu'à ce que le contact soit coupé, l'EMMAphone stocke les informations suivantes :

- la position du véhicule : latitude, longitude, altitude ;
- la vitesse GPS : vitesse brute délivrée par le GPS.

Le fichier de stockage comprend également des informations permettant de connaître le type de jour (week-end ou semaine), la plage horaire d'enregistrement (exemple de 17 h 00 à 20 h00), les conditions de luminosité (jour/nuit) et la catégorie de véhicule (2RM/4RM).

Les données sont alors transmises via GSM, de manière sécurisée et cryptée, vers un serveur hébergé par l'IFSTTAR. Elles sont effacées du boîtier dès qu'elles ont été transmises sur le serveur de l'IFSTTAR. Il est important de préciser qu'aucun identifiant boîtier, véhicule ou conducteur n'est associé à ces données comme le stipulent les engagements pris vis-à-vis de la Commission nationale de l'informatique et de libertés (CNIL).

En effet, le projet comporte un recueil et un traitement de données dont certaines constituent des données personnelles à l'égard des conducteurs impliqués dans les expérimentations. Il a donc été réalisé en conformité avec les dispositions juridiques imposant le respect de ces données et de leur vie privée. En outre, la combinaison de données de géolocalisation avec les vitesses pratiquées est susceptible de révéler des infractions pénales. Bien que cette caractéristique ne soit pas traitée en tant que telle (infraction) par les membres du projet, elle imposait d'obtenir l'autorisation de la CNIL (loi du 6 janvier 1978 modifiée, art. 9 dans la version en vigueur à l'époque). La CNIL en a autorisé le recueil sous certaines conditions parmi lesquelles la non-association de données de vitesse à un quelconque identifiant ou pseudo-identifiant boîtier, véhicule ou conducteur. Il faudra pour l'avenir se reporter à l'article 8 de la loi du 6 janvier 1978 modifiée en 2018 et à l'article 10 du Règlement général de protection des données personnelles (RGPD) de l'Union européenne pour réaliser ce type de collecte, après une étude d'impact sur les données et sur la vie privée des volontaires impliqués, et inscription au registre du Délégué à la protection des données (DPO) du responsable de traitement.

### 1.3 Données recueillies et utilisées

Sur l'ensemble de la période de recueil (18 mois), le projet a permis de recueillir près de 6000 parcours et plus de six millions de points de mesures de vitesse. Le présent article s'appuie sur un échantillon de cet ensemble de données. Il se focalise sur les vitesses géolocalisées générées par les seuls conducteurs de 2RM du département de Seine-Maritime entre juillet 2016 (début du recueil) et juin 2017. Cet échantillon comprend 412 parcours totalisant 512 286 points de mesure vitesse représentant 9000 km parcourus en 142 heures par neuf conducteurs volontaires.

### 1.4 Map-matching et enrichissement de données

Afin de procéder à des analyses s'appuyant sur une meilleure contextualisation des vitesses pratiquées par les volontaires, nous avons souhaité enrichir les données issues de la chaîne d'informations portant sur l'infrastructure routière et l'exploitation des réseaux. Plus spécifiquement, la vitesse maximale autorisée (VMA) que devait respecter les motards a été rajoutée. Ces informations complémentaires sont obtenues en rapprochant les vitesses enregistrées lors des parcours effectués par les véhicules équipés avec des données géographiques externes par le rattachement des traces GPS sur des éléments de réseau routier.

Les renseignements relatifs à l'infrastructure routière proviennent des informations liées aux tronçons de la BD Topo® ayant été empruntés par les véhicules et récupérés par une opération de mapmatching.

En l'absence de bases de données existantes, la détermination de la VMA s'est révélée nettement plus fastidieuse. Au final, elle s'est opérée en procédant à une recherche « manuelle » des VMA à l'aide de Google Street

View®. Ainsi en tenant compte des règles du code de la route et de la signalisation routière (panneau de limitation de vitesse) détectée sur les images, une VMA a été affectée à chaque mesure de vitesse selon les modalités décrites dans le Tableau 1.

| Codage VMA | Description |
|---|---|
| **-3** | impossibilité de déterminer la VMA principalement en raison de l'absence d'images Google Street View sur les routes considérées ou de la présence de travaux sur la voirie accompagnés d'une VMA temporaire. |
| **-2** | pour les ronds-points et ses alentours proches (sélection d'un cercle de rayon choisie manuellement pour englober les ronds-points et les quelques mètres qui en précèdent l'entrée et la sortie. |
| **-1** | dans les cas où les VMA ne « s'appliquent » pas (voies non ouvertes à la circulation publique) ou ont peu de sens (parking, barrière de péage…) ou stationnement (le contact de la moto étant en fonctionnement). |
| **XXX** | Dans le cas où la VMA a été déterminée. XXX représentant la VMA en vigueur exprimée en km/h : 5, 30, 45, 50, 70, 90, 110, 130. |

*Tableau 1 : Description du codage de la VMA*

Comme attendu, cette démarche s'est révélée extrêmement chronophage. De surcroît, elle s'est heurtée à de nombreuses difficultés telles que :

- Il est possible que les gestionnaires aient opéré à des changements de limitation de vitesse entre le moment où les prises de vue ont été effectuées et le moment où les véhicules ont circulé sur les tronçons. Inversement et de manière moins fréquente, certaines images sont très récentes et leur prise de vue potentiellement postérieure à la date d'acquisition des données vitesse.
- Enfin il est parfois extrêmement compliqué de savoir quelle est la VMA qui s'applique au niveau de chaque point dans certaines situations parmi lesquelles :
  - Absence (ou non détection par le codeur) de certains panneaux (panneau de fin de zone 30 ou de fin d'agglomération par exemple) ;
  - Nécessité d'interpréter le code de la route (quand finit précisément la prescription d'une VMA ponctuelle associée par exemple au signalement d'un virage ?) ;
  - Problème de cohérence du signalement des VMA notamment au niveau des intersections (prescription de limitation de vitesse non rappelée en fin d'intersection par exemple).

L'ensemble de ces éléments conduit donc à considérer avec précaution les VMA qui ont été relevées.

La Figure 1 propose une visualisation de la localisation des points retenus dans l'analyse ainsi qu'une représentation des VMA de 30, 50, 70, 90, 110 et 130 km/h sur une zone centrée sur Rouen.

Comme l'indique la Figure 2, près de 82 % des points de mesures ont été rattachés à une VMA comprise entre 5 et 130 km/h. La notion de VMA n'était pas pertinente dans 14 % des cas et inconnue dans un peu plus de 1 % des situations.

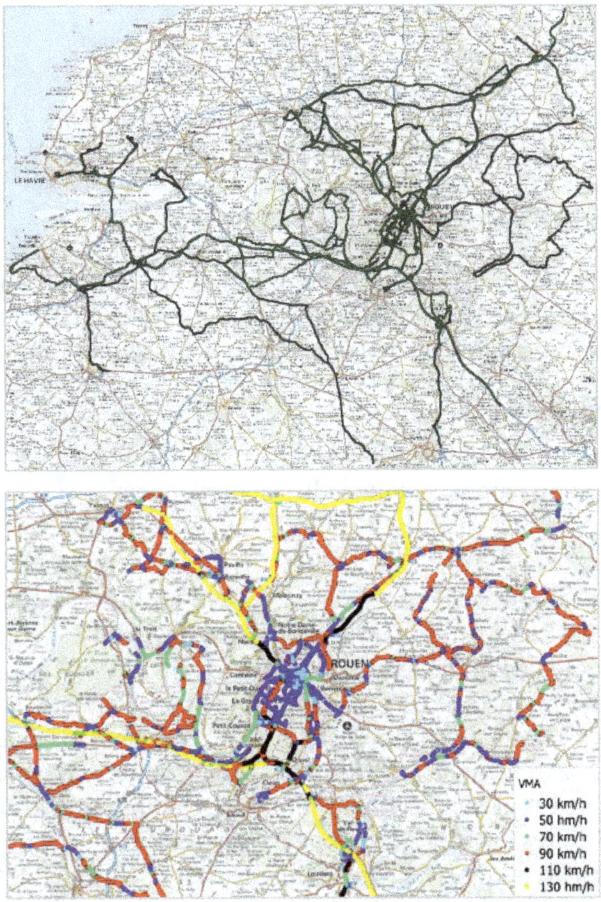


*Figure 1 : Représentation cartographique des parcours effectués par les conducteurs (gauche) et des VMA relevées (droite)*

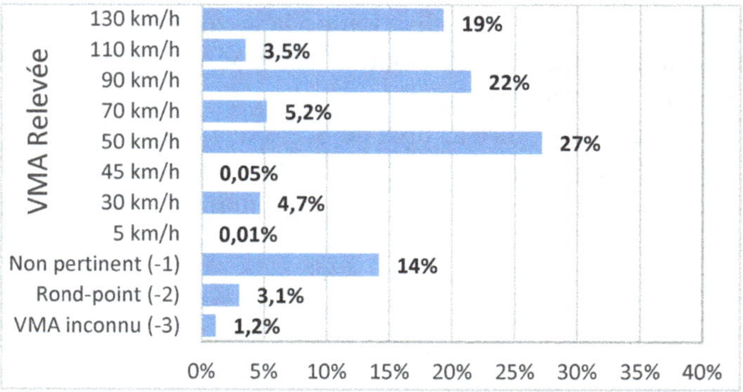


*Figure 2 : Pourcentage de points de mesures par modalité de codage de la VMA*

# 2. Exploitation des données et résultats

Nous présentons ici à titre illustratif quelques exemples d'exploitations des données à partir d'une part d'une analyse globale (section 2.1) et d'autre part d'une analyse statistique portant sur les parcours (section 2.2).

## 2.1 Analyse globale

Dans cette section, les mesures de vitesses sont traitées dans leur globalité sans distinction du parcours auquel elles appartiennent.

*Vitesse moyenne et excès de vitesse*

Comme le montre la Figure 3, les vitesses moyennes pratiquées par les conducteurs de 2RM se situent en dessous des VMA autorisées. Si en moyenne les vitesses pratiquées sont inférieures à la VMA, ces conducteurs passent néanmoins près de 31 % de leur temps de trajet (en incluant les périodes où les 2RM sont à l'arrêt) et 48 % des distances qu'ils parcourent en situation de dépassement de la VMA (Figure 3). La proportion de temps passé en dépassement est particulièrement importante pour les VMA de 70, 110 et 130 km/h avec près de 50 % du temps en dépassement de VMA. La part de distance ainsi parcourue est prégnante pour ces VMA mais également pour celles de 30 et 50 km/h. Enfin la VMA de 90 km/h est celle qui apparaît la mieux respectée tant en termes de temps passé que de distance parcourue.

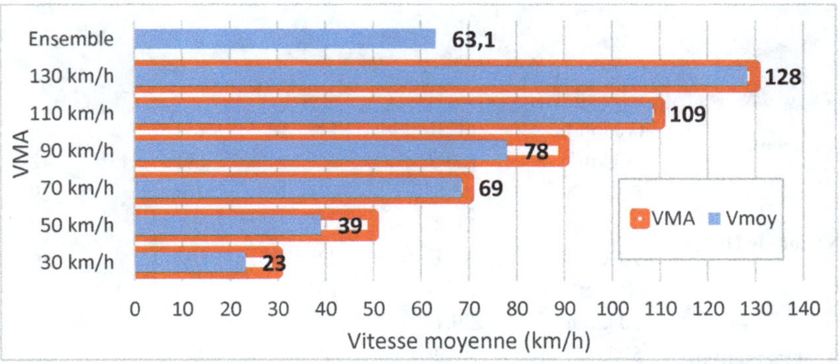


*Figure 3 : Vitesse moyenne pratiquée par les conducteurs de 2RM sur la région rouennaise selon la VMA*

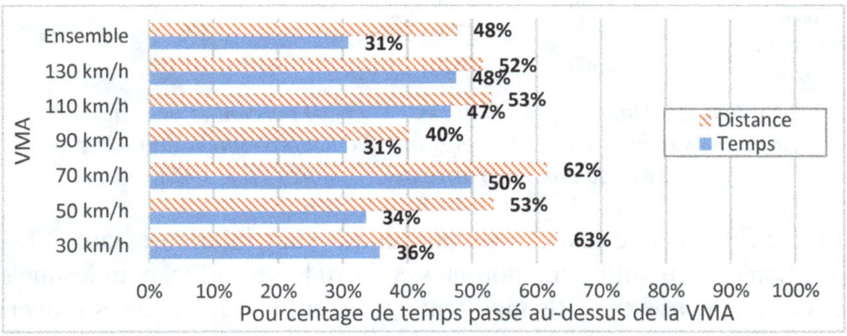


*Figure 4 : Pourcentage de temps passé (bleu) et de distance parcourue (rose) au-dessus de la VMA*

Grâce à l'enrichissement cartographique présenté en section 1.4, il est possible d'affiner ces résultats en intégrant la catégorie administrative des réseaux empruntés (Tableau 2).

| Type de réseau | VMA | Vmoy (km/h) | V50 (km/h) | V85 (km/h) | Taux de non - respect de la VMA (% de temps) |
|---|---|---|---|---|---|
| **Autoroute** | 110 km/h | 112,1 | 112 | 134 | 56 |
| | 130 km/h | 128,8 | 129 | 141 | 42 |
| **Nationale (RN)** | 50 km/h | 35,0 | 39 | 59 | 29 |
| | 70 km/h | 70,8 | 75 | 92 | 59 |
| | 90 km/h | 87,1 | 89 | 102 | 46 |
| | 110 km/h | 105,8 | 106 | 115 | 30 |
| **Départementale (RD)** | 30 km/h | 29,1 | 30 | 44 | 48 |
| | 50 km/h | 40,0 | 43 | 60 | 33 |
| | 70 km/h | 67,2 | 68 | 84 | 43 |
| | 90 km/h | 78,1 | 78 | 98 | 29 |
| **Autres (Voies communales...)** | 30 km/h | 21,8 | 22 | 39 | 29 |
| | 50 km/h | 37,5 | 36 | 58 | 26 |
| | 70 km/h | 67,1 | 67 | 87 | 39 |
| | 90 km/h | 55,9 | 54 | 80 | 5 |

*Tableau 2 : Moyenne, 50ᵉ (V50) et 85ᵉ (V85) percentile des vitesses pratiquées et proportion de temps passé en dépassement de VMA par catégorie administrative des réseaux et par VMA*

Ils confirment que les vitesses moyennes sont inférieures aux VMA à l'exception du 110 km/h sur autoroutes et du 70 km/h sur RN pour lesquels un léger dépassement existe. Ils montrent également que les vitesses moyennes sont significativement plus basses que la VMA :

- pour les routes Autres (Vmoy = 56 km/h) et les RD (Vmoy = 78km/h) limitées à 90 km/h (soit respectivement 34 et 12 km/h de moins que la limitation de vitesse) ;
- pour les sections limitées à 50 km/h sur RN (Vmoy = 35 km/h), RD (Vmoy = 40 km/h) et Autres à 50 km/h (Vmoy = 38 km/h).

Les taux de dépassements sont particulièrement importants sur RN pour les VMA de 90 km/h (46 %) et 70 km/h (59 %) par rapport aux RD (respectivement 29 % et 43 %) et Autres routes (respectivement 5 % et 39 %).

Ces résultats suggèrent que, globalement, pour une même VMA, les vitesses pratiquées et la proportion de temps passé en dépassement de VMA sont d'autant plus élevés que le réseau routier est structurant (selon la hiérarchie décroissante suivante : Autoroute, RN, RD puis Autres).

Par ailleurs, une analyse complémentaire indique que pour les VMA les moins élevées, une part non négligeable du temps passé par les 2RM se fait à des vitesses nulles ou très faibles. Ainsi environ 20 % du temps passé par les 2RM sur les routes Autres limitées à 30 km/h l'est à une vitesse nulle. Cette proportion s'élève à 10 % pour le même type de route limitée à 50 km/h.

*Temps gagné*

Le gain de temps est l'une des raisons généralement invoquées par les conducteurs pour ne pas respecter les limitations de vitesse (Rowland, 2017). Afin d'estimer les bénéfices du non-respect des VMA sur le temps de parcours, nous avons tenté d'estimer le temps gagné par notre échantillon de conducteurs de 2RM en dépassant les VMA (Tableau 3).

| VMA | Temps passé (en heure) | Temps gagné (en heure) | Temps gagné / Temps passé (%) |
|---|---|---|---|
| **30 km/h** | 6,7 | 0,9 | 13,0 % |
| **50 km/h** | 38,7 | 3,1 | 8,1 % |
| **70 km/h** | 7,5 | 0,8 | 10,4 % |
| **90 km/h** | 30,6 | 1,3 | 4,3 % |
| **110 km/h** | 5,0 | 0,3 | 5,6 % |
| **130 km/h** | 27,5 | 0,9 | 3,4 % |
| **Autre cas** | 26,3 | - | - |
| **Ensemble** | 142,3 | 7,3 | 5,1 % |

*Tableau 3 : Temps gagné par les conducteurs de 2RM par le fait de conduire en excès de vitesse*

Le croisement des données de la Figure 3 et du Tableau 3 permet de constater qu'ils circulent près de 31 % de leur temps de déplacement en dépassement de VMA, alors que le gain de temps qui en résulte est de seulement 5 % de leur temps de parcours.

## 2.2 Analyse par parcours

Dans les parties précédentes, les analyses ont porté sur la globalité des points vitesses. Les données peuvent également être étudiées à partir de l'exploitation des parcours individuels. Cette démarche permet d'avoir une vision plus désagrégée sur certains des indicateurs présentés précédemment mais également d'en explorer d'autres.

Un premier examen des parcours montre que certains d'entre eux se sont déroulés quasi exclusivement en des lieux pour lesquels aucun attribut codé de la VMA ne correspondait à une limitation de vitesse réglementaire. Ces parcours ont été retirés de notre analyse. Ils étaient notamment susceptibles de correspondre à des mises en route de la moto sur un espace privé.

Ensuite, nous avons fait le choix de ne conserver que les parcours qui se déroulaient dans leur intégralité sur la zone d'analyse géographique retenue.

Au final, la présente exploitation porte sur 396 parcours de 2RM : 368 en semaine et 28 en week-end ; 360 de jour et 36 de nuit. La Figure 5 illustre quelques exemples d'exploitation que ce type d'analyses permet de conduire.

Elles montrent, par exemple, que :

- seuls 3 % des parcours sont réalisés sans aucun dépassement de VMA mais que 6 % sont effectués en dépassant la VMA pendant 60 à 80 % du temps de trajet ;
- les dépassement de VMA sont de 11 km/h en moyenne et que la majorité des parcours se déroule avec des dépassements de vitesse moyens inférieurs à 10 km/h ;
- le gain de temps engendré par le dépassement des VMA est inférieur à 5 % pour 52 % des parcours,
- les conducteurs sont confrontés à de nombreux changements de VMA lors de leurs déplacements : en moyenne 27 changements de VMA par heure de conduite ou un changement de VMA tous les 600 m parcourus.

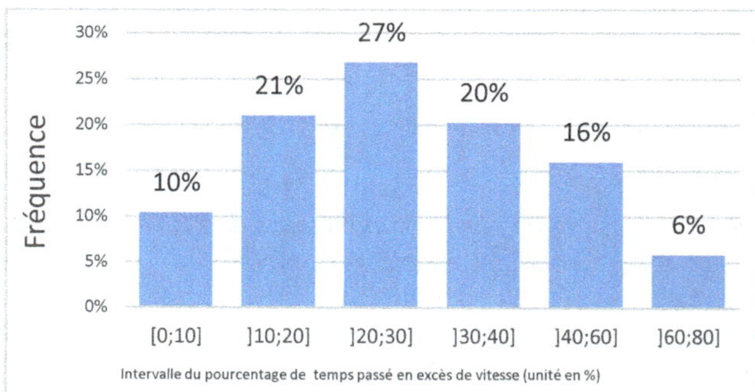


(a)

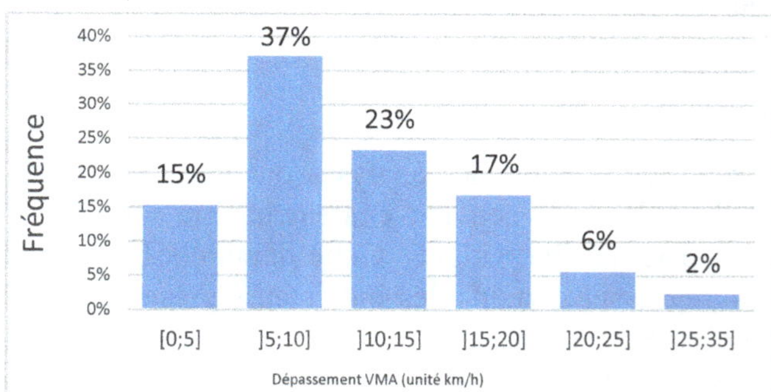


(b)

*Figure 5 : Distribution de la proportion de parcours passé en dépassement de VMA (a), du dépassement moyen au-delà de VMA (b), de la proportion de temps gagné (c) et du nombre de changement de changements de VMA rencontrés par les conducteurs lors de leurs parcours (d)*

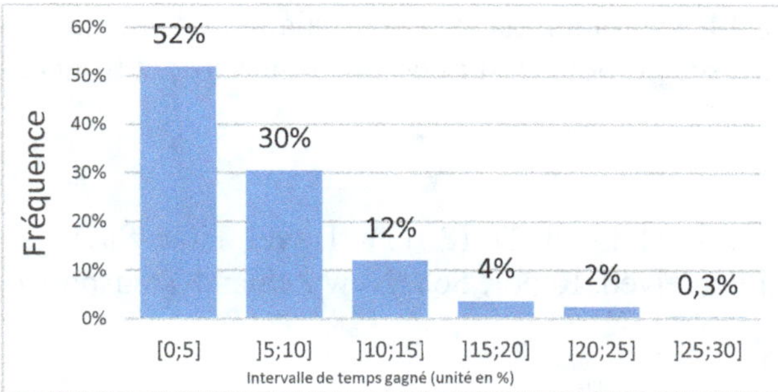


(c)

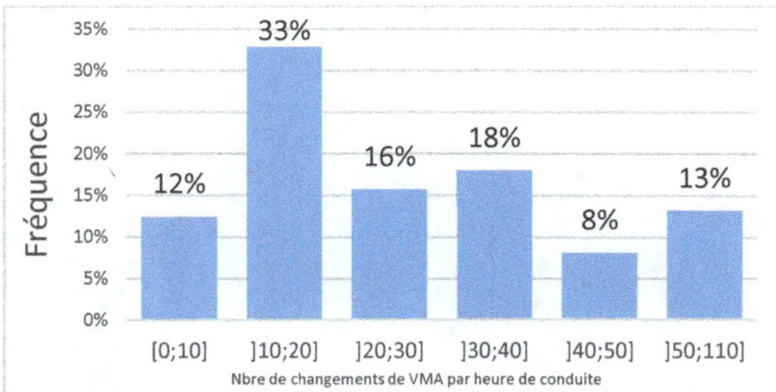


(d)

*Figure 5 (suite) : Distribution de la proportion de parcours passé en dépassement de VMA (a), du dépassement moyen au-delà de VMA (b), de la proportion de temps gagné (c) et du nombre de changement de changements de VMA rencontrés par les conducteurs lors de leurs parcours (d)*

## Conclusion

Cet article présente, à titre illustratif, quelques exemples d'exploitations de mesures de vitesses acquises à une résolution temporelle très fin (toutes les secondes) et traitées à un niveau d'agrégation assez élevé. Les résultats sont à prendre avec précaution compte tenu du faible nombre de parcours traités et d'éventuels problèmes de représentativité du panel de conducteurs.

Ces exploitations démontrent l'intérêt de disposer des VMA auxquelles étaient soumis les motards de 2RM mais que la détermination de ces VMA était actuellement fastidieuse. Cette difficulté devrait toutefois rapidement pouvoir être surmontée par la mise en place prochaine d'une base de données nationale des VMA sous l'égide de la Délégation à la sécurité routière (DSR).

Dans les prochains mois, dans le cadre du projet DYMOA+, il est prévu de raffiner nos procédures de mapmatching afin de pouvoir procéder à l'enrichissement cartographique (attributs de la BD Topo, VMA en provenance de la DSR, autres bases de données…) de l'ensemble des données collectées. Cela nous permettra de mettre en œuvre des analyses multifactorielles permettant de mieux appréhender la manière dont les caractéristiques de l'infrastructure influent sur le choix des vitesses adoptées par les motards et les automobilistes mais également de mener des études sur les profils de vitesses pratiquées sur certains itinéraires et tronçons routiers.

## Références

1. Rowland, T. & McLeod, D. (2017). Travel Time Savings and Speed: Actual and Perceived, Report 568, New Zealand Transport Authority.

# Campagne d'essai de freinage avec trois motocyclettes

Romain Vabre[1], Romane Cornen[2], Christophe Perrin[2], Pierre-Nicolas Borg[2], Jérémy Sinnaeve[1], Alain Rahovazafy[1], Thierry Serre[2]

[1] IRCGN (Institut de recherche criminelle de la gendarmerie nationale)
[2] TS2-LMA, Univ Gustave Eiffel, IFSTTAR

## Introduction

En France, les utilisateurs de deux-roues motorisés (2RM) sont surreprésentés dans les accidents de la route et parmi les décès. On leur attribue une part de 2 % du trafic pour 23 % des tués et 28 % des blessés (ONISR, 2018). Afin de pouvoir apporter de la connaissance pour la recherche ou encore dans des expertises judiciaires, il faut être en capacité de reconstruire ces accidents pour mieux les comprendre. Parmi les éléments essentiels pour la reconstruction d'accident, il est nécessaire d'avoir des données actualisées, notamment concernant les niveaux de décélération atteints en freinage d'urgence (Costa, 2017). En effet, à l'instar des automobiles, il y a eu d'importantes évolutions technologiques sur les 2RM, en particulier la généralisation de l'ABS rendu obligatoire avec la norme Euro 4 en 2017 pour les motocyclettes de cylindrée supérieure à 125 $cm^3$. De nombreuses publications existent s'agissant des coefficients de décélération des 2RM (*e.g.* pour les motocyclettes lourdes, Promocycle) mais celles-ci apparaissent désormais comme obsolètes. En effet, des valeurs moyennes de freinage comprises entre −0,6 et −0,8 g sont communément utilisées (Costa, 2017 ; Hardy, 2017 ; Bartlett & Greear, 2010). De plus, le parc roulant des 2RM en France est varié et il n'est pas possible d'assimiler cette variété à un seul et même comportement en situation de freinage. Dans le dessein d'obtenir de nouvelles données afférentes aux comportements dynamiques des 2RM en freinage, les trois entités IFSTTAR, IRCGN et CNFSR (Centre national de formation à la sécurité routière de la gendarmerie nationale) se sont associés pour mettre en place une expérimentation permettant d'observer les capacités maximales de freinage de différents types de motocyclettes et différentes configurations de freinage. Cet article va explorer les premiers résultats obtenus.

## 1. Matériels et méthodes

La campagne d'essai s'est déroulée du 16 au 18 septembre 2019 par temps sec sur la piste d'essai des motocyclistes de la gendarmerie nationale à Fontainebleau. Il s'agit d'une piste bitumineuse d'une longueur de 230 m. Les pilotes disposaient de 120 m pour accélérer et stabiliser leur vitesse autour de la vitesse de consigne et de 110 m pour s'arrêter. Faute de moyens, la mesure de l'adhérence de la piste n'a pas pu être réalisée. Par ailleurs, l'utilisation d'un scanner laser a permis de mesurer les données relatives au devers et à la pente (respectivement 2 et 0,6 %). Ces valeurs étant faibles, nous avons choisi de les négliger dans le cadre du traitement des données.

Plusieurs paramètres ont été testés à trois vitesses différentes (30, 50 et 80 km/h) tels que :

- Le freinage avant et arrière, frein avant seul et frein arrière seul ;
- Le freinage avec et sans ABS ;
- Le freinage avec des pneumatiques gonflés à la pression recommandée par le constructeur, sur-gonflés et sous-gonflés (à + ou −0,8 bar). Ces paramètres ont été choisis en concertation avec les pilotes instructeurs du CNFSR dans le dessein de pouvoir réaliser des essais pertinents sans mettre en danger les pilotes.

Pour les motocyclettes, le choix s'est porté sur trois types différents :

- Une Yamaha XJ6 600 (2010), un roadster de moyenne cylindrée de 210 kg ;
- Une Yamaha Tracer 900 (2016), un trail sportif de 243 kg ;
- Une Yamaha FJR 1300 (2007), une routière de grosse cylindrée de 324 kg.

Les poids indiqués sont ceux des motocyclettes en ordre de marche en sachant que les deux dernières étaient en configuration « gendarmerie », c'est-à-dire équipées (en plus de la version standard) : de sacoches latérales, d'un mât gyroscopique, de haut-parleurs latéraux et de feux de pénétration. Nous avons volontairement choisi trois types différents de motocyclettes afin de pouvoir en apprécier l'influence sur la décélération.

Les trois pilotes qui ont exécuté les freinages au cours de cette campagne sont tous des instructeurs du CNFSR ayant, de manière générale, une connaissance approfondie de la conduite des motocyclettes et plus particulièrement, de celles utilisées dans le cadre de cette expérimentation. La maîtrise des freinages à puissance maximale fait aussi partie de leurs compétences.

La technique utilisée pour effectuer ces freinages est celle apprise au centre de formation et se décompose de la manière suivante :

- Couper les gaz ;
- Débrayer afin de désolidariser le moteur et la transmission dans le cas où l'accélérateur ne serait pas totalement relâché ;
- Saisir le frein arrière pour asseoir la machine ;
- Saisir le frein avant pour mettre en contact les plaquettes et les disques de frein et ensuite freiner progressivement au fur à mesure que le regard se raccourcit et que la moto approche du danger.

Dans un freinage d'urgence, ces différentes étapes sont réalisées dans un temps très bref.

Tout au long des essais, il a été demandé aux pilotes de réaliser des freinages en gardant les deux roues au sol, en évitant de bloquer les roues (lors des freinages sans ABS) et de ménager les freins lors du retour afin de les laisser refroidir.

Les centrales inertielles utilisées pour l'acquisition des données sont des EMMAphones, des smartphones dédiés développés par l'IFSTTAR (Naude et al., 2019). Elles sont placées sur le réservoir du véhicule (Figure 1) et prennent en compte l'inclinaison de celui-ci. Ces EMMAphones permettent d'enregistrer les accélérations longitudinales, transversales et verticales à une fréquence de 100 Hz ainsi que les vitesses de rotation sur ces trois mêmes axes. L'information de la position GPS est aussi relevée (et donc la vitesse) mais à une fréquence de 1 Hz, ce qui ne permet pas d'exploiter finement cette donnée. Dans cet article, seule l'accélération longitudinale sera utilisée et traitée.

*Figure 1 : L'EMMAphone est fixé sur le réservoir de la motocyclette et fait office de centrale inertielle*

Les données enregistrées sont traitées avec un filtre passe-bas de type Butterworth d'ordre 1 et de fréquence de coupure 5 Hz afin de faire disparaître le bruit dû aux vibrations de la moto.

Afin d'obtenir la donnée de vitesse sur les enregistrements, l'accélération longitudinale filtrée a été intégrée (Figure 2).

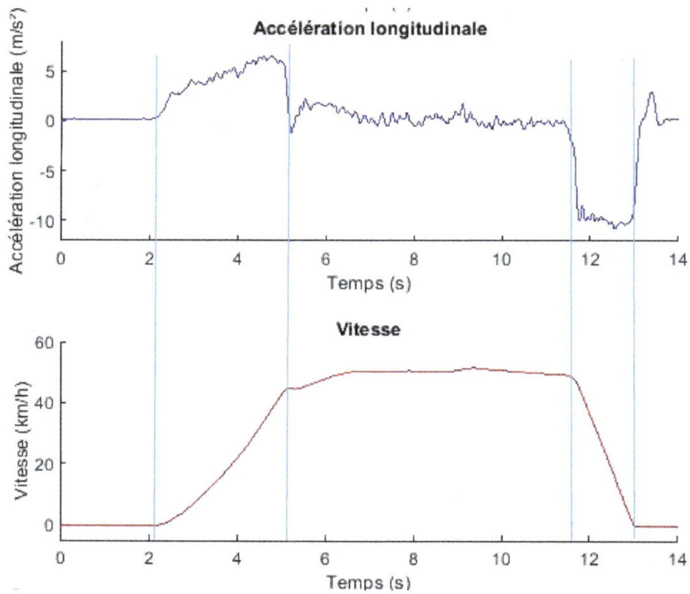


*Figure 2 : En haut : Accélération longitudinale enregistrée lors d'un essai (obtenue après filtrage). En bas : Aperçu de la vitesse calculée en intégrant cette accélération*

Les trois phases de l'enregistrement ressortent :

- accélération positive → prise de vitesse (A) ;
- accélération nulle → stabilisation (B) ;
- accélération négative → freinage (C).

Seule la phase de freinage (C) sera étudiée ici.

Le choix a été fait de calculer une décélération moyenne en régime de freinage établi pour les raisons suivantes :

- Dans le cadre de la reconstruction d'accident, le phénomène de mise en pression (MEP) du système de freinage est habituellement calculé à part dans une sous-phase dont la durée est classiquement choisie à 0,2 s et dont la décélération est égale à la moitié de la décélération moyenne obtenue en régime de freinage établi (Handbuch VerkhersUnfallRekonstruktion). La MEP (*i.e.* le début du freinage) a donc été ignorée dans nos calculs.

- En cas d'accident, la manœuvre de freinage est un échec car interrompue soit par un choc, soit par une chute. En conséquence, la fin de la phase de freinage a aussi été ignorée dans nos calculs.

Il existe une méthode (Réglementation R13H) qui calcule la décélération moyenne en régime établi et utilise la formule suivante :

$$\gamma_{moy} = \frac{V_{80}^2 - V_{10}^2}{2D_{[80\ 10]}} \qquad (1)$$

avec : $V_{80}$ et $V_{10}$ : respectivement 80 % et 10 % de la vitesse consigne et $D$ la distance de freinage.

Cette formule n'est pas utilisable en l'état dans cette expérimentation car la distance de freinage n'a pas pu être mesurée de façon précise. Il a donc été décidé d'adapter cette méthode à nos données de la manière suivante : la vitesse est d'abord calculée en intégrant l'accélération longitudinale puis la décélération moyenne en régime de freinage établi ($\gamma_{moy}$) est calculée en moyennant l'accélération instantanée entre les bornes de temps correspondantes au $V_{80}$ et au $V_{10}$ (Équation 2, Figure 3).

$$\gamma_{moy} = Moyenne\ (\gamma_{[V_{80} \rightarrow V_{10}]}) \qquad (2)$$

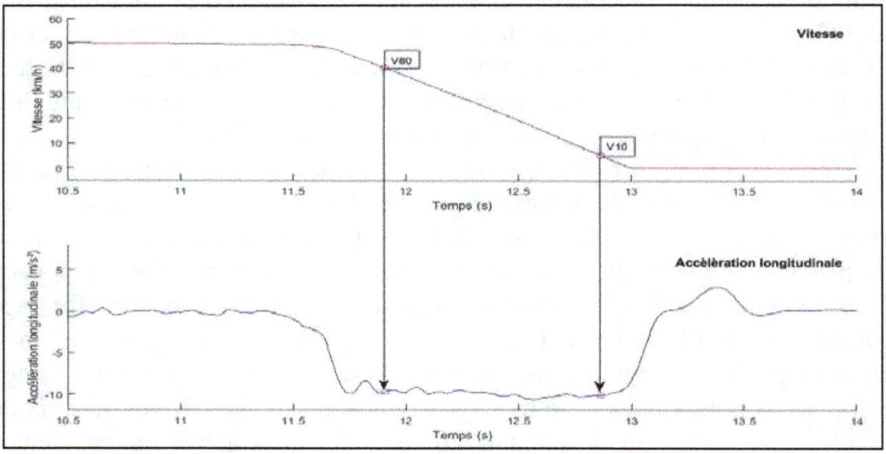


*Figure 3 : Illustration de la méthode utilisée (dérivée de la méthode R13H) où les bornes V80 et V10 sont présentées graphiquement. Ainsi, la moyenne est calculée uniquement sur l'accélération en freinage établi*

## 2. Résultats

Les décélérations sont exprimées en m/s² et en valeurs absolues, les vitesses en km/h.

Il est à noter que la motocyclette FJR possède un freinage combiné, c'est-à-dire que la pédale de frein (située à droite et qui déclenche le frein arrière) a une action sur les systèmes de freinage avant et arrière.

- Freinage avec ABS à 50 km/h et 80 km/h - Frein Av + Ar / Frein Av / Frein Ar

| **Configuration** | **Vitesse** | **XJ6** | **MT-09** | **FJR** |
|---|---|---|---|---|
| Frein AV + AR avec ABS (N = 9) | 50 | 8,98 | 8,79 | 9,49 |
| Frein AV avec ABS (N = 3) | 50 | 8,56 | 8,48 | 7,72 |
| Frein AR avec ABS (N = 3) | 50 | 3,41 | 3,40 | 6,13 |
| Frein AV + AR avec ABS (N = 9) | 80 | 8,83 | 8,82 | 9,00 |
| Frein AV avec ABS (N = 3) | 80 | 8,44 | 8,44 | 7,52 |
| Frein AR avec ABS (N = 3) | 80 | 3,58 | 3,71 | 5,87 |

*Table 1 : Décélération moyenne en m/s² avec ABS à 50 km/h et 80 km/h - Frein Av + Ar / Av / Ar*

Les niveaux d'accélérations sont plus importants pour un freinage complet (soit frein avant et arrière sollicités) (8,8 m/s² à 9,5 m/s²) que pour un freinage avant seul (7,5 m/s² à 8,6 m/s²), lui-même plus efficaces qu'un freinage arrière seul (3,4 m/s² à 3,7 m/s²). Excepté pour la FJR, ce qui recoupe les résultats de Corno (2007) obtenus par simulation. Il est à noter que le freinage arrière seul est très faible et n'a pas vocation à ralentir la motocyclette mais plutôt à l'asseoir en complément d'un freinage de l'avant. Pour la FJR, la valeur de la décélération lors d'un freinage arrière seul varie entre 5,9 et 6,1 m/s² et est proche du double des deux autres motocyclettes. Comme indiqué *supra*, ce modèle est pourvu d'un répartiteur de freinage qui va déclencher l'action du frein avant et donc produire une décélération plus importante. Il est important de remarquer que le répartiteur de freinage ne remplace pas un freinage complet utilisant le levier de frein avant et la pédale de frein (environ 6 m/s² en freinage de l'arrière avec répartiteur contre environ 9,3 m/s² en freinage complet). À noter que pour le freinage avant seul avec la FJR, les niveaux de décélération sont moins importants que pour les deux autres motocyclettes. Cela peut s'expliquer par un poids de la machine supérieur aux deux autres, une répartition des masses et une inertie différentes. La vitesse de l'essai n'a pas ou peu d'influence sur les niveaux de décélération atteints.

➢ Freinage avec/sans ABS à 50 et 80 km/h - Frein Av + Ar / Av - Sans blocage de roues

| Configuration | Vitesse | XJ6 | MT-09 | FJR |
|---|---|---|---|---|
| Frein AV + AR avec ABS (N = 9) | 50 | 8,98 | 8,79 | 9,49 |
| Frein AV + AR sans ABS (N = 9) | 50 | 10,76 | 9,52 | 10,70 |
| Frein AV avec ABS (N = 3) | 50 | 8,56 | 8,48 | 7,72 |
| Frein AV sans ABS (N = 9) | 50 | 10,63 | 9,91 | 8,16 |
| Frein AV + AR avec ABS (N = 9) | 80 | 8,83 | 8,82 | 9,00 |
| Frein AV + AR sans ABS (N = 9) | 80 | 9,60 | 9,55 | 9,46 |
| Frein AV avec ABS (N = 3) | 80 | 8,44 | 8,44 | 7,52 |
| Frein AV sans ABS (N = 9) | 80 | 10,15 | 9,07 | 8,87 |

*Table 2 : Décélération moyenne en m/s² avec/sans ABS à 50 et 80 km/h - Frein Av + Ar / Av - Sans blocage de roues*

➢ Comparaison de deux freinages avec l'ABS désactivé : avec et sans blocage de roue (illustratif)

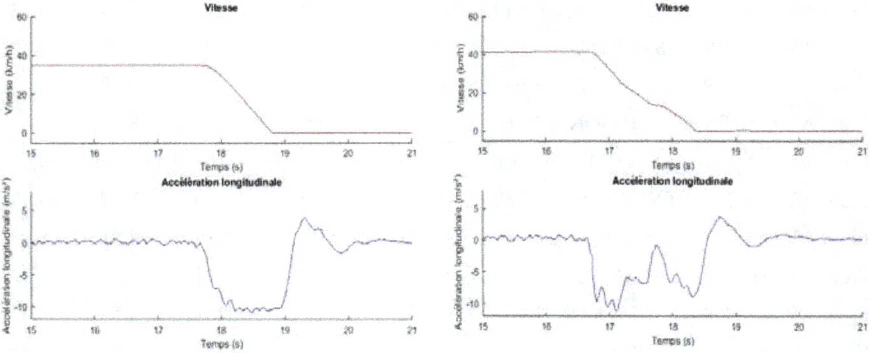


*Figure 4 : Comparaison des courbes d'accélération/vitesse obtenues pour des essais réalisés sans ABS avec : à gauche, une absence de blocage de roue, et à droite, avec un blocage de la roue avant*

Les niveaux de décélérations atteints sans ABS sont plus importants qu'avec l'ABS quelles que soient la configuration du freinage et la vitesse à laquelle l'essai est réalisé. Nos expérimentations montrent qu'un freinage sans ABS peut être plus efficace qu'un freinage avec ABS. Toutefois, il est important de rappeler que ces niveaux ont été atteints sans blocage de roue et que cette expérimentation a été réalisée avec des pilotes professionnels qui savaient qu'ils allaient effectuer un freinage de puissance maximale. Il ne s'agit pas ici de réels freinages d'urgence, mais de freinages sans ABS préparés et réalisés de la meilleure façon possible. Or lors d'un réel freinage d'urgence sur route, les conditions de réactions sont différentes (Hardy, 2017).

En effet, le rôle de l'ABS est avant tout d'éviter le blocage d'une roue qui amène à une forte dégradation du freinage et provoque fréquemment une chute (Hardy, 2017 ; Perrin et al., 2009). En outre, la Figure 4 ci-dessus permet de comparer un freinage avec et sans blocage de la roue avant. À gauche, un freinage sans blocage de roue avec une décélération moyenne de 10,4 m/s², à droite un freinage avec un blocage de la roue et une décélération moyenne qui s'écroule à 5,4 m/s², soit une décélération près de deux fois moins efficace, ce qui confirme la démonstration de Hardy et al. (2017). On retrouve donc naturellement un temps de freinage plus long, un replat sur la courbe de la vitesse (voir Figure 4 à droite) et un pic sur la courbe de l'accélération.

Pour rappel, la décélération avec ABS est de 9 m/s² en moyenne alors que sans ABS, avec un blocage de la roue avant (Figure 4), elle est de 5,4 m/s².

- Freinage à 50 et 80 km/h avec ABS - Frein Av + Ar / Av - Pneus standards/sous/sur gonflés

| Configuration | Vitesse | XJ6 | MT-09 | FJR |
|---|---|---|---|---|
| Frein AV + AR avec PNEU STANDARD (N = 9) | 50 | 8,98 | 8,79 | 9,49 |
| Frein AV + AR avec PNEU SOUS GONFLÉ (N = 3) | 50 | 9,08 | 9,12 | 9,15 |
| Frein AV + AR avec PNEU SUR GONFLÉ (N = 3) | 50 | 8,10 | 8,78 | 9,23 |
| Frein AV avec PNEU STANDARD (N = 9) | 50 | 8,56 | 8,48 | 7,72 |
| Frein AV avec PNEU SOUS GONFLÉ (N = 3) | 50 | 9,15 | 9,29 | 9,03 |
| Frein AV avec PNEU SUR GONFLE (N = 3) | 50 | 8,10 | 8,29 | 7,86 |
| Frein AV + AR avec PNEU STANDARD (N = 9) | 80 | 8,83 | 8,82 | 9,00 |
| Frein AV + AR avec PNEU SOUS GONFLÉ (N = 3) | 80 | 9,30 | 8,77 | 9,49 |
| Frein AV + AR avec PNEU SUR GONFLÉ (N = 3) | 80 | 8,84 | 8,81 | 8,78 |
| Frein AV avec PNEU STANDARD (N = 9) | 80 | 8,44 | 8,44 | 7,52 |
| Frein AV avec PNEU SOUS GONFLÉ (N = 3) | 80 | 8,81 | 8,50 | 8,65 |
| Frein AV avec PNEU SUR GONFLÉ (N = 3) | 80 | 8,62 | 8,22 | 7,61 |

*Table 3 : Décélération moyenne en m/s² à 50 et 80 km/h avec ABS - Frein Av + Ar / Av - Pneus standards/sous/surgonflés*

*Nota :* Pneumatiques standards signifie un gonflage selon les préconisations du constructeur et les variations de pression sur/sous gonflés lors de ces essais étaient de +/–0,8 bar.

Les décélérations lors d'un freinage complet ne présentent pas de différence marquée quelle que soit la configuration. *A contrario*, pour les freinages de l'avant seul, la configuration avec des pneus sous gonflés se détache avec de meilleurs performance (pneus standard : 8,2 m/s² *vs* pneus sous gonflés : 8,9 m/s²) que ce soit à 50 km/h ou à 80 km/h. Pour les freinages avec pneumatiques sur gonflés et frein avant seul, il se dégage une légère tendance à la baisse de la décélération.

Toutefois, lors de ces essais, les pilotes rapportent un comportement de la motocyclette différent suivant la pression des pneumatiques. Avec une pression plus basse, la moto semble « lourde » (sensation de direction plus dure) mais le freinage leur semble plus efficace. Avec une pression plus élevée, la moto leur paraît plus rigide et la moto renvoie des vibrations inconfortables dans les membres supérieurs. De plus dans cette configuration, il est rapporté que l'ABS se déclenche de manière plus rapide voire de façon intrusive. Ainsi, si un freinage peut apparaître meilleur avec des pneus sous gonflés, ces derniers peuvent soulever d'importants problèmes de sécurité échauffement, stabilité dynamique et d'inconfort dans la conduite.

## 3. Discussion

Tout d'abord, le paramètre « vitesse » n'amène pas de différences importantes dans les niveaux de décélérations calculés tandis que les variations des autres paramètres étudiés produisent des résultats plus variés.

Il est ainsi noté qu'en freinage complet avec ABS, la décélération moyenne est de 9 $m/s^2$. Avec le frein avant seul, cette valeur chute légèrement (8,2 $m/s^2$) et s'écroule avec un freinage arrière seul (3,5 $m/s^2$, excepté la FJR avec le freinage combiné).

Sans ABS, les décélérations sont plus fortes qu'avec l'ABS mais lorsqu'il y a un blocage de roue, alors la décélération chute fortement (environ divisée par deux). Cela se retrouve aussi bien sur les freinages complets que sur les freinages avant seul.

Pour les variations de pression, en cas de sous gonflage, les décélérations sont légèrement plus importantes que pour une pression standard. Dans le cas de pneumatiques sur gonflés, il y a cette fois une légère dégradation de la décélération. Mais dans les deux cas, les pilotes rapportent que le comportement de la motocyclette est différent lorsque l'on fait varier la pression des pneumatiques soulignant alors des problèmes d'inconfort dans la conduite.

Nous pouvons nuancer les résultats obtenus en rappelant que les pilotes de la campagne d'essai sont des professionnels qui connaissent très bien les motocyclettes utilisées et étaient donc capables de tirer le meilleur du potentiel de freinage de celles-ci. De plus, ils étaient préparés à freiner et n'avaient pas la dimension de stress (*e.g.* état de sidération devant le danger, sur réaction) qui peut se produire lors d'un réel cas de freinage d'urgence. Comme le montrent Bartlett & Greear (2010), un conducteur moins expérimenté produit des freinages moins efficaces.

Avec les données collectées au cours de ces 500 essais de freinage, il est envisagé de réaliser plusieurs études complémentaires :

- Validation du modèle utilisé pour la mise en pression du système de freinage (c'est-à-dire $a_{miseenpression} = a_{freinage} / 2$) ;

- Détermination de valeurs actualisées pour le temps de mise en pression du système de freinage d'une motocyclette (habituellement choisi à 0,2 s) ;
- Comparaison des valeurs de décélération en freinage d'urgence obtenues avec celles d'autres études (Violette, 2016).

En outre, il serait envisageable de répéter cette campagne d'essai en analysant la décélération d'autres motocyclettes de type roadster, trail et routière mais aussi d'autres catégories telles que les customs, les sportives, les scooters à deux ou trois roues et les motocyclettes électriques.

## Références


1. ONISR, Bilan de l'accidentalité 2018 [https://www.onisr.securite-routiere.interieur.gouv.fr/etat-de-l-insecurite-routiere/bilans-annuels-de-la-securite-routiere/bilan-2018-de-la-securite-routiere].
2. Costa L. (2017). *Modélisation du comportement dynamique d'un deux-roues motorisé pour la reconstruction d'accidents et la détection d'incidents*, Mémoire de thèse, université d'Aix-Marseille, Novembre 2017.
3. [Promocycle] Belmonte J.-P., *Rapport d'évaluation de rendement des différents systèmes de freinage sur les motocyclettes récentes*, Fondation Promocycle, 26 février 2003, Québec.
4. Naude, C., Serre, T., Perrin, C., Guilbot, M., Ledoux, V. (2018). Road riding hazardous situations for motorcycles. Transport Research Arena TRA 2018, Vienne, Autriche, 16-19 avril 2018.
5. [Handbuch VerkhersUnfallRekonstruktion] Burg H. & Moser A., Handbuch VerkhersUnfallRekonstruktion, p. 103, 2007, ISBN 978-3-8348-0172-2.
6. Corno, M., Savaresi, S. M., Tanelli, M., Fabbri, L. (2007). *On optimal motorcycle braking.*
7. Hardy, E. et al. (2017). *Effects of Advanced (Anti-lock) Braking Systems (ABS), A survey ok 61 motorcyclists who crashed between 2010 and 2015,* Février 2017
8. Perrin, C., Canu, B., Magnin, J., Roynard, M. (2009). Comportement des deux-roues motorisés en situation d'urgence, Les deux-roues motorisés : nouvelles connaissances et besoins de recherche, 5-6 mars 2009, Marseille, France, Actes INRETS n° 122, p. 139-155.
9. Bartlett, W., Greear, C. (2010). *Braking rates for students in a motorcycle training program.*
10. Réglementation R13H [https://www.unece.org/fileadmin/DAM/trans/main/wp29/wp29regs/updates/R13hr3e_.pdf].
11. Violette, É. (2016). *Freinage d'urgence moto* vs *voitures particulières : Essais sur piste*. Rapport Cerema.

# Utilisation des capacités dynamiques et usages des infrastructures : Comparaison des deux-roues motorisés et des quatre-roues motorisés

Claire Naude, Jean-Yves Fournier, Christophe Perrin,
Romane Cornen, Thierry Serre

TS2-LMA, Univ Gustave Eiffel, IFSTTAR

## Introduction

En France, les deux-roues motorisés (2RM) représentent moins de 2 % du trafic routier, alors que leurs usagers constituent 43 % des blessés graves et 22 % des tués (ONISR, 2017). Plusieurs études sur les causes des accidents de quatre-roues motorisés (4RM) ont montré qu'elles sont le plus fréquemment liées au comportement humain (Singh, 2015). Concernant les usagers de 2RM, le comportement de conduite est probablement en cause également, mais les caractéristiques dynamiques spécifiques des 2RM sont-elles adaptées à l'infrastructure routière principalement conçue pour les automobiles ?

Cet article vise en premier lieu à explorer les différences d'utilisation des capacités dynamiques des 2RM et des 4RM. Les résultats présentés concernent notamment 36 500 km parcourus par 26 2RM et 4500 km parcourus par cinq 4RM dans l'expérimentation du projet DYMOA, mais seront également comparés à des expérimentations plus anciennes avec des 4RM (projet SVRAI, INRETS 1992). Les principaux paramètres de la dynamique du véhicule seront comparés en termes de temps passés au-delà des valeurs usuelles et en termes d'exploration des extrêmes :

- les niveaux d'accélération longitudinale (accélérations/freinages) ;
- les niveaux d'accélération transversale (prise de virages) ;
- les niveaux de vitesse de roulis (vitesse d'inclinaison ou de rotation autour de l'axe longitudinal du véhicule) ;
- et les niveaux de vitesse de lacet (vitesse de rotation autour de l'axe vertical).

En second lieu, l'usage d'une même infrastructure sera comparé sur un itinéraire particulier emprunté par le même conducteur en 4RM et en 2RM.

Enfin, les vitesses pratiquées par les conducteurs de 2RM et de 4RM seront comparées sur des zones spécifiques (zones accidentogènes et zones à infrastructure particulière).

## 1. Matériel et méthodes

La Fondation sécurité routière (FSR) a financé le projet DYMOA (Diagnostic d'infrastructures et dYnamique du véhicule pour les motos et les autos, 2014-2017) dans le but d'acquérir des données de conduite naturelle (*Naturalistic Driving*) des 2RM pour mieux connaître leur dynamique et leur usage des infrastructures. Comme indiqué sur la carte de la Figure 1, 26 motocycles et 5 voitures de particuliers ont été équipés de smartphones utilisés comme enregistreur de données.

*Figure 1 : Carte de France des véhicules équipés dans l'expérimentation DYMOA*

Pendant plus d'un an, les boîtiers ont enregistré en temps réel des données riches sur les comportements de conduite et les manœuvres des motards, grâce à des accéléromètres et des gyromètres (100 Hz), un GPS (1 Hz) et une caméra (10 Hz). Pour l'ensemble des trajets aussi bien professionnels que personnels, les trajectoires et les vitesses ont été également enregistrées.

Des zones d'intérêts ont été préalablement identifiées et sélectionnées par critère géographique afin d'y observer les comportements de conduite des usagers. Dans ces zones, tous les passages des véhicules de la flotte étaient enregistrés. Dans cet article, nous nous intéresserons aux zones accidentogènes ainsi qu'aux aménagements de modération de vitesse, de façon à comparer les profils de vitesse des usagers en 2RM et 4RM.

Des synthèses de sollicitations dynamiques du véhicule ont également été collectées. Ces synthèses de parcours sont basées sur le principe du cercle d'adhérence, développé par Lechner & Perrin (1993), dont l'expérimentation réalisée avec une automobile instrumentée visait à acquérir des connaissances sur le comportement du couple conducteur-véhicule en situation usuelle de conduite. Pour les voitures, les synthèses agrègent les temps passés dans chaque combinaison des accélérations longitudinales et transversales (Naude et al., 2017). Afin de prendre en compte les spécificités du comportement dynamique des motos (véhicule monotrace s'inclinant vers l'intérieur du virage), ce concept a été transposé pour les 2RM en utilisant la vitesse de roulis ou la vitesse de lacet au lieu de l'accélération transversale. Les niveaux des accélérations sont comptabilisés par intervalle de 1 $m/s^2$ et les vitesses de rotation par intervalle de 10°/s. Les vitesses sont également prises en compte, par intervalle de 5 km/h.

## 2. Résultats

### 2.1 Utilisation des capacités dynamiques des deux-roues motorisés et des quatre-roues motorisés

*Niveaux de sollicitations*

Les données de synthèse de parcours fournissent des informations à plusieurs niveaux. Le spectre de chaque paramètre dynamique donne la répartition entre fortes et faibles sollicitations aussi bien en longitudinal (accélérations/freinages) qu'en transversal (virages).

Ces distributions des paramètres de la dynamique du véhicule peuvent être comparées entre les 2RM et les 4RM. Pour cette expérimentation, nous comparons les données des trajets des 26 2RM pendant un an de recueil, correspondant à 36 500 km parcourus, avec les données des cinq voitures équipées, soit 4500 km. Le nombre de 4RM et leur distance parcourue étant relativement faibles, dans le but d'améliorer la représentativité des résultats, nous avons également comparé, les distributions d'accélération avec celles de deux expérimentations antérieures réalisées uniquement avec des 4RM :

- L'expérimentation SVRAI (2012-2013) : un an de recueil avec 46 voitures de service équipés d'enregistreurs de données spécifiques (EMMA) et conduites par au maximum 221 conducteurs différents sur des routes variées et dans trois régions de France. Ces véhicules ont parcouru environ 106 000 km (Naude et al., 2017a, 2017b).
- L'expérimentation INRETS 1992 : basée sur 60 conducteurs réalisant un parcours de 85 km au volant d'une voiture instrumentée (5000 km en tout). L'itinéraire présentait une grande variété de catégories

d'infrastructure (autoroutes, traversées de grosses agglomérations et de petites villes, routes nationales et départementales, routes sinueuses). L'échantillon de conducteurs incluait des novices, des personnes âgées et des professionnels de la route. Cette étude bien qu'ancienne reste une référence dans le domaine de la dynamique du véhicule (Lechner & Perrin, 1993, 1996).

Le Tableau 1 résume les différentes caractéristiques de ces expérimentations.

| | 4RM 1992 | 4RM SVRAI | 4RM DYMOA | 2RM DYMOA |
|---|---|---|---|---|
| Nb de véhicules | 1 | 46 | 5 | 26 |
| Nb de conducteurs | 60 | max 221 | 5 | 26 |
| Distance parcourue (km) | 5000 | 106 000 | 4500 | 36 500 |
| Trajets | Imposé | Professionnels | Tous types | Tous types |

*Tableau 1 : Caractéristiques des expérimentions utilisées*

Les graphiques de la Figure 2 présentent les temps passés dans les niveaux d'accélération et de vitesse de rotation, en pourcentage du temps total des trajets considérés, à partir de 2 m/s² et 10°/s. Nous constatons en premier lieu que les niveaux de sollicitations des 4RM dans les trois expérimentations sont assez similaires.

La comparaison des niveaux d'accélération longitudinale entre 2RM et 4RM permet d'apprécier les différences en termes d'accélération et de freinage. Concernant les accélérations longitudinales positives (« accélérations »), dans les trois expérimentations les 4RM dépassent 2 m/s² environ 1 % du temps, 3 m/s² seulement 0,1 % du temps et sont très rarement au-delà de 4 m/s². Les 2RM dans l'expérimentation DYMOA accélèrent nettement plus, puisqu'ils sont 3,8 % du temps au-delà de 2 m/s² (presque quatre fois plus souvent) et 1 % du temps au-dessus de 4 m/s² (dix fois plus), avec même quelques accélérations supérieures à 4 m/s². En freinage (accélération longitudinale négative), les 2RM ont aussi des niveaux de sollicitation supérieurs à celui des 4RM des trois expérimentations, avec cependant moins d'écart. Ils sont 3,2% du temps au-dessus de 2 m/s² et 0,7% au-delà de 3 m/s² alors qu'en 4RM les conducteurs freinent entre 1,7 et 2,6 % du temps avec plus de 2 m/s² et environ 0,3 % du temps au-dessus de 3 m/s².

Les sollicitations transversales sont plus délicates à comparer puisque le comportement d'un 2RM en virage diffère nettement de celui d'un 4RM. Le motocycliste se penche avec sa moto, ce qui implique *a priori* qu'il ne subit pas ou presque pas d'accélération transversale dans le repère de la moto. Il subit par contre une vitesse de roulis nettement supérieure à celle d'un 4RM. Les graphiques de droite de la Figure 2 confirment cela puisque l'on n'observe quasiment aucune accélération transversale en 2RM, alors qu'en 4RM les véhicules dépassent 2 m/s² environ 6 % du temps et 3 m/s² 2 % du temps. Les 4RM atteignent des accélérations supérieures à 4 m/s² pendant 0,4 % du temps, ce qui est peu mais reste très supérieur à ce que l'on observe en 2RM. Faute de données disponibles dans les deux précédentes expérimentations, les vitesses de roulis et de lacet ont été comparées seulement entre les 2RM et les 4RM de DYMOA. Comme attendu, la vitesse de roulis est toujours inférieure à 10°/s en 4RM, alors qu'elle dépasse cette valeur plus de 5 % du temps en 2RM. Des niveaux de vitesse de roulis plus élevés sont toutefois rares chez les 2RM puisqu'ils passent seulement 0,8 % de leur temps au-delà de 20°/s et 0,2 % au-delà de 30°/s. Les fortes vitesses de lacet sont présentes pour les 4RM et les 2RM, ce qui semble logique car en virage les deux types de véhicule tournent (plus ou moins) autour de leur axe vertical. On trouve globalement plus de temps passé avec une vitesse de lacet supérieure à 10°/s en 2RM qu'en 4RM (9,2 % *vs* 8,1 % du temps) mais davantage au-delà de 20°/s en 4RM qu'en 2RM et des temps passés équivalents au-delà de 30°/s.

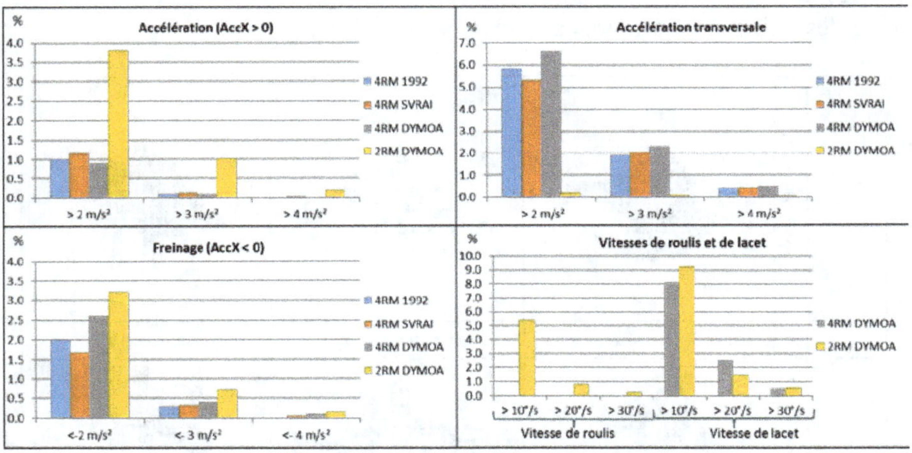


*Figure 2 : Comparaison des niveaux d'accélérations et de vitesses de rotation entre 2RM (DYMOA) et 4RM (Expérimentation 1992, SVRAI, DYMOA)*

*Croisement des paramètres dynamiques*

Le croisement des paramètres dynamiques (accélérations, vitesses angulaires) en deux dimensions met en évidence l'étendue maximale des sollicitations explorées au moins une fois par un véhicule lors d'un parcours à un instant donné, et donc en particulier les valeurs extrêmes atteintes. La Figure 3 présente pour l'ensemble des parcours de l'expérimentation, pour les 4RM et les 2RM séparément, les croisements suivants :

- Le croisement accélération longitudinale – accélération latérale qui traduit le mieux les sollicitations du 4RM ;

– Le croisement accélération longitudinale – vitesse de roulis qui est plus adapté pour les 2RM ;
– Le croisement accélération longitudinale – vitesse de lacet qui est le plus pertinent pour comparer les deux types de véhicule.

Les incréments, c'est-à-dire la largeur d'un petit carré, pris en compte sont de 1 m/s² pour les accélérations et de 10°/s pour les vitesses de roulis et de lacet. Pour les trois types de croisement, un net tassement de l'étendue des synthèses peut être observé dans le sens longitudinal pour les 4RM par rapport aux 2RM, qui traduit des accélérations longitudinales moins élevées, c'est-à-dire des freinages et des accélérations moins forts.

Comme attendu, les vitesses de roulis sont supérieures en 2RM qu'en 4RM tandis que l'étendue des accélérations transversales est inférieure. Pour le croisement avec la vitesse de lacet, on observe également des valeurs plus extrêmes atteintes par les 2RM, ce qui traduit une utilisation plus intense des capacités dynamiques du véhicule. On remarque également une différence en termes de sollicitations combinées fortes (freinage ou accélération en virage) avec des valeurs supérieures atteintes par les 2RM.

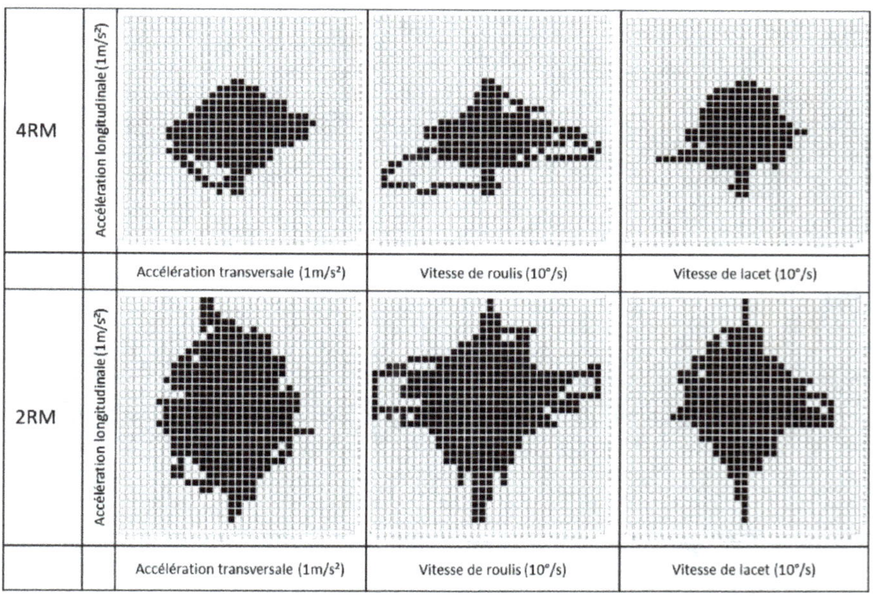


*Figure 3 : Croisements de l'accélération longitudinale (selon l'axe vertical) avec l'accélération transversale, la vitesse de roulis ou la vitesse de lacet (axe horizontal) pour les 2RM et les 4RM (DYMOA)*

Cette utilisation des capacités dynamiques du véhicule peut être estimée par un indice calculé comme le rapport du nombre de cases noires sur le nombre de cases total possible, ramené à un pourcentage. Le Tableau 2 donne les valeurs de ces taux maximaux d'utilisation des capacités dynamiques pour les trois croisements et pour les deux types de véhicule.

| | Accél. Longi *vs* Accél. Transv. | Accél. Longi *vs* Vit. Roulis | Accél. Longi *vs* Vit. Lacet |
|---|---|---|---|
| 4RM | 18,6 % | 19,3 % | 15,8 % |
| 2RM | 34,4 % | 36,3 % | 26,8 % |

*Tableau 2 : Taux maximaux d'utilisation des capacités dynamiques pour les 2RM et les 4RM*

Pour les deux premiers croisements, les valeurs ne sont pas directement comparables entre les 2RM et les 4RM. Seul le croisement avec la vitesse de lacet permet une comparaison pertinente et la différence est notable : les 2RM présentent un taux maximal d'utilisation du potentiel dynamique de leur véhicule supérieur à celui des 4RM.

Il faut préciser à ce niveau que les valeurs plus fortes d'accélération longitudinale en 2RM influent sur les trois taux. Cependant, le troisième taux est également influencé par de plus fortes vitesses de lacet des 2RM comparés aux 4RM.

Par ailleurs, le kilométrage parcouru par les 4RM dans cette expérimentation est nettement plus faible que celui des 2RM. De plus, ces indices ne peuvent malheureusement pas être calculés pour l'expérimentation SVRAI avec des 4RM car la seule synthèse de parcours réalisée à l'époque concernait le premier croisement, avec une zone de valeurs plus réduite : de $-11$ à $+11$ m/s$^2$, alors que dans DYMOA les valeurs s'étendent jusqu'à $+/-15$ m/s$^2$.

*Différences d'usage sur un itinéraire particulier*

À titre illustratif, le comportement de conduite d'un conducteur a été comparé sur un même itinéraire lorsqu'il conduisait sa moto et lorsqu'il était au volant de sa voiture, ses deux véhicules étant équipés d'un enregistreur de données. Les représentations en 3D de la Figure 4 ajoutent l'information des temps passés dans chaque combinaison de niveaux d'accélération et de vitesse de lacet, et une 4$^e$ dimension fait intervenir le niveau de vitesse, du bleu au rouge de faible à forte allure. L'utilisation réelle des capacités dynamiques du 2RM et du 4RM peuvent ainsi être comparées presque toutes choses égales par ailleurs (même trajet, même type de jour, même heure, etc.).

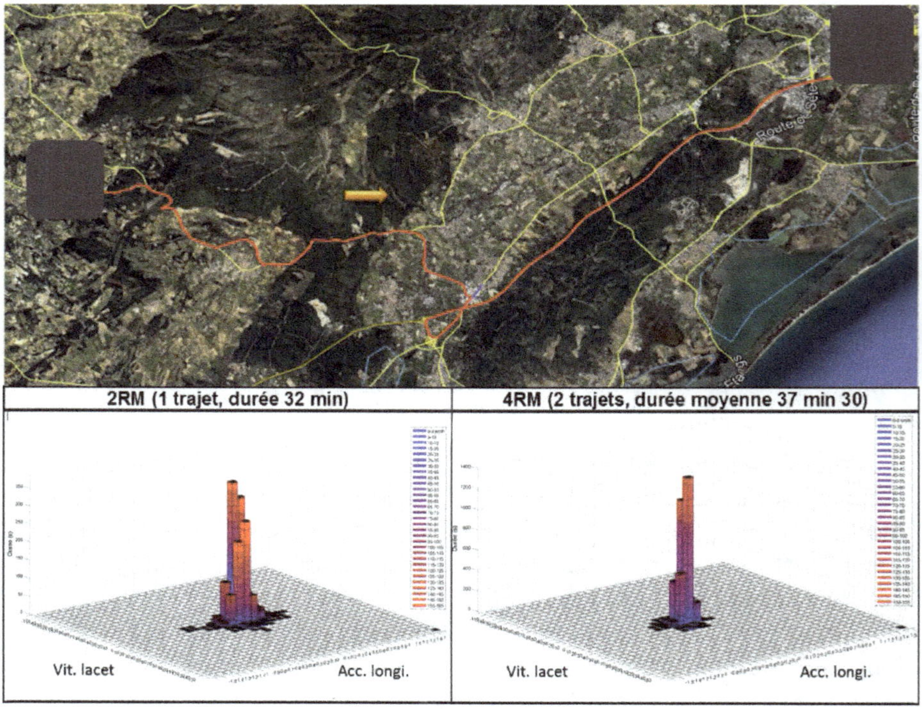


*Figure 4 : Synthèses des parcours d'un même conducteur sur un même itinéraire en 2RM et en 4RM (DYMOA)*

La durée du trajet en 2RM est de 32 minutes, contre 37,30 minutes en moyenne sur les deux trajets en 4RM. Le conducteur va donc plus vite en moto qu'en voiture, ce qui est aussi perceptible sur la synthèse du 2RM plus dans les rouges, c'est-à-dire à des niveaux de vitesse plus élevés. On constate d'ailleurs davantage d'accélérations et de freinages forts en 2RM. Par ailleurs, les virages et changements de direction se traduisent par des vitesses de lacet un peu supérieures en 2RM.

## 2.2 Différence de vitesses pratiquées sur des zones d'intérêts

L'objectif de cette partie est de comparer les profils de vitesse entre les 2RM et 4RM sur d'une part des zones accidentogènes (zone d'accumulation d'accidents) et d'autre part, sur des zones à infrastructure particulière (différents aménagements de type ralentisseur).

*Zones accidentogènes*

Zone accidentogène sur giratoire

L'infrastructure en question est un giratoire en entrée/sortie d'agglomération où l'on a enregistré des passages dans deux sens différents. Que ce soit pour le 2RM ou le 4RM, le profil de vitesse montre une courbe en V (Figures 5a et 5b). On note un décalage des vitesses d'environ 10 km/h à l'avantage du 2RM par rapport aux 4RM, hormis le passage en sortie de giratoire dans le sens en sortie d'agglomération (Figure 5a). En effet, dans ce cas, on observe que les vitesses pratiquées par les deux types de véhicules en sortie de giratoire sont similaires, ce qui peut s'expliquer par la présence d'un terre-plein central continu qui empêche le 2RM de remonter les files de véhicules. Au contraire, dans les autres cas où les voies sont larges, le 2RM peut aisément se faufiler, ce qui explique en partie des vitesses plus élevées que celles des 4RM (maximum à 60 km/h pour le 2RM contre 50 km/h pour le 4RM).

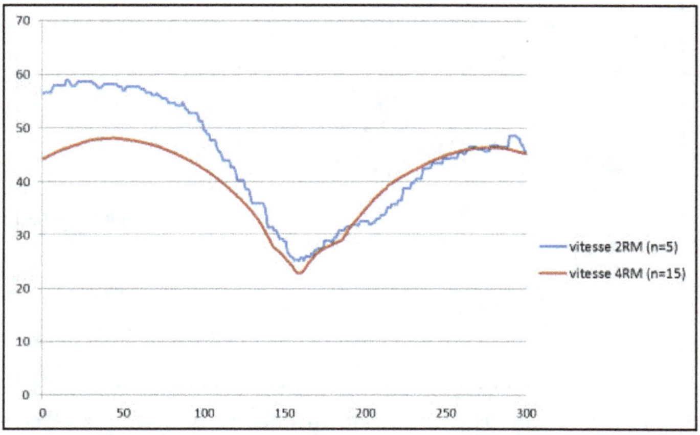


*Figure 5a : Comparaison des vitesses 2RM et 4RM sur giratoire en sortie d'agglomération*

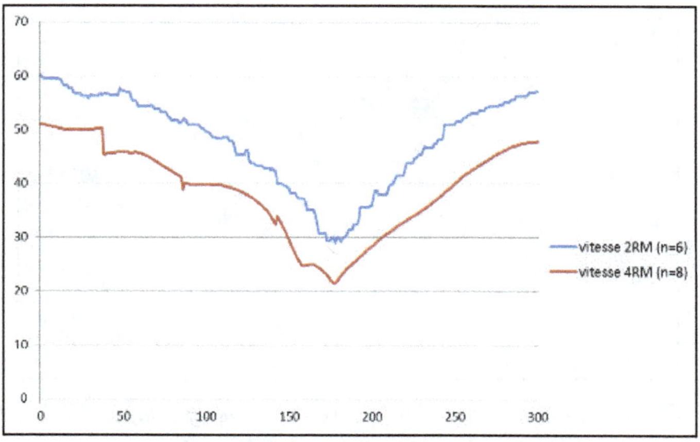


*Figure 5b : Comparaison des vitesses 2RM et 4RM sur giratoire en entrée d'agglomération*

Zone accidentogène dans une courbe

Le point GPS se situe dans un virage à droite de 86 m de longueur avec un rayon de courbure moyen de 70 m. La vitesse des 2RM est légèrement plus élevée que celle des 4RM (vitesses minimales respectives de 64,2 km/h et 61,6 km/h) sur l'ensemble des passages (Figure 6a). On peut noter qu'en sortie de virage, les 2RM accélèrent plus fortement que les 4RM (écart de vitesse maximale de 17 km/h). Si l'on s'intéresse aux passages des 4RM ayant généré des niveaux d'accélérations importants (Figure 6b), on constate cette fois-ci une vitesse plus élevée des 4RM que celle des 2RM (+2,7 km/h).

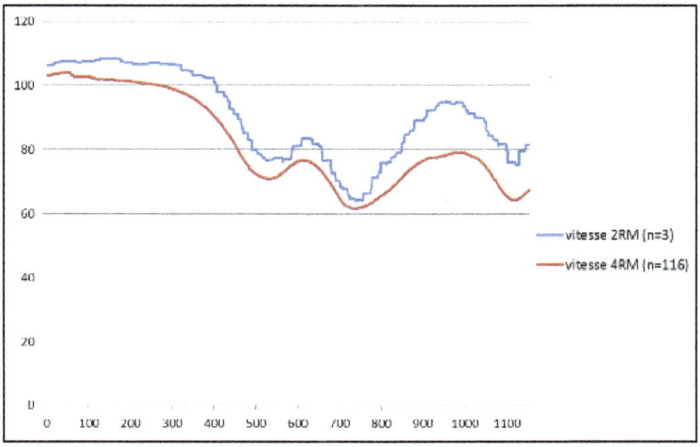


*Figure 6a : Comparaison des vitesses entre les passages 2RM et l'ensemble des passages 4RM*

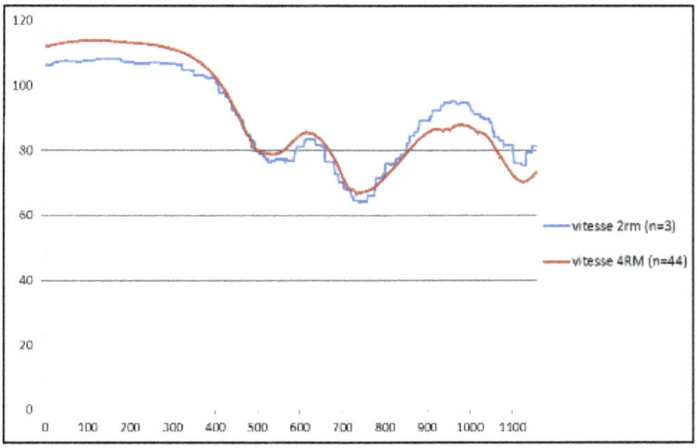


*Figure 6b : Comparaison des vitesses entre les passages 2RM et les passages 4RM ayant généré de fortes sollicitations dynamiques*

*Zones à infrastructure particulière*

Les profils de vitesse des 2RM et 4RM ont été comparés sur 21 aménagements de type ralentisseurs. Pour cela, nous comparerons les vitesses des 2RM et 4RM en trois points :

- approche du ralentisseur (–25 m) ;
- au niveau du ralentisseur ;
- après le ralentisseur (+25 m).

Le tableau suivant récapitule l'ensemble des données sur les 21 sites traversés par la flotte 2RM et 4RM de DYMOA.

Tout d'abord, on peut constater que sur l'ensemble des aménagements de modération de vitesse, les vitesses des 2RM sont plus élevées que celles des 4RM que ce soit en approche (+4,5 km/h), au niveau du ralentisseur (+4,5 km/h) ou après le ralentisseur (+5,2 km/h). Dans un second temps, ces ralentisseurs semblent jouer un rôle dans la modération des vitesses à la fois des 4RM et des 2RM. Cette modération des vitesses pour les 2RM et 4RM, encore plus marquée sur les ralentisseurs de type dos d'âne, est aussi fortement liée à la densité urbaine de la zone.

| Type de ralentisseur et environnement | Nombre de passages (nombre de véhicules) | | $\Delta V_1$ | $\Delta V_2$ | $\Delta V_3$ | Profil des vitesses |
|---|---|---|---|---|---|---|
| | 2RM | 4RM | | | | |
| Coussins berlinois décalés avec passage piéton | 5 (2) | 2 (1) | **8,3** | **9,5** | **8,9** | 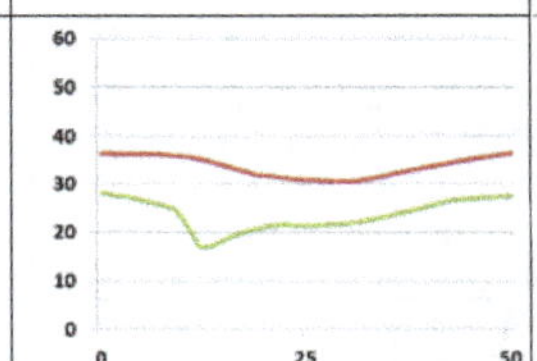 |
| Coussin berlinois décalés avec passage piéton | 11 (2) | 10 (1) | **-0,7** | **-5,5** | **-3,6** | 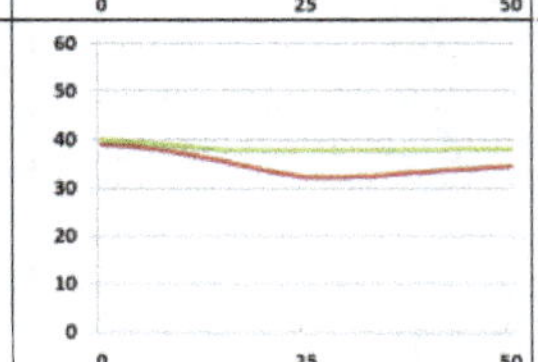 |
| Dos d'âne dans une zone universitaire | 2 (1) | 6 (1) | **3,7** | **6,1** | **8,6** | 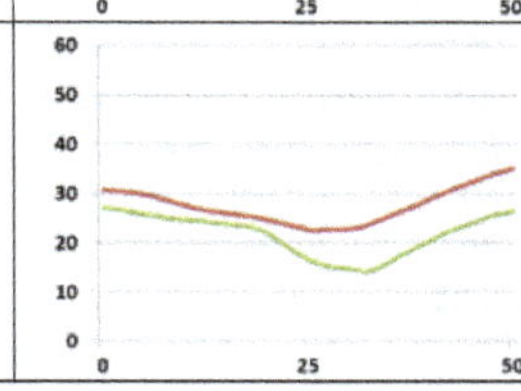 |

| | | | | | | |
|---|---|---|---|---|---|---|
| Dos d'âne court dans une zone universitaire | 2 (1) | 7 (1) | 7,2 | 7,5 | 7,7 | 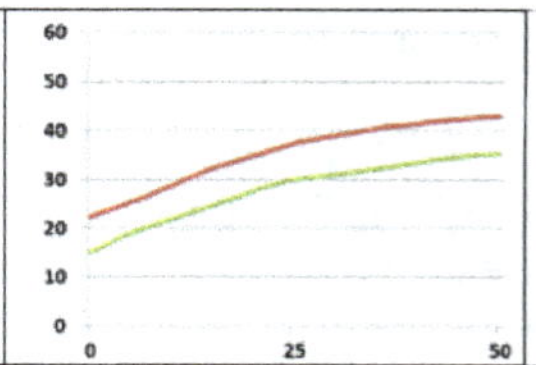 |
| Dos d'âne court dans une zone universitaire | 2 (1) | 7 (1) | 8,3 | 6,0 | 3,9 | 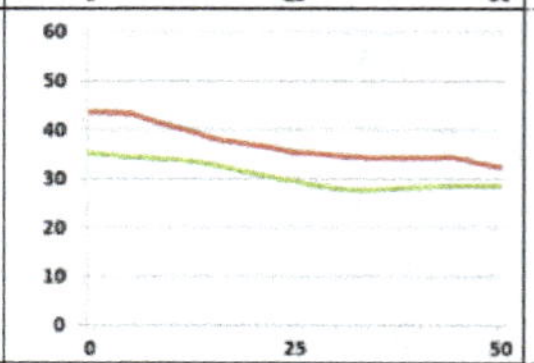 |
| Dos d'âne en sortie d'agglomération | 2 (1) | 3 (1) | -2,9 | -0,4 | 8,5 | 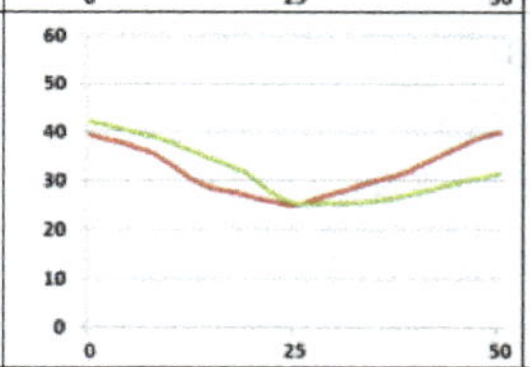 |
| Plateau dans centre d'une petite commune | 5 (2) | 2 (1) | 5,9 | 5,6 | 5,8 | 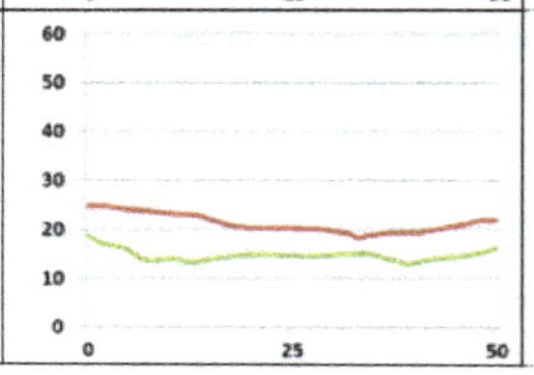 |
| Dos d'âne dans centre d'une petite commune | 5 (2) | 2 (1) | 7,2 | 2,7 | 2,8 | 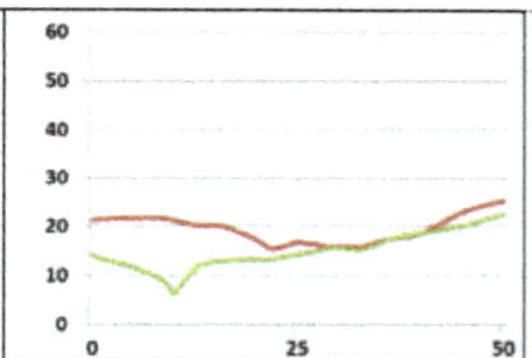 |
| Dos d'âne dans centre d'une petite commune | 11 (2) | 10 (1) | -8,2 | -4,3 | -1,3 | 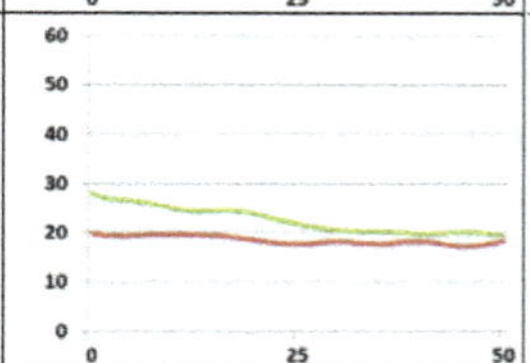 |
| Plateau dans centre d'une petite commune | 11 (2) | 10 (1) | 0,3 | -0,4 | 2,5 | 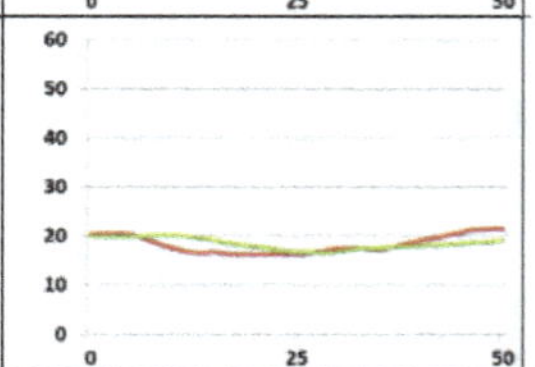 |
| Plateau dans centre d'une petite commune | 11 (2) | 10 (1) | 1,5 | -1,2 | 3,6 | 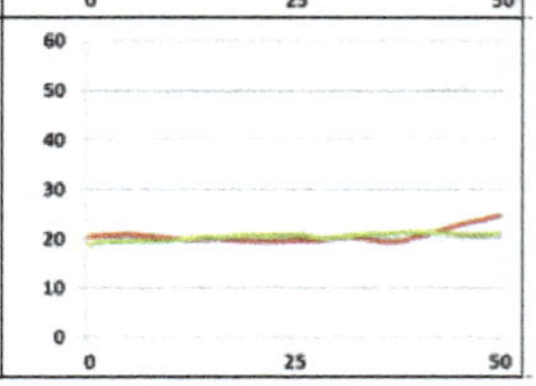 |

| Type de ralentisseur et environnement | Nombre de passages (nombre de véhicules) | | $\Delta V_1$ | $\Delta V_2$ | $\Delta V_3$ | Profil des vitesses |
|---|---|---|---|---|---|---|
| | 2RM | 4RM | | | | |
| Dos d'âne en entrée d'agglomération | 2 (1) | 3 (1) | **12,9** | **10,6** | **13,2** | 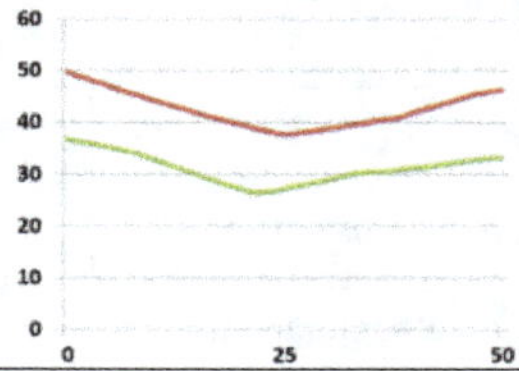 |
| Plateau en zone péri-urbaine | 4 (1) | 6 (1) | **-0,2** | **5,4** | **4,1** | 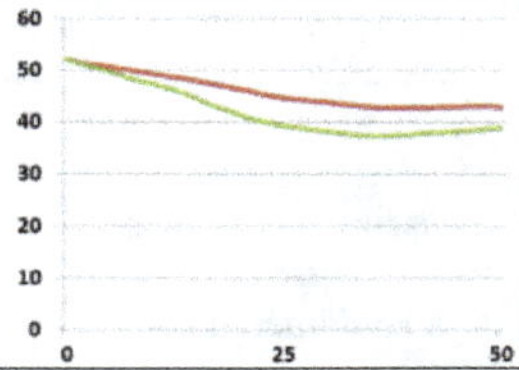 |
| Plateau en zone péri-urbaine | 4 (1) | 6 (1) | **3,0** | **2,8** | **4,2** | 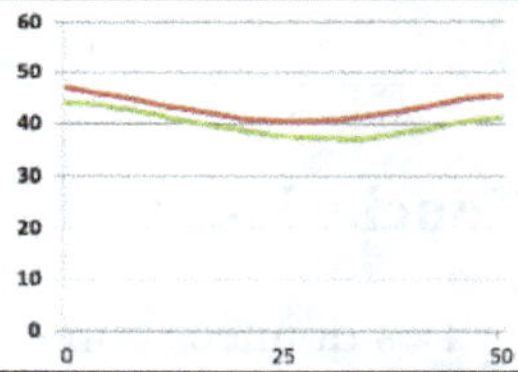 |
| Plateau en zone péri-urbaine | 4 (1) | 6 (1) | **3,8** | **8,2** | **11,8** | 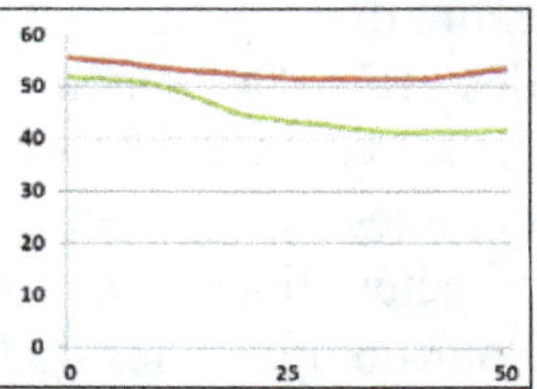 |
| Plateau en zone péri-urbaine | 4 (1) | 6 (1) | **14,5** | **11,3** | **9,7** | 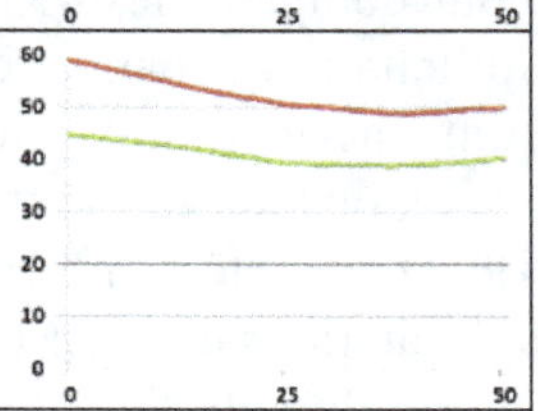 |
| Plateau dans centre d'une petite commune | 5 (2) | 2 (1) | **7,2** | **10,1** | **6,0** | 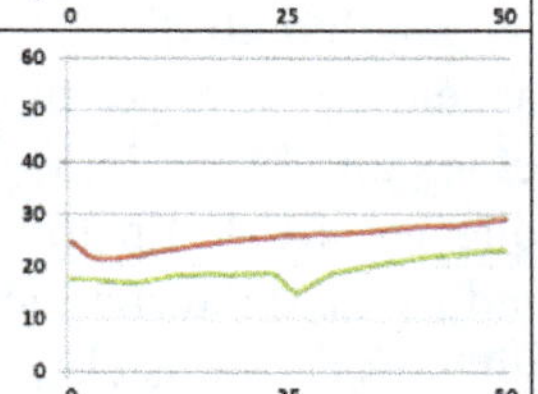 |
| Plateau dans centre d'une petite commune | 5 (2) | 2 (1) | **8,8** | **0,5** | **3,0** | 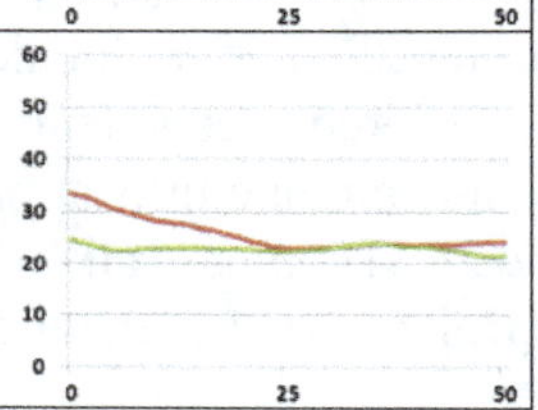 |

| | | | | | | |
|---|---|---|---|---|---|---|
| Plateau dans centre d'une petite commune | 10 (2) | 10 (1) | **-0,3** | **4,0** | **0,1** | 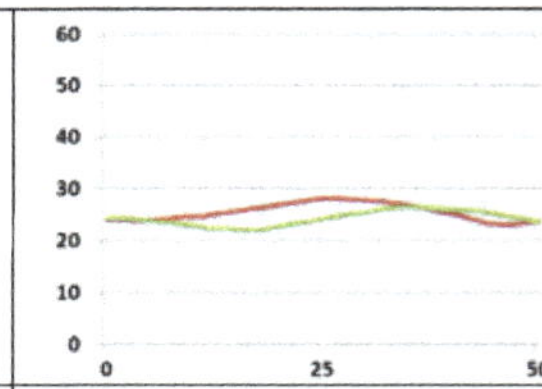 |
| Coussins berlinois en sortie d'agglomération | 5 (2) | 2 (1) | **7,0** | **11,1** | **5,3** | 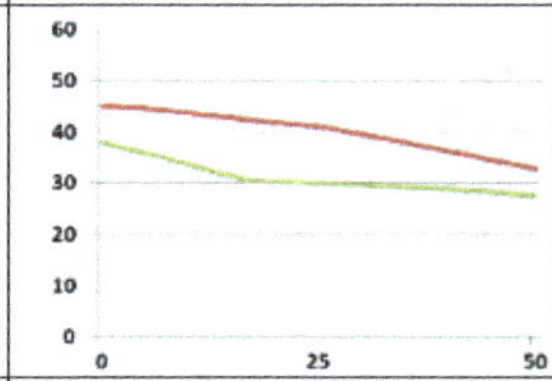 |
| Coussins berlinois en entrée d'agglomération | 11 (2) | 10 (1) | **6,8** | **4,7** | **4,4** | 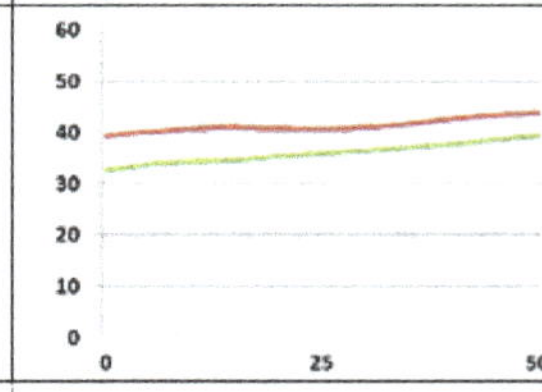 |

## Conclusion

Les données enregistrées en temps réel dans les véhicules équipés dans le cadre du projet DYMOA permettent de caractériser la dynamique des 2RM et des 4RM. De la même manière que les données d'accélérations longitudinale et transversale apportent des enseignements intéressants pour les 4RM, les données d'accélération longitudinale et de vitesse de roulis sont caractéristiques de l'utilisation réelle des capacités dynamiques des 2RM. Pour comparer les 4RM avec les 2RM du point de vue de leurs niveaux de sollicitation dynamique, les variables à observer, ainsi que leurs croisements, sont l'accélération longitudinale et la vitesse de lacet. Pour appuyer ces comparaisons, deux autres expérimentations avec des 4RM (SVRAI, INRETS 1992) ont été confrontées à l'expérimentation DYMOA : les niveaux de sollicitations des 4RM dans les trois expérimentations sont assez proches.

En longitudinal, les niveaux de sollicitation mis en jeu lors des accélérations et des freinages peuvent être directement comparés entre le 4RM et les 2RM : les 2RM accélèrent nettement plus et freinent modérément plus que les 4RM. En transversal, les différences de comportement dynamique induisent de fortes accélérations transversales chez les 4RM et de fortes vitesses de roulis chez les 2RM. La vitesse de lacet est davantage comparable et les 2RM sont globalement plus souvent en sollicitation moyenne à forte.

L'étude des valeurs extrêmes des sollicitations atteintes au moins une fois confirme une utilisation plus forte des capacités dynamiques du véhicule par le 2RM comparé au 4RM. Les niveaux de sollicitations combinées notamment (freinage ou accélération en virage) sont supérieurs pour les 2RM.

Sur un même itinéraire emprunté par un conducteur avec sa moto et avec sa voiture, l'utilisation réelle des capacités dynamiques de la moto est nettement plus intense, son temps de trajet est réduit de 15 %. Cet exemple de comparaison sur un itinéraire précis permet d'observer les différences de comportement dynamique global entre 2RM et 4RM pour le même conducteur sur une même infrastructure.

Les différentes zones d'intérêt étudiées apportent des connaissances en termes de comportement pratiqué sur des aménagements spécifiques afin de dégager des améliorations qui pourraient contribuer à faire baisser la vitesse et l'accidentalité des 2RM. Les aménagements à modération de vitesses tels que les ralentisseurs semblent bien jouer un rôle d'abaissement de la vitesse y compris pour les 2RM, même si ces derniers pratiquent des vitesses plus élevées que les 4RM et ce, plus particulièrement en phase de « ré-accélération ». Aussi, il semble que le ralentisseur de type dos d'âne est celui où l'on observe la diminution de vitesse la plus importante à la fois chez les 2RM et les 4RM.

Ces travaux vont se poursuivre par l'instrumentation de nouvelles flottes de véhicules, notamment de 4RM. Cela permettra de compléter l'échantillon un peu faible de données concernant le 4RM. De plus, des perspectives sont envisagées pour comparer d'autres paramètres dynamiques du véhicule et d'autres croisements. Aussi, la comparaison de l'usage des véhicules 2RM et 4RM sera poursuivie sur d'autres zones d'intérêts. Enfin, une étude accidentologique à partir des études détaillées d'accidents permettra de déterminer l'enjeu lié aux fortes sollicitations dynamiques des 2RM impliqués dans un accident de la circulation routière.

## Références

1. Lechner, D., Perrin, C. (1993). The actual use of the dynamic performances of vehicles. *Journal of Automobile Engineering*, Proceedings Part D, Issue D4, IMechI. SAE Paper 18-207-D4-249.
2. Lechner, D., Perrin, C. (1996). Methodology to study the dynamic behavior of the driver-vehicle system, Technical paper R19.08 - FISITA 96 Congress, Praha (Czech Republic) June 17-21.
3. Naude, C., Serre, T., Dubois-Lounis, M., Fournier, J-Y., Lechner, D., Guilbot, M., Ledoux, V. (2017a). Acquisition and analysis of road incidents based on vehicle dynamics. *Accident Analysis and Prevention*, ISSN 0001-4575. On line March 9th 2017.
4. Naude, C., Serre, T., Ledoux, V. (2017b). Vehicle dynamics data collection to characterize the drivers' behavior. European Transport Conference. AET. 4-6 oct.
5. ONISR, La sécurité routière en France : Bilan de l'accidentalité de l'année 2017 [http://www.securite-routiere.gouv.fr/medias/espace-

presse/publications-presse/bilan-definitif-de-l-accidentalite-routiere-2017], Observatoire national interministériel de la sécurité routière.

6. Singh, S. (2015). Critical reasons for crashes investigated in the National Motor Vehicle Crash Causation Survey. Traffic Safety Facts. DOT HS 812 115. U.S. Department of Transportation, National Highway Traffic Safety Administration (NHTSA). Washington, DC.

# Définition de seuils de sollicitations dynamiques pour la détection d'incidents sur une moto

Christophe Perrin[1], Laura Costa[1], Maxime Dubois-Lounis[1], Claire Naude[1], Bruno Caranta[2], Thierry Serre[1]

[1] TS2-LMA, Univ Gustave Eiffel, IFSTTAR
[2] Provence Expertise

## Introduction

L'IFSTTAR et le Cerema ont réalisé, entre 2014 et 2017, un projet de recherche intitulé DYMOA, Diagnostic d'infrastructures et dYnamique du véhicule pour les Motos et les Autos, financé par la Fondation sécurité routière (Serre et al., 2018). Il s'agissait d'acquérir des données caractéristiques de la conduite des deux-roues motorisés (2RM) à l'aide de boîtiers enregistreurs disposés dans des flottes de moto de particuliers. L'objectif principal du projet était d'améliorer les connaissances sur l'usage des infrastructures par les conducteurs de motocyclettes mais aussi sur la dynamique des motocyclettes.

Afin de ne pas accumuler d'immenses quantités de données générées par la flotte et de faciliter l'exploitation des résultats, l'acquisition des données à fréquence élevée se devait d'être réalisée uniquement lors de situations critiques, caractérisées par d'importantes sollicitations dynamiques du véhicule (appelées incidents « dynamiques »).

De nombreux travaux ont été réalisés pour caractériser un incident dynamique pour un véhicule léger (Serre et al., 2015). D'une manière générale, pour ce type de véhicule, la détection d'une forte sollicitation se base sur les grandeurs physiques suivantes : vitesses linéaires et angulaires, accélérations, jerks (dérivées des accélérations). Les seuils critiques identifiés par les différents auteurs pour caractériser une telle situation se situent alors aux environs de 5 $m/s^2$ pour les accélérations et 2 g/s pour le jerk. Ces seuils pouvant ensuite être ajustés en fonction de la vitesse du véhicule. En revanche, peu de recherches sont répertoriées dans la littérature concernant les motocyclettes. L'objectif des travaux présentés ici était donc d'identifier les paramètres de la dynamique d'une motocyclette les plus pertinents et leurs valeurs seuils, permettant de détecter un incident.

## 1. Méthode

Notre travail s'est basé sur l'instrumentation d'une moto d'un système d'acquisition permettant d'enregistrer les commandes exercées par le conducteur et les sollicitations dynamiques de la moto (Figure 1).

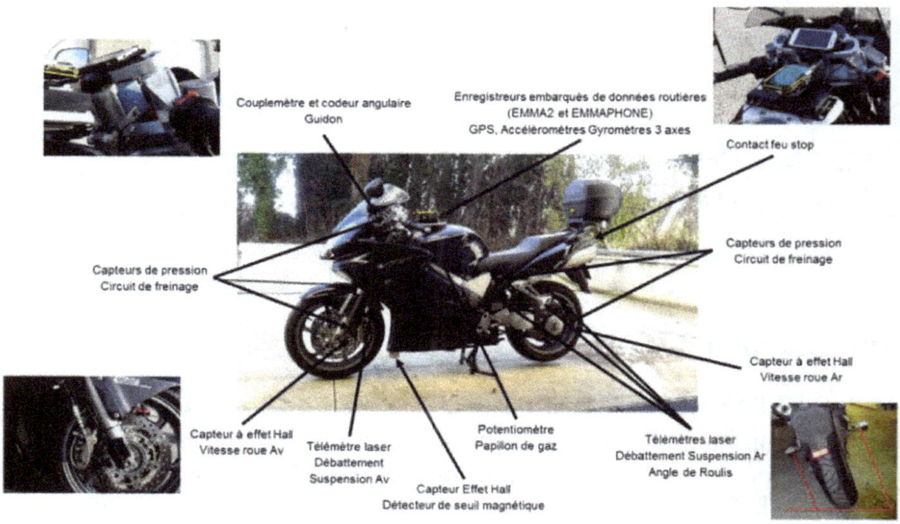


*Figure 1 : Vue d'ensemble des différents capteurs qui équipent notre moto instrumentée*

Toutes les données enregistrées sont listées dans le Tableau 1, ainsi que la technologie permettant leur acquisition et l'unité de mesure. Concernant les repères dans lesquels sont effectuées ces mesures, il faut rappeler ici que la centrale inertielle (trois accéléromètres et trois gyromètres du smartphone) est fixée sur la moto et s'incline donc avec celle-ci lors du franchissement d'un virage ou de tout changement de direction. Ces mesures sont donc réalisées dans un repère lié à la moto et non dans un repère terrestre. Si cela est sans conséquence pour les accélérations longitudinales, il n'en est pas de même pour la mesure de l'accélération transversale qui dans le repère 2RM est par principe nulle en manœuvre stabilisée, comme pour tout déplacement de véhicule monotrace. L'accélération transversale dans le repère terrestre, elle, n'est pas nulle. Elle dépend de la vitesse de la moto et du rayon de courbure de sa trajectoire, c'est elle qui sollicite transversalement les pneumatiques et qui peut, par dépassement des capacités d'adhérence du pneu sur la chaussée entraîner une perte de contrôle.

| Paramètre mesuré | Technologie | Unité |
|---|---|---|
| Angle guidon | Capteur couple-angle | Deg |
| Couple guidon | Capteur couple-angle | N.m |
| Freinage | Tout ou Rien | O/N |
| Pressions de freinage | Capteurs de pression | bar |
| Accélérateur | Potentiomètre | 0 à 100 % |
| Angle d'inclinaison | Télémètres laser | Deg |
| Débattement de suspension Av | Télémètre laser | cm |
| Débattement de suspension Ar | Télémètre laser | cm |
| Vitesse roue Av | Capteur à effet Hall | Km/h |
| Vitesse Roue Ar | Capteur à effet Hall | Km/h |
| Vitesse | GPS | Km/h |
| Vitesse de Roulis | Gyromètre | Deg/s |
| Vitesse de Lacet | Gyromètre | Deg/s |
| Vitesse de Tangage | Gyromètre | Deg/s |
| Accélération longitudinale (X) | Accéléromètre | $m/s^2$ |
| Accélération transversale (Y) | Accéléromètre | $m/s^2$ |
| Accélération verticale (Z) | Accéléromètre | $m/s^2$ |

*Tableau 1 : Paramètres mesurés sur la moto instrumentée*

La moto a été conduite par un conducteur très expérimenté mais non professionnel et nous avons réalisé plusieurs campagnes de mesure sur pistes et sur routes. Le conducteur de la moto et les membres de l'équipe, également conducteurs de moto expérimentés, ont jugé, pour chaque manœuvre réalisée, si celle-ci devait être associée au domaine des « fortes sollicitations » et considérée comme un « incident ». Nous avons ainsi identifié les variables les plus sensibles parmi les différentes mesures faites sur notre système d'acquisition et évalué les seuils critiques.

Sur piste, de nombreux essais de freinage ont été réalisés à différents niveaux de vitesse initiale. La moto étant équipée d'un système de freinage antibloquant et d'un répartiteur de freinage avant/arrière, le niveau maximal de décélération a pu être atteint sans prise de risque. Pour les sollicitations transversales, plusieurs essais ont été réalisés à différentes vitesses de consigne et donc à différents niveaux de sollicitation. Les manœuvres étaient : franchissement d'un slalom, réalisation d'un évitement (type « baïonnette ») et réalisation de tours de circuit complets.

Sur routes ouvertes, aucune manœuvre à hautes sollicitations dynamiques n'a été réalisée. Nous avons simplement vérifié sur différents itinéraires (environ 80 km en milieu urbain et rural) qu'aucun seuil n'était atteint en conduite « normale ».

La Figure 2 présente ces différents essais avec leurs différentes vitesses de consigne. Au total, plus de 70 essais ont été réalisés.

## Sollicitations longitudinales

FREINAGE (sollicitation maximale)
30 km/h, 50 km/h, 70 km/h, Vmax
Freins avant et arrière
Frein avant
Frein arrière
Frein moteur
3 passages par configuration

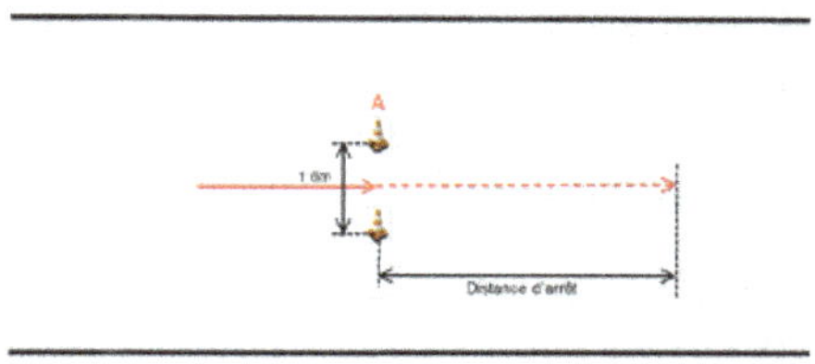


## Sollicitations transversales

Manœuvre d'ÉVITEMENT
vers la gauche, droite, 30 km/h, 40 km/h, Vmax
3 passages par configuration

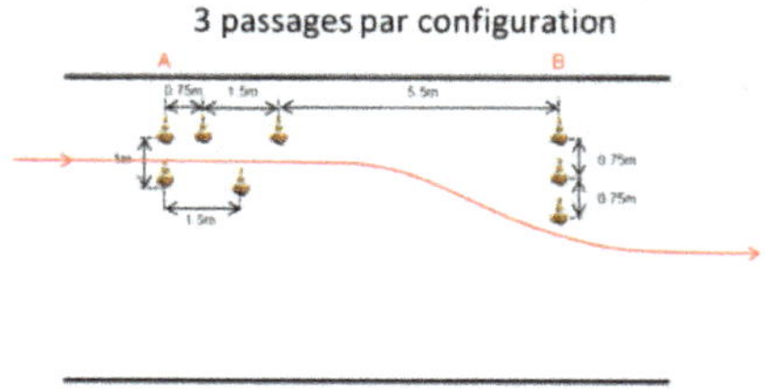

Manœuvre de SLALOM
entrée gauche, droite, 30 km/h, 40 km/h, Vmax
3 passages par configuration

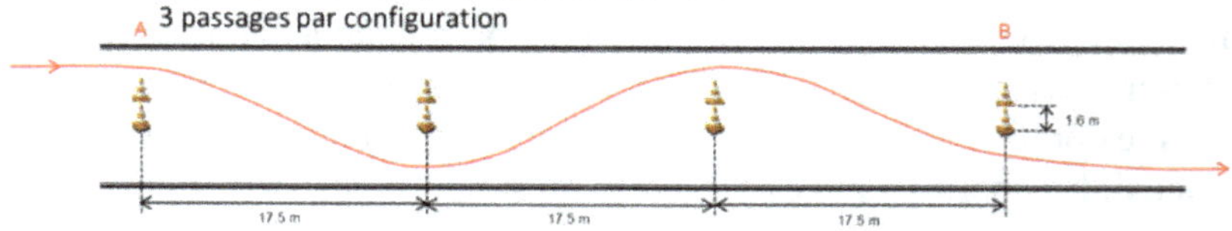


## Sollicitations combinées

CIRCUIT COMPLET (1140m de long, 7.5m de large)
Vitesse constante 30 km/h
Sollicitation moyenne
Sollicitation maximale
3 tours par configuration

Roulage sur ROUTE
Sollicitations modérées

*Figure 2 : Présentation des différents essais réalisés sur piste et sur route*

## 2. Résultats

Le but de ce projet était de recueillir des informations sur la dynamique d'une moto lors d'incidents ou de situations accidentogènes, c'est-à-dire lorsque le véhicule est fortement sollicité. Les campagnes d'essais décrites précédemment ont été exploitées spécifiquement afin de pouvoir définir des seuils critiques. Le dépassement de ces seuils permet alors de déclencher le stockage des différentes mesures pour les 30 secondes précédant cet instant et les 15 suivantes. En sollicitations longitudinales, lors d'un freinage brutal, l'accélération longitudinale varie fortement dans le même ordre de grandeur que ce que nous observons pour les 4RM (Serre et al., 2015). En revanche, en sollicitations transversales, le problème est plus complexe. Les difficultés rencontrées pour évaluer l'accélération transversale réelle (dans un repère terrestre), comme on peut le faire simplement pour un véhicule léger (qui ne s'incline pas vers l'intérieur du virage contrairement aux véhicules à deux roues), rendent la détection des situations critiques en sollicitations transversales bien plus délicate. Afin de détecter une perte de contrôle par exemple, il nous a semblé pertinent de détecter la brutalité avec laquelle l'angle d'inclinaison varie. Nous avons donc fait le choix d'observer principalement la vitesse de roulis et l'accélération de roulis.

### 2.1 Sollicitations longitudinales

Quelques exemples de valeurs d'accélération longitudinale moyennes ou instantanées mesurées lors d'essais de freinage maximal sur piste sont présentés (Tableau 2 et Figure 3). L'accélération longitudinale mesurée lors des essais « tour de circuit » et lors des roulages sur route (au cours desquels aucun incident n'est survenu), a également été exploitée (Figure 5). Ainsi, une limite à 6 $m/s^2$ nous paraît cohérente avec les ordres de grandeur observés lors de ces différents essais : dépassement du seuil pour les freinages maximaux et tour de piste à fortes sollicitations mais aucun dépassement sur un parcours routier sans incident ressenti par le conducteur.

| | Frein Avant et Arrière | |
|---|---|---|
| | V initiale (km/h) | Décélération moyenne (m/s²) |
| Vitesse de consigne 30 km/h | | |
| Essai 1 | 28 | -7.7 |
| Essai 2 | 30 | -7.3 |
| Essai 3 | 30 | -8.3 |
| **Moyenne** | **29** | **-7.8** |
| Vitesse de consigne 50 km/h | | |
| Essai 1 | 49 | -6.9 |
| Essai 2 | 51 | -7.8 |
| Essai 3 | 46 | -8.0 |
| **Moyenne** | **49** | **-7.6** |
| Vitesse de consigne 70 km/h | | |
| Essai 1 | 68 | -8.0 |
| Essai 2 | 66 | -7.7 |
| Essai 3 | 69 | -7.4 |
| **Moyenne** | **68** | **-7.7** |
| Vitesse de consigne 90 km/h | | |
| Essai 1 | 86 | -6.7 |
| Essai 2 | 82 | -8.0 |
| Essai 3 | 78 | -8.9 |
| **Moyenne** | **82** | **-7.9** |

*Tableau 2 : Accélérations longitudinales moyennes en fonction de la vitesse initiale (freinage maximum, utilisation des freins Avant et Arrière)*

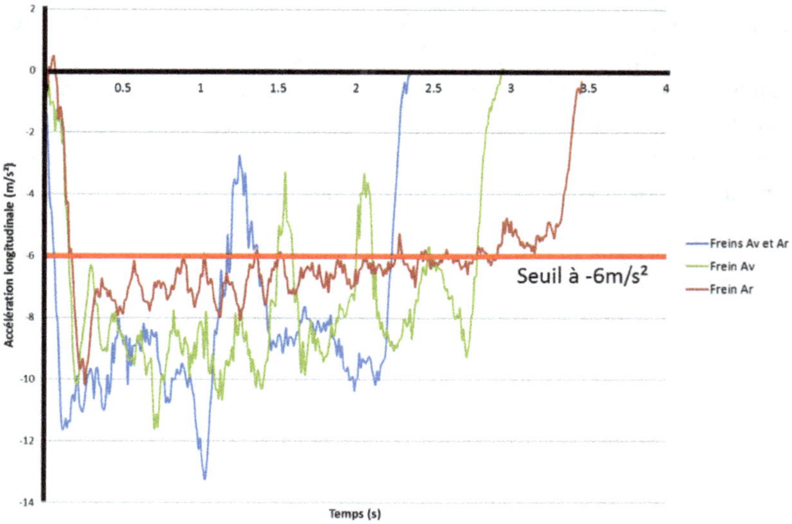


*Figure 3 : Variation de l'accélération longitudinale en fonction du temps (vitesse initiale 70 km/h, freinage maximum, utilisation freins Av et Ar, Av seulement et Ar seulement)*

Toutefois, pour éviter des déclenchements intempestifs pouvant survenir à faibles vitesses, tant en accélération (positive) qu'en freinage (accélération négative), nous avons décidé de rajouter une condition sur la vitesse : V > à 10 km/h. De plus, contrairement aux véhicules légers ordinaires, les capacités d'accélération des motos peuvent parfois leur permettre de dépasser les 6 m/s² dans des gammes de vitesse supérieures à 10 km/h, sans que cela soit le signe de la survenue d'un incident. Pour ces raisons, nous avons décidé de ne considérer que les accélérations en freinage, c'est-à-dire négatives.

## 2.2 Sollicitations transversales

La variation de l'angle de roulis (vitesse de roulis mesurée directement) semble être, en sollicitation transversale, l'indicateur le plus pertinent pour détecter une manœuvre en sollicitation transversale soudaine. De même, l'évolution dans le temps de la vitesse de roulis, c'est-à-dire l'accélération de roulis (calculée par dérivation) peut être caractéristique d'une sollicitation fortement transitoire de type début de « perte d'adhérence » ou de « contrôle » (Figure 4).

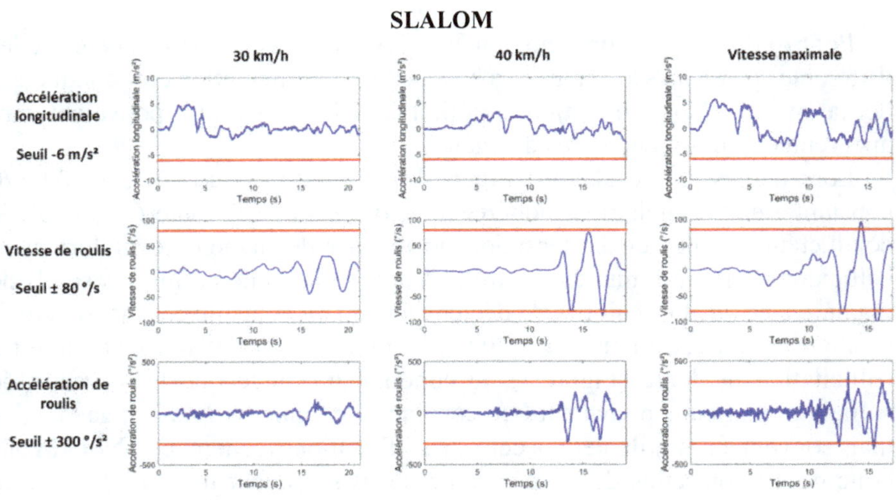


*Figure 4 : Évolution de l'accélération longitudinale, de la vitesse de roulis et de l'accélération de roulis en fonction du temps pour des essais de slalom et évitement réalisés à trois vitesses de consigne différentes*

**ÉVITEMENT**

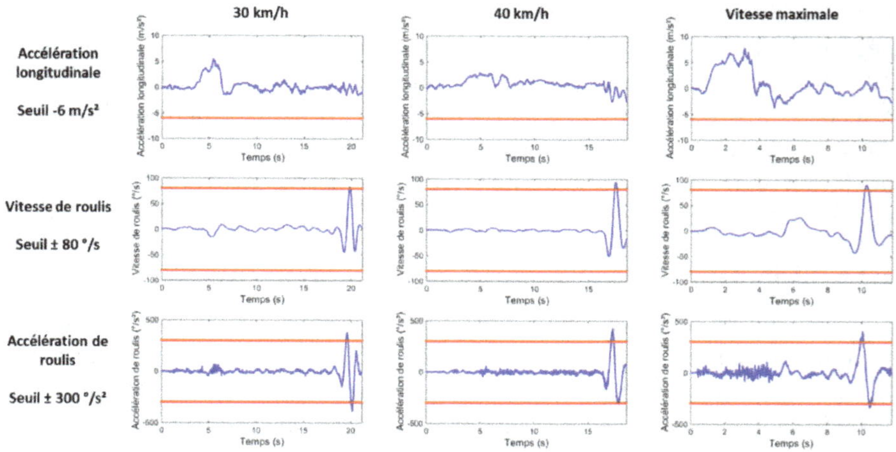


*Figure 4 (suite) : Évolution de l'accélération longitudinale, de la vitesse de roulis et de l'accélération de roulis en fonction du temps pour des essais de slalom et évitement réalisés à trois vitesses de consigne différentes*

Pour définir les valeurs seuils, une réflexion a ensuite été menée entre les différentes personnes ayant mené à bien cette expérimentation et le conducteur de la moto. L'objectif était de définir quelles situations pouvaient être apparentées à des manœuvres d'urgence.

Lors des essais de slalom (Figure 4), des tours de circuit à « 30 km/h constant » et « sollicitation modérée », et des essais sur route (Figure 5), le conducteur n'a pas eu la sensation de réaliser de manœuvre ni fortement sollicitante, ni à la limite du contrôle. Nous avons donc défini nos seuils de manière à ce qu'il n'y ait pas de déclenchement au cours de ces manœuvres.

Pour ce qui est du slalom à 40 km/h (Figure 4) et des tours de circuit à sollicitation modérée (Figure 5), le conducteur a jugé que les niveaux de sollicitation atteints pouvaient être considérés comme parfois « engageants » mais souvent « assimilables » à ceux de sollicitations recherchées. Nous avons donc défini nos seuils de manière à ce qu'ils se situent juste au-delà ou au niveau des valeurs maximales atteintes lors de ces essais.

En revanche pour le slalom à vitesse maximale, les évitements à 40 km/h et à vitesse maximale (Figure 4), ou les tours de circuit à « sollicitation forte » (Figure 5), le conducteur a jugé que les manœuvres étaient très sollicitantes et qu'on ne les rencontre que très rarement en conduite sur route en dehors de la réalisation d'une manœuvre imprévue et non souhaitée. Les seuils choisis devront donc être dépassés par les mesures enregistrées lors de la réalisation de ces essais.

À l'issue de l'analyse de ces différents résultats, les seuils de déclenchement ont été dans un premier temps définis comme suit :

- Accélération longitudinale <–6 m/s² et V >10 km/h ;
- Vitesse de roulis <–80°/s ou >80°/s ;
- Accélération de roulis <–300°/s² ou >300°/s².

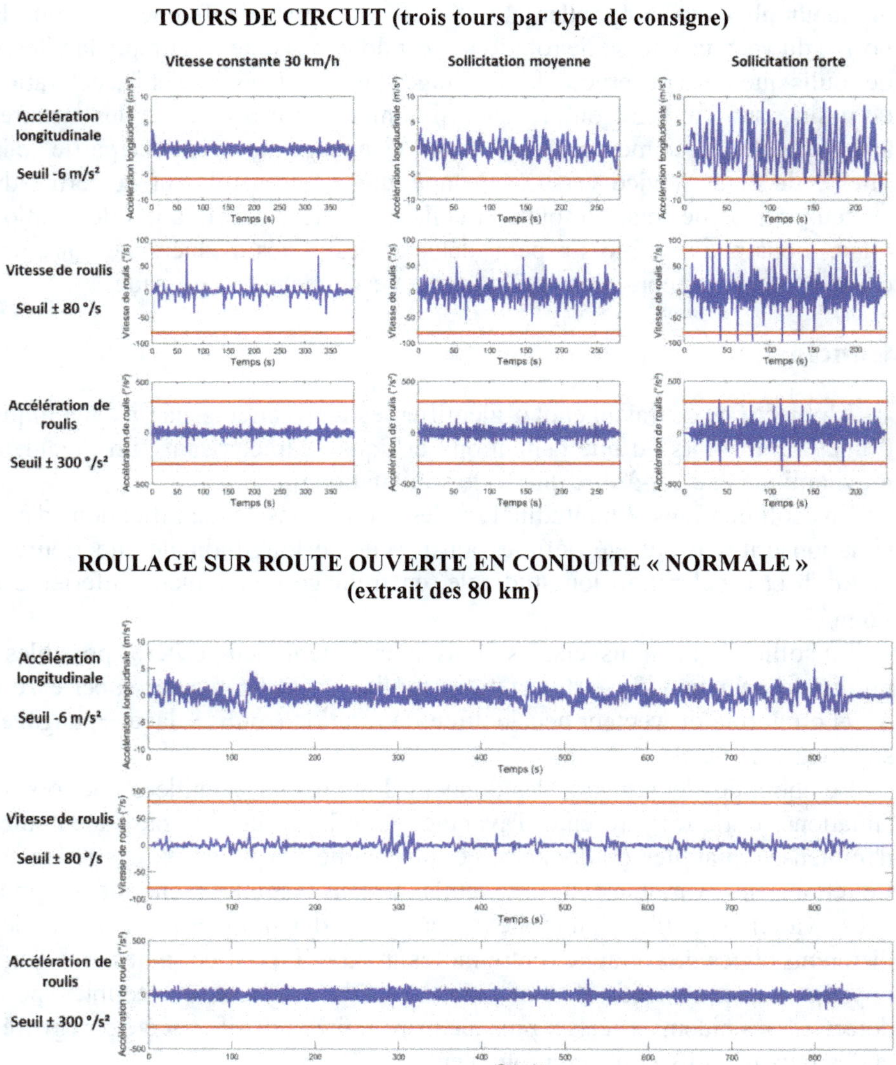


*Figure 5 : Évolution de l'accélération longitudinale, de la vitesse de roulis et de l'accélération de roulis en fonction du temps pour des essais en « sollicitations combinées » : tour de circuit complet et parcours routier*

En définitive, à l'issue de cette phase d'analyse et dans le but de ne pas rater d'incidents, nous avons décidé de ne pas considérer uniquement la vitesse et l'accélération de roulis mais d'appliquer les critères initiaux (80°/s et 300°/s²) sur la rotation totale de la moto (somme vectorielle des trois vecteurs rotations de roulis, lacet et tangage). Tant que la moto est « contrôlée » par son conducteur, nous avons vu précédemment que la vitesse de roulis est la grandeur physique prépondérante et c'est elle qui va influencer le plus la norme du vecteur vitesse de rotation. C'est donc quasiment toujours la vitesse de roulis que nous observerons. En virage stabilisé, la vitesse et l'accélération de roulis sont « nulles » ou presque. Si la moto est très inclinée, les mesures sont influencées : la mesure de la vitesse de tangage mesurera une partie de la vitesse de lacet et vice versa... En appliquant nos seuils sur la norme du vecteur vitesse de rotation totale et celle du vecteur accélération de rotation totale, nous pouvons alors espérer détecter des pertes d'adhérence voire des chutes. Ceci est encore plus vrai si la moto est couchée en glissade.

## Conclusion

L'objectif de ce travail était d'identifier les seuils atteints par la dynamique d'une moto lors d'une situation critique caractérisant un incident « dynamique », c'est-à-dire une forte sollicitation du véhicule.

En sollicitations longitudinales, les conditions d'identification d'une situation critique ont été définies ainsi : vitesse longitudinale supérieure à 10 km/h et accélération longitudinale, en freinage uniquement, inférieure à –6 m/s².

En sollicitations transversales, nous avons retenu deux critères possibles : norme du vecteur vitesse de rotation (roulis + lacet + tangage) supérieure à 80°/s ou norme du vecteur accélération de rotation (roulis + lacet + tangage) supérieure à 300°/s².

Le choix de n'enregistrer des données d'acquisition détaillées que lors de situations critiques présente l'avantage confirmé de ne pas accumuler d'immenses quantités de données, ce qui facilite l'exploitation des résultats. Le choix des variables et des seuils retenus semble bien adapté pour l'observation de l'utilisation réelle des capacités dynamiques d'une moto, des différents styles de conduite (entre motos, moto/VL pour certaines grandeurs physiques uniquement). Toutefois, ces seuils s'avèrent perfectibles pour détecter les incidents « réels » puisque trop de faux positifs ont été enregistrés et des faux négatifs nous ont probablement échappé.

Des améliorations futures devraient permettre de mieux caractériser les variations de sollicitations, signes d'un effet de surprise, et annonciateurs de la présence d'une situation non souhaitée plus proche de la définition d'un incident. Pour cela, il serait pertinent de rajouter des notions de durée de dépassement de seuil et peut-être de combiner des variables.

À plus long terme, la détection d'une perte de contrôle en glissade pourrait être améliorée avec des capteurs additionnels : angle de roulis, accélération transversale dans un repère terrestre (via une plateforme gyroscopique). À défaut, ces grandeurs pourraient être extrapolées par un modèle, à mettre au point, utilisant des variables directement mesurées par les boîtiers enregistreurs.

## Références


1. Serre, T., Naude, C., Guilbot, M., Lechner, D., Fournier, J.-Y., Bellot, O., Chauvet, S., Dubois-Lounis, M., Le Pape, F., Ledoux, V., Bonin, Y. (2015), Développement et déploiement de méthodes de recueil et d'analyse de l'incidentologie. Projet SVRAI, Livrable Phare de l'IFSTTAR, 86 p.
2. Serre, T., Guilbot, M., Perrin, C., Naude, C., Fournier, J.-Y., Dubois-Lounis, M., Costa, L., Cornen, R., Vaslin, L., Ledoux, V., Subirats, P., Violette, E., Moisan, O., Chabani, A., Doucet, D., Floris, O., Hublart, A., Rongione, B., Duchamp, G., Cucurullo, V., Raibaut, C. (2018), Livrable 1.4 - Rapport de synthèse du projet DYMOA, 37 p.

# Diagnostic des infrastructures à partir de véhicules équipés d'enregistreurs de données routières

Peggy Subirats, Olivier Moisan, Éric Violette

Cerema Normandie-Centre

## Introduction

Le projet DYMOA « Diagnostic d'infrastructure et DYnamique du véhicule pour les Autos et les Motos » vise à développer de nouvelles méthodes de diagnostic de la sécurité des infrastructures routières et de leurs usages par les deux-roues motorisés (2RM) à l'aide d'enregistreurs de données routières (EDR) dénommés EMMA (Enregistreurs eMbarqués des Mécanismes d'Accidents). Les boîtiers installés sur les véhicules enregistrent leurs caractéristiques dynamiques. Leur analyse permet d'identifier :

- des incidents (dépassement de seuil dynamique) : situations de conduite non maîtrisées ou à la limite de maîtrise par le conducteur mais qui n'occasionnent pas nécessairement de choc ;
- des évènements : déclenchements de courte durée liés à un défaut ponctuel (rail de tramway, nid de poule, bandes rugueuses, etc.).

Les EDR peuvent également être utilisés dans le mode de déclenchement « zone d'intérêt ». Dans ce cas, le déclenchement a lieu sur critère géographique.

Les travaux présentés dans cet article ont pour objectif d'explorer la faisabilité et la complémentarité de l'analyse des incidents par rapport aux méthodes usuelles basées essentiellement sur les accidents corporels de la circulation. Cette thématique poursuit deux objectifs principaux :

- Le premier est de fournir aux gestionnaires routiers des outils et des méthodes directement utilisables dans les démarches de sécurité routière.
- Le second est de contribuer à l'amélioration des connaissances sur les interactions du couple véhicule/conducteur avec l'infrastructure

routière. Ces nouvelles connaissances permettront ultérieurement de définir des applications pratiques.

## 1. Bilan général

Dans cet article, seules les données enregistrées dans les départements de Seine-Maritime et de l'Eure pendant les 12 mois de recueil du projet sont prises en compte.

Au total, 57 incidents ont été recensés dans ces départements. Quatre-vingt-dix-neuf évènements ont également été relevés. Le bilan général présenté dans cet article ne dresse que les incidents.

L'analyse fait apparaître les principaux éléments suivants :

- Concernant l'environnement routier :
  - 58 % des incidents ont été recensés en milieu urbain dont 82 % sur réseau départemental communal ;
  - 42 % des incidents ont été recensés en rase campagne dont 92 % sur autoroute et réseau départemental.
- Concernant la configuration routière :
  - 37 % des incidents ont lieu en section courante (la moitié en urbain et l'autre en rase campagne) ;
  - 44 % des incidents ont lieu en carrefours (intersections, giratoires, échangeurs) ;
  - Les autres ont lieu sur ralentisseurs, en gare de péage, etc.
- Concernant la catégorie administrative du réseau :
  - 51 % des incidents ont lieu sur réseau départemental ;
  - 21 % des incidents ont lieu sur voie communale ;
  - 17 % des incidents ont lieu sur autoroute ;
  - 4 % des incidents ont lieu sur route nationale ;
  - 7 % ont lieu sur des parkings privés.

## 2. L'aide au diagnostic et à l'évaluation de l'infrastructure

Le premier volet du travail consiste à étudier l'apport des incidents pour l'aide au diagnostic d'infrastructures. Fort de notre connaissance de l'interaction du rôle de l'infrastructure et des comportements au volant, nous avons cherché à établir un éventuel lien entre la route et son environnement, et les incidents détectés par les capteurs des véhicules instrumentés dédiés au projet DYMOA. La méthodologie s'appuie sur trois principales tâches :

- extraction des incidents détectés sur le réseau de Seine-Maritime ;
- visite de sécurité sur chaque site incidenté ;
- rédaction d'un résumé de visite.

Ces travaux ont pour objectif d'identifier les paramètres dynamiques d'un 2RM et leurs valeurs seuils permettant de détecter un incident. À partir des incidents dynamiques relevés lors de la période de recueil (57 sur les départements de Seine-Maritime et l'Eure), nous avons essayé de regrouper la typologie des incidents par famille. Il ressort que les aménagements tels que les ralentisseurs et les plateaux, l'état de la chaussée, les types de route tels que les autoroutes et les boulevards urbains sont générateurs d'évènements 2RM.

Nous présentons ci-après le cas d'un déclenchement d'incident sur voie rapide périurbaine.

*Figure 1 : Plan de situation incident (voie rapide, environnement périurbain)*

Cette section est une voie rapide urbaine RN338 – Voie rapide Sud III, située au sud de Rouen. La RN338, est un barreau qui relie l'autoroute A13 au sud ouest de Rouen (Figure 1). Elle constitue un maillon de la liaison entre l'autoroute A13 et l'autoroute A150.

Le profil en travers de la section courante se compose de deux chaussées séparées par un terre-plein central équipé d'un dispositif de retenue de type DBA.

Les échanges se font sur des carrefours dénivelés, à l'exception de l'extrémité côté Rouen qui est aménagée en giratoire.

Elle se situe dans un environnement urbain. Le tracé de la RN338 a été établi selon les normes de l'ICTAVRU (« Instruction sur les conditions techniques d'aménagement des voies rapides urbaines », CETUR, 1990). Cette section est limitée à 90 km/h et le tracé est constitué d'une succession de courbes.

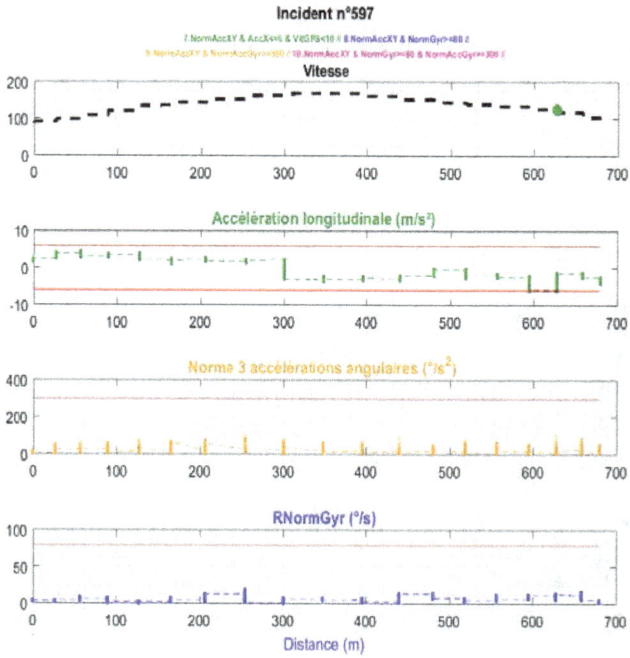


*Figure 2 : Paramètres dynamiques incident 597 (voie rapide, environnement périurbain)*

L'incident a lieu au niveau de l'échangeur de Stalingrad sur la bretelle de sortie direction Petit-Quevilly Centre / ZI Quais de Seine (Figure 1). Cette bretelle se situe dans une courbe à gauche de la section courante. Elle présente un profil en travers à une voie et est limitée à 70 km/h.

Les graphiques amènent aux remarques suivantes (Figure 2) :

- la vitesse de l'usager est d'environ 180 km/h pour redescendre à 120 km/h au moment du déclenchement ;
- le déclenchement a lieu suite à un dépassement de seuil de l'accélération longitudinale (6 m/s²) dû à un freinage ;
- on suppose que le conducteur a fortement freiné lors de son entrée sur la bretelle de sortie.

Sur cet incident, nous n'avons pas relevé de défaillance d'infrastructure. Il relève d'un comportement inadapté à ce type de configuration.

## 3. L'évaluation d'aménagements de l'infrastructure

Le deuxième volet de ces travaux vise à étudier l'apport des incidents recueillis pour l'évaluation d'aménagements. Cette approche consiste à analyser les évènements survenus sur ces aménagements par un recueil systématique (sans application de seuils de déclenchement) sur un critère de localisation de l'évènement. Dans ce cas, pour chaque passage d'un véhicule de la flotte sur l'aménagement considéré, on dispose d'une séquence de mesures spatio-temporelles.

L'objectif est de développer de nouvelles connaissances sur l'utilisation réelle d'un 2RM en interaction avec l'infrastructure routière. Les infrastructures routières ont plutôt été conçues et aménagées pour les véhicules légers. Il s'agit donc d'investiguer comment un recueil de données basé sur l'utilisation d'EDR peut faire progresser la conception et l'aménagement des routes qui tiennent compte de la spécificité des 2RM.

Nous présentons ci-après le cas d'un nouveau type de giratoire : le giratoire double dit « cacahuète » situé à l'intersection RD6015 / RD20 sur la commune de Croix-Mare en Seine-Maritime (Figure 3). Aujourd'hui, ce type d'aménagement ne fait pas l'objet de recommandations techniques. Toutefois, le département de Seine-Maritime en a déjà réalisé plusieurs à titre expérimental.

Compte-tenu de son caractère innovant, il paraît nécessaire de l'évaluer.

Les informations recueillies à partir de la flotte instrumentée de 2RM permettent de produire des données objectives pour cette évaluation.

Cet aménagement a été réalisé en fonction de la configuration du site et des contraintes foncières.

Ce giratoire est constitué de cinq branches. Lors du passage des véhicules, seules quatre branches du giratoire étaient en service.

Il est composé de deux giratoires de rayon extérieur Rg = 25 m reliés par un rayon R = 37,5 m. L'îlot central est en forme de « cacahuète », ce qui permet d'introduire une contrainte de trajectoire dans la traversée de l'aménagement. Sa chaussée annulaire est de 7,5 m.

Cet aménagement est équipé d'un éclairage en périphérie d'anneau ainsi qu'en approche.

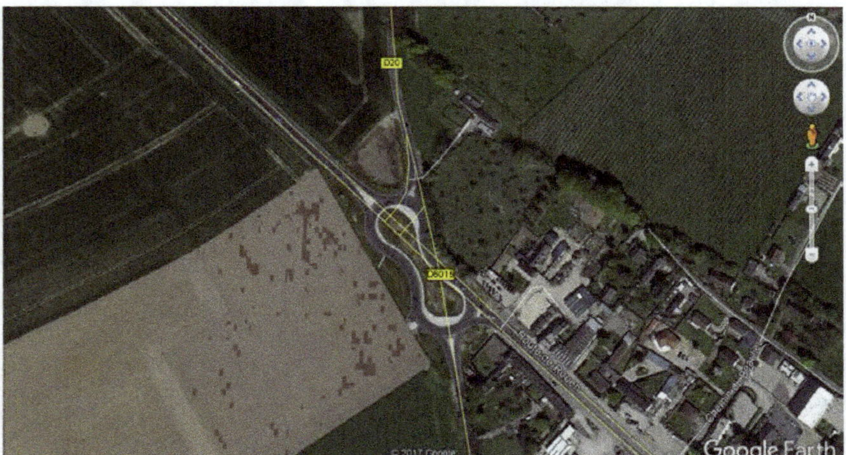


*Figure 3 : Vue de dessus du giratoire double dit « cacahuète »*

La Figure 4 présente un exemple de courbe de vitesses, de vitesses angulaires et d'accélérations angulaires des usagers de 2RM empruntant le carrefour cacahuète dans le sens Motteville / Rouen.

L'analyse des graphiques fait apparaître les comportements suivants :

- les vitesses d'approche du carrefour cacahuète varient entre 100 km/h et 110 km/h ;
- les accélérations longitudinales sont inférieures à 0,3 g ;
- les vitesses angulaires sont de l'ordre de 50 à 60°/s ;
- les accélérations angulaires varient entre 50°/s² et 250°/s².

Globalement, le giratoire double joue son rôle de modérateur de vitesse. Quelle que soit la vitesse d'entrée, le 2RM franchit l'objet routier à une vitesse d'environ 30 km/h.

Par ailleurs, c'est un aménagement qui sollicite fortement le véhicule puisque les accélérations angulaires sont de l'ordre de 300°/s² et les vitesses angulaires de l'ordre de 60°/s. Cette contrainte dynamique implique que le conducteur ne peut pas franchir l'aménagement à vitesse élevée.

En revanche, les fortes sollicitations dynamiques impliquent que le gestionnaire maintienne de très bonnes conditions d'adhérence et s'assure d'un entretien régulier de l'ensemble de la chaussée annulaire.

À ce stade de l'étude, le comportement des 2RM sur cet aménagement n'a pas été comparé avec celui observé sur un giratoire « classique ».

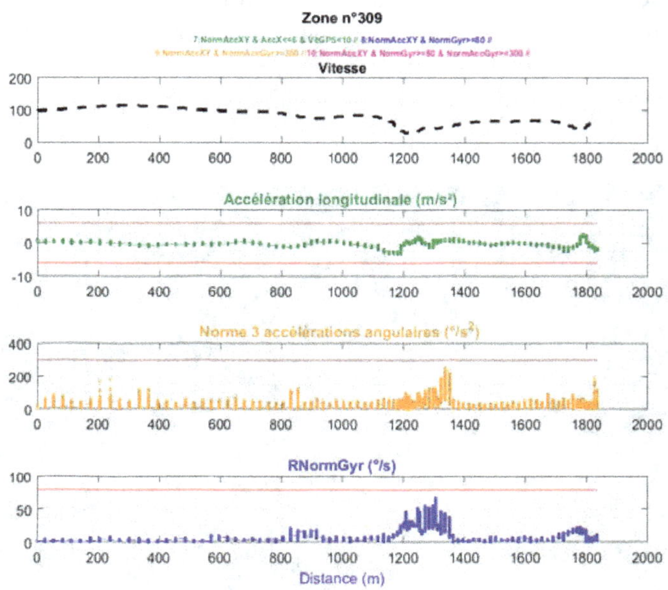


*Figure 4 : Relevé DYMOA sur le giratoire double dit « cacahuète » de Croix-Mare*

## Conclusion

Dans cet article, nous avons présenté quelques études de cas d'analyse des déclenchements recueillis à partir de motos instrumentées de boîtiers EDR.

Cette analyse a permis de montrer que le recueil d'incidents et d'évènements permet d'étudier le comportement des conducteurs de 2RM, à savoir :

- le comportement dynamique de leurs véhicules en utilisation réelle à partir des déclenchements sur dépassement de seuil des paramètres dynamiques ;
- leurs usages des infrastructures routières à partir des déclenchements sur zone GPS.

Sur les exemples d'incidents présentés, en fonction de la typologie de route (autoroute, réseau départemental, voirie communale), il est observé que les incidents sont principalement dus aux paramètres suivants :

- des dépassements de seuils des accélérations longitudinales que ce soit en accélération ou en décélération ;
- des accélérations longitudinales fortes voire très fortes (de 6 à 8 $m/s^2$).

Ces observations caractérisent des montées rapides en vitesse pour atteindre des vitesses très élevées mais aussi des freinages soutenus en raison de vitesses initiales très importantes.

Plus généralement, sur l'ensemble des cas analysés dans les deux départements, on note que les déclenchements sont principalement observés dans les circonstances suivantes :

- au niveau des feux tricolores ;
- dans le cadre d'une manœuvre de dépassement ;
- lors de freinage et accélérations soutenus ou à l'arrivée sur un objet routier comme un giratoire qui nécessite un fort ralentissement ;
- croisement entre deux véhicules ou visibilité réduite liée au tracé en plan, profil en long ou profil en travers.

En fonction des aménagements routiers (ralentisseurs et plateaux surélevés), l'analyse amène aux commentaires suivants :

- les vitesses de franchissements semblent être compatibles avec la nature de l'aménagement (30 à 50 km/h) ;
- le déclenchement sur norme des trois accélérations est caractéristique de la somme des accélérations longitudinales et verticales ;
- le seuil de déclenchement retenu dans le cadre du projet DYMOA est peut-être trop faible pour caractériser une réelle difficulté de conduite par les motards. Ce dernier point serait à confirmer ou infirmer par les motards vis-à-vis de ce type d'aménagement (risque perçu, problème pour les motards, effet ralentisseur, risque de chute, etc.).

Par ailleurs, on peut préciser que les incidents et évènements relevés ne sont pas systématiquement en lien avec l'infrastructure.

# La moto d'analyse du comportement du conducteur : un outil pour l'analyse des interactions « moto/motard » avec l'infrastructure routière

Peggy Subirats, Alexandre Hublart, Olivier Floris

Cerema Normandie-Centre

## Introduction

En France, l'Observatoire national interministériel de la sécurité routière a relevé en 2018 que 19 % des usagers tués sur les routes sont des motocyclistes alors que c'est une catégorie sous-représentée sur la route. De par ces chiffres, le risque d'être tué ramené aux kilomètres parcourus est 27 fois plus élevé pour un conducteur de moto lourde (>125 $cm^3$) que pour un conducteur de véhicule de tourisme.

Depuis 2008, le Cerema Normandie-Centre travaille sur la cinématique des motocyclettes sur différents types d'objet routier. Afin d'étudier le comportement du motard, le projet MACC (Moto d'Analyse du Comportement du Conducteur) a été initié. Ce projet a pour but de concevoir une moto instrumentée permettant l'acquisition de données objectives sur la dynamique du tryptique moto/infrastructure/conducteur.

La moto instrumentée par le Cerema a pour objectif de connaître les stratégies de conduite du motocycliste, d'identifier les pratiques des usagers de deux-roues motorisés pour améliorer leur sécurité et de définir les interactions entre le motocycliste et l'infrastructure routière. Ces recherches permettent de produire des recommandations techniques pour la conception d'infrastructures intégrant la spécificité des deux-roues motorisés, de définir et d'évaluer des aménagements de sécurité innovants et de mettre en œuvre des politiques de sécurité routière adaptées aux motocyclettes afin de réduire le nombre d'accidents de cette catégorie d'usagers.

Ainsi, à l'aide d'une centrale inertielle (accélérations, les angles), d'un GPS (vitesse, position) et d'une carte d'acquisition permettant la récupération des commandes au guidon, la MACC a permis la réalisation de trois études : « Cinématique des 2RM sur les carrefours giratoires » (2011), « Cinématique des 2RM en chicanes et écluses » (2013) et « Cinématique des 2RM en virages interurbains » (2018).

## 1. Protocole d'expérimentation

Afin de mener ces études, nous avons utilisé la Moto d'Analyse du Comportement du Conducteur développée au CETE Normandie-Centre.

Cette moto est instrumentée de plusieurs capteurs permettant d'objectiver le comportement des conducteurs de ce type de véhicule en interaction avec l'infrastructure routière et dans une situation naturelle de conduite. L'ensemble des données est enregistré via une carte d'acquisition dont la fréquence d'acquisition peut monter jusque 100 Hz. Les capteurs composant l'instrumentation sont les suivants :

- une caméra pour filmer l'avant de la scène et connaître l'environnement du motard ;
- une centrale inertielle afin d'obtenir les accélérations et les angles d'inclinaison de la moto ;
- un récepteur GPS pour localiser la moto et mesurer sa vitesse ;
- des modules permettant de récupérer les actions du motard sur son véhicule (appui sur les freins, utilisation des phares et des clignotants, rotation de la poignée d'accélérateur, etc.).

*Figure 1 : Illustration de la Moto d'Analyse du Comportement du Conducteur (MACC)*

Pour chaque expérimentation, un panel d'une quinzaine de motocyclistes est constitué. Ces motocyclistes sont des agents[1] du Cerema Normandie-Centre. Ils ont été choisis en tenant compte des critères suivants :

- conducteur de moto fortement expérimenté (plus de 5000 km/an) ;

[1] La MACC est un véhicule de service et les motocyclistes du Cerema Normandie-Centre disposent d'une autorisation administrative et d'une assurance pour la conduire.

- conducteur de moto expérimenté (entre 3000 et 5000 km/an) ;
- conducteur de moto peu expérimenté (inférieur à 3000 km/an) ;
- conducteur homme ;
- conducteur femme.

## 2. Protocole d'exploitation

Les films vidéo ont permis d'extraire les situations où le conducteur était en situation de conduite libre (non contraint par le véhicule qu'il suit ou qu'il croise). Seules les données recueillies à partir de passages libres ont été analysées.

Pour chaque objet routier, nous avons décomposé le périmètre d'étude en trois zones qui correspondent à trois parties où la conduite sera spécifique :

- la zone d'approche de l'objet routier ;
- la zone de négociation ;
- la zone d'accélération en sortie de l'objet routier.

L'ensemble de ces trois zones constitue la zone d'influence de l'objet routier.

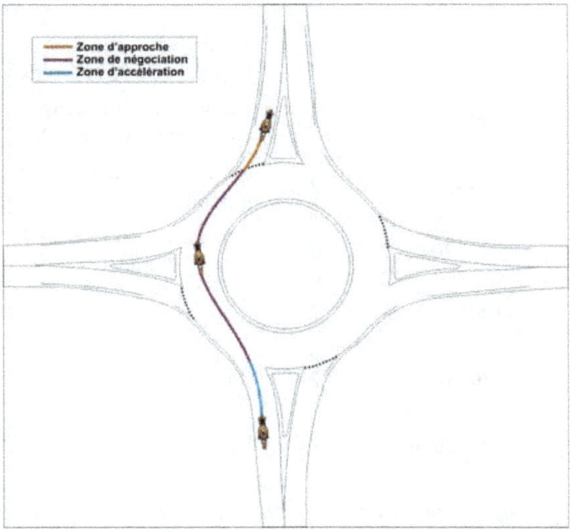


*Figure 2 : Exemple de décomposition en zones d'études*

Afin d'analyser le comportement des conducteurs, nous avons observé les paramètres suivants qui sont recueillis à une fréquence de 50 Hz :

- le lâcher de poignée d'accélérateur ;
- l'appui sur les poignées de frein (sans distinction frein avant/frein arrière) ;
- les décélérations ;
- les accélérations ;

– la vitesse ;
– la distance parcourue.

## 3. Analyse des paramètres

Dans ce paragraphe, nous présentons quelques exemples de résultats. Il n'a pas pour vocation à être exhaustif. Le lecteur souhaitant plus de détails pourra se reporter aux rapports d'études [1] [2].

### 3.1 Exemple d'analyse pour les giratoires

Le Tableau 1 présente le comportement des motocyclistes lors du franchissement des giratoires en fonction des caractéristiques de l'infrastructure.

| Giratoire | Lâcher de poignée | Nombre de voies | Observations | Vitesses d'approche |
|---|---|---|---|---|
| 1 **Péri-urbain** | -240/-50 m | 2 | Ras | 55/90 km/h |
| 2 **Péri-urbain** | -90/-25 m | 2 | Ras | 77/110 km/h |
| 3 **Péri-urbain** | | 2 | Zone d'approche impactée par le giratoire 2 | |
| 4 **Rase campagne** | -80/-25 m | 2 | Échangeur des Essarts dans la zone d'approche | 70/85 km/h |
| 6 **Rase campagne** | -150/-25 m | 2 | Métro en sortie de giratoire | 45/70 km/h |
| 7 **Rase campagne** | -80/-40 m | 2 | Échangeur sud III dans la zone d'approche | 45/65 km/h |
| 8 **Péri-urbain** | -100/-30 m | 2 | Ras | 80/110 km/h |
| 9 **Urbain** | -70/-10 m | 2 | Ras | 45/75 km/h |
| 10 **Urbain** | -100/-20 m | 2 | Ras | 52/64 km/h |

*Tableau 1 : Comportement en fonction des caractéristiques du giratoire*

Le lâcher de la poignée d'accélérateur qui traduit une intention de réduire la vitesse est très variable selon les giratoires qui sont implantés dans des environnements très différents (urbain, péri-urbain et rase campagne). Toutefois, on constate que lorsque le giratoire présente un grand rayon extérieur, la décélération s'opère plus tôt (exemple : giratoire n° 1 / Rg = 40 m / Lâcher de poignée – 240/– 50 m - Giratoire n°°9 / Rg = 15 m / Lâcher de poignée – 70/– 10 m). Ceci n'est pas directement lié au rayon du giratoire mais à la « perception de l'aménagement par les deux-roues motorisés à travers deux critères : la visibilité en amont et la lisibilité du carrefour, c'est-à-dire voir et comprendre le fonctionnement de l'intersection » [3].

Sur chaussée sèche, le motocycliste a déjà besoin en moyenne de 150 m pour décélérer avant l'entrée, sans compter le temps de réaction, alors que sur chaussée mouillée c'est beaucoup plus. Pour mémoire, le guide ACI (Aménagement des carrefours interurbains [4]) stipule « que l'îlot séparateur matérialisé par une balise J5 et l'îlot central soient visibles à 250 m suivant les conditions conventionnelles prises en compte pour le calcul de visibilité sur obstacle.

### 3.2 Exemple d'analyse pour les virages

La Figure 3 présente les vitesses moyennes selon le rayon de courbures des virages.

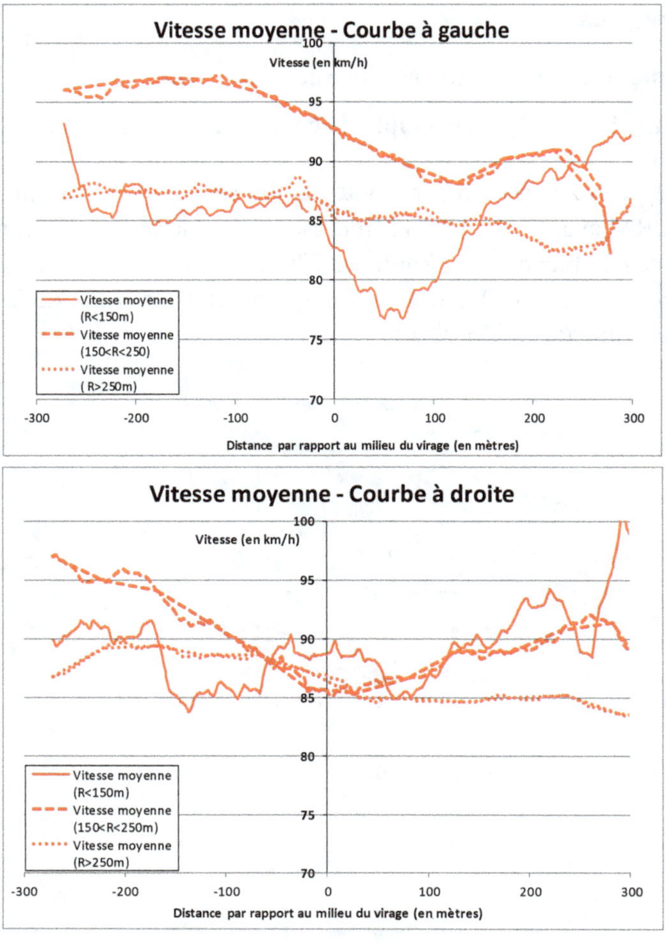


*Figure 3 : Vitesse moyenne selon rayon en courbe à gauche et à droite*

Les deux graphiques présentés montrent l'évolution de la vitesse (moyenne sur l'ensemble des courbes) dans le virage selon que la courbe soit à droite ou à gauche. Plusieurs points sont à relever :

- La vitesse moyenne dans les courbes présentant un rayon de courbure inférieur à 150 m montre une baisse au milieu du virage passant de 85 à 77 km/h et une reprise de vitesse de croisière 150 m après.
- Ce « creux » est beaucoup moins prononcé dans les virages à droite.
- La vitesse moyenne dans les courbes à fort rayon est relativement constante tout au long de la traversée de la courbe quel que soit le sens du virage.
- Bien que la vitesse maximale autorisée (VMA) soit de 90 km/h, on observe qu'à gauche, seules les vitesses dans les courbes aux rayons modérés dépassent cette VMA avant d'arriver au centre du virage alors qu'à droite, en entrant dans le virage, quel que soit le rayon, la VMA est respectée.

### 3.2 Exemple d'analyse pour les chicanes

La Figure 4 présente un exemple de courbes de vitesses en franchissement de chicanes.

On note peu de variation sur la vitesse. On remarque néanmoins :

- les 2RM ayant croisé un VL réduisent considérablement leur vitesse en entrée de chicane (–20 km/h sur 200 mètres) ;
- entre –200 et –100 mètres, on note une augmentation de la vitesse de l'ensemble des 2RM libres.

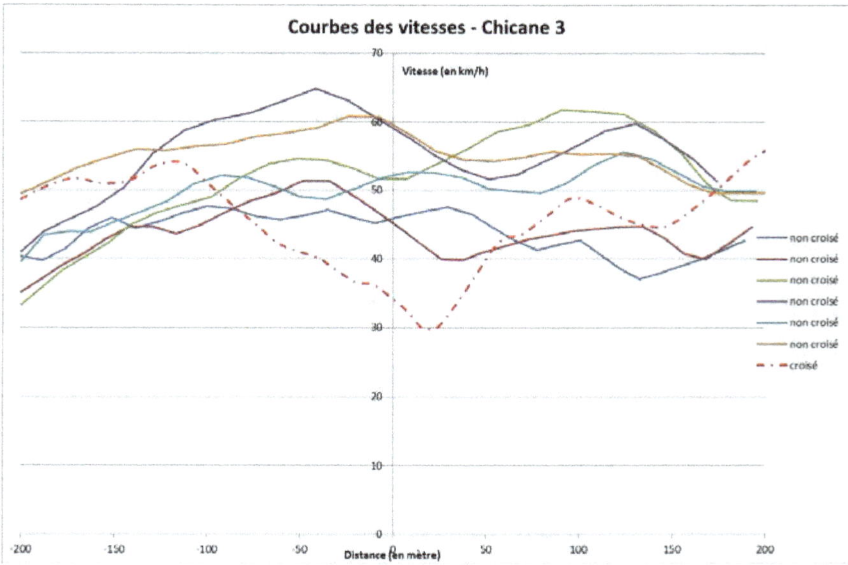


*Figure 4 : Exemple de courbes de vitesse en franchissement de chicane*

## Conclusion

Dans cet article, nous avons présenté un outil (la MACC) permettant d'identifier les pratiques des motocyclistes afin d'améliorer leur sécurité et de définir les interactions entre le motocycliste et l'infrastructure routière. Des exemples de résultats sur trois types d'infrastructures ont été présentés : giratoires, virages interurbains et chicanes. Cette conclusion présente les résultats issus des trois études complètes et ne se restreint pas aux seuls exemples présentés dans cet article.

Concernant les giratoires, il ressort de l'étude qu'il est nécessaire :

- d'assurer une bonne perception du giratoire (visibilité et lisibilité) en approche ;
- de respecter les règles de conception qui permettent la modération de la vitesse ;
- de maintenir la règle de conception des giratoires : R sortie > R entrée ;
- d'offrir un bon niveau d'adhérence en entrée de giratoire notamment dans la zone de freinage d'entrée (à partir de 150 m avant l'entrée du giratoire), sur la chaussée annulaire mais aussi en sortie de giratoire jusqu'à ce que le motard ne soit plus sur l'angle ;
- d'éviter les obstacles agressifs dans l'axe des trajectoires sur l'îlot central et aux abords directs des « branches » mais aussi de la chaussée annulaire qui diminuera les risques en cas de chute ;
- que l'îlot séparateur matérialisé par une balise J5 et l'îlot central soient visibles à 250 m suivant les conditions conventionnelles prises en compte pour le calcul de visibilité sur obstacle [4].

Concernant les virages :

- les vitesses moyennes de franchissement sont comprises entre 80 et 100 km/h ;
- il n'est pas observé d'augmentation de la vitesse moyenne avec le rayon (contrairement à la vitesse maximale enregistrée) ;
- la négociation des virages serrés à gauche semble plus contraignante qu'à droite (réduction de 8 km/h à gauche contre 3 km/h à droite) ;
- près de la moitié des trajectoires sont de type « idéale » c'est-à-dire centrée sur la voie ;
- dans les courbes de grand rayon, les trajectoires sont similaires, quel que soit le sens de la courbe ;
- plus le rayon de courbure diminue, plus la dispersion des trajectoires est importante et on constate des différences entre les courbes à droite et celles à gauche.
- la position sur la voie est majoritairement centrée dans les courbes à droite et centrée ou intérieur dans les courbes à gauche ;
- en entrée de courbe, la position intérieure de voie est trois fois plus importante dans les courbes à gauche que dans les courbes à droite.

Concernant les chicanes :

- Les cinématiques relevées pour les 2RM tant en franchissement des chicanes que des écluses sont similaires du point de vue des décélérations, accélérations et vitesses de franchissements. Les niveaux de décélération et d'accélération sont limités et ne montrent pas de sollicitations élevées du véhicule. De même, les vitesses pratiquées ne mettent pas en évidence des comportements inadaptés au milieu urbain. Ainsi, l'implantation des aménagements dans l'ensemble de la traversée de l'agglomération considérée conduit à une maîtrise des vitesses pratiquées par les 2RM autour de la VMA à 50 km/h (45 à 55 km/h).
- Les conducteurs de 2RM sollicitent peu les commandes de leur moto, notamment les freins. Ils privilégient l'usage du frein moteur.
- La présence d'un véhicule croiseur a un réel effet sur les vitesses et les trajectoires. Cela impose que les « covisibilités » entre véhicules soient garanties par les aménagements et leur implantation.
- Les trajectoires adoptées par les 2RM ont montré que l'optimisation de la trace n'est pas nécessairement recherchée pour minimiser l'effet de l'aménagement.

## Références


[1] Subirats, P., Violette, É., Hublart, A. (2011). Cinématique des 2RM sur les carrefours giratoires, rapport d'étude, Cerema Normandie-Centre.

[2] Hublart, A., Subirats, P. (2013). Cinématiques des 2RM en chicanes et écluses, rapport d'étude, Cerema Normandie-Centre.

[3] CERTU (2011). « Recommandation pour la prise en compte des 2RM », Guide national.

[4] SETRA « Aménagements des Carrefours Interurbains sur les routes principales (ACI) », décembre 1998, Guide national.

# Vitesses des motos dans les accidents mortels selon leur type

Bérengère Varin, Nicolas Dubos

Cerema

## Introduction

Les premiers travaux sur l'exploitation de la base VOIESUR portant sur l'accidentalité des 2RM en 2011 avaient mis en avant une forte problématique de pratiques de vitesse des motos dans les accidents de la route, en particulier dans les accidents mortels. Les conducteurs de motos pour lesquels les vitesses initiales ont pu être reconstituées étaient en effet bien plus impliqués dans les excès de vitesse (57,8 % d'entre eux) que les conducteurs de véhicules de catégorie B[1] (27,4 %).

Au regard de cet enjeu, la présente communication a pour objectif de déterminer si certaines catégories de motos sont davantage concernées par la problématique vitesse que d'autres, et ceci en détaillant plus finement les pratiques de vitesses des motos dans les accidents mortels de 2011, en fonction de leur typologie.

## 1. Méthode

Afin de disposer de données qualitatives sur les accidents de la route, le projet VOIESUR a créé une base de données complémentaire au fichier BAAC (Bulletins d'analyse des accidents corporels), qui permet, à partir de la lecture des procès-verbaux (PV) d'accidents corporels, de décrire précisément la quasi-exhaustivité des accidents mortels de l'année 2011 (et 1/20e des accidents corporels, non étudiés dans la présente étude). Les analyses ayant permis le codage de la base se positionnent entre l'utilisation des données issues des BAAC et l'utilisation des études détaillées d'accidents (EDA) réalisées localement par les experts en accidentologie.

---

[1] Les véhicules de catégorie B regroupent les véhicules de tourisme, de société ou de type commercial ainsi que les utilitaires légers.

La base comporte 3548 accidents mortels et 5601 véhicules impliqués, dont 13,5 % de motos.

L'étude sur les vitesses des différents types de motos impliqués dans les accidents mortels est basée sur deux thématiques ayant nécessité des codages spécifiques.

### 1.1 La vitesse des véhicules avant l'accident

Les experts en reconstruction des accidents participant au projet (LAB-CEESAR) ont pu déterminer les vitesses au choc et les vitesses initiales d'environ 60 % des véhicules impliqués dans les accidents mortels.

Par la suite, un travail d'identification des respects et excès de vitesse a été réalisé. Il a pris en compte la différence entre la vitesse initiale du véhicule et la vitesse maximale autorisée pour ce véhicule sur l'infrastructure concernée. Pour ce faire, une vitesse maximale autorisée (VMA) a été affectée à chaque infrastructure, prioritairement via les données issues des PV d'accidents. En l'absence de données dans le PV, l'affectation des VMA a été réalisée à l'aide de recherches géo-localisées sur internet, ou en utilisant les règles générales du code de la route en matière de prescription de vitesse. Enfin, une VMA a été appliquée à chaque véhicule impliqué, et ceci en modulation de la VMA de l'infrastructure (exemple : cyclomoteurs avec une VMA de 45 km/h).

### 1.2 La différenciation des catégories de motos

À partir de la marque et du modèle commercial de la moto identifiée dans le PV, chaque moto a été classée selon deux critères :

- la cylindrée (≤125 cm$^3$, 126-250 cm$^3$, 251-500 cm$^3$, 501-750 cm$^3$, 751-1000 cm$^3$, >1000 cm$^3$) ;
- le type (roadster, sportive, scooter, routière, trail, custom et « autres 2RM »).

## 2. Répartition des motos dans le parc circulant et dans les accidents mortels

L'enquête 2RM du Service Observation et Statistiques du CGEDD de 2013, réalisée par sondage à partir d'un échantillon de 30 000 véhicules, permet d'obtenir une estimation du parc de 2RM en circulation au 1er janvier 2012.

Certaines modalités des variables « Puissance fiscale du véhicule » et « Catégorie » de la base de données SOeS ont été concaténées pour pouvoir être comparées à la base Voiesur. Si les données relatives à la cylindrée de chaque moto ne présentent pas trop de risques de non concordance entre les deux bases, la détermination du type de moto est plus subjective. Il n'existe en effet pas de liste « modèle de moto » / « type de moto ».

Les motos routières et GT ont été regroupées. Les motos basiques ont intégré la catégorie « Autres types + inconnu ».

| | **Roadster** | **Sportive** | **Scooter** | **Routière / GT** | **Trail** | **Custom** | **Autres types + inconnu** | *Ensemble* |
|---|---|---|---|---|---|---|---|---|
| *≤125 cm³* | 5,0 % | 7,8 % | 80,6 % | 12,3 % | 40,5 % | 47,7 % | 48,3 % | *38,4 %* |
| *126–250 cm³* | 0,6 % | 1,7 % | 3,7 % | 0,9 % | 3,1 % | 0,6 % | 4,0 % | *2,2 %* |
| *251–500 cm³* | 2,8 % | 0,8 % | 13,4 % | 3,1 % | 4,1 % | 2,0 % | 10,5 % | *6,4 %* |
| *501–750 cm³* | 56,2 % | 45,4 % | 1,9 % | 28,3 % | 35,9 % | 12,7 % | 20,6 % | *26,7 %* |
| *751–1000 cm³* | 14,1 % | 37,2 % | 0,3 % | 21,5 % | 9,3 % | 8,7 % | 9,1 % | *11,8 %* |
| *>1000 cm³* | 21,3 % | 7,1 % | 0,2 % | 34,0 % | 7,1 % | 28,4 % | 7,5 % | *14,5 %* |
| | *100 %* | *100 %* | *100 %* | *100 %* | *100 %* | *100 %* | *100 %* | 100 % |
| ***Total général (nb de véhicule- %)*** | **476 143** *(17,8 %)* | **162 900** *(6,1 %)* | **633 019** *(23,6 %)* | **467 037** *(8,1 %)* | **355 298** *(17,4 %)* | **221 805** *(8,3%)* | **362 525** *(13,5 %)* | *2 678 727* *100 %* |

*Tableau 1 : Estimation du parc de motos en circulation au 01/01/2012 – SOeS 2013*

L'analyse des différentes motos présentes dans le parc met en avant des liens entre le type et la cylindrée.

- Les scooters sont essentiellement de faible cylindrée (80,6 % de motos légères et 2,4 % de cylindrées >500 cm³).
- Les trails et customs sont des modèles qui peuvent avoir une faible ou une forte cylindrée. Environ la moitié d'entre eux font partie des motos légères. 35,9 % des trails ont une cylindrée entre 501 et 750 cm³ et 28,4 % des customs sont supérieurs à 1000 cm³.
- Les roadsters et sportives sont quasi-exclusivement des motos de forte cylindrée.

Le Tableau 2 présente le ratio accidents mortels/parc selon la cylindrée de la moto. Seules les motos accidentées de cylindrée connue sont représentées (soit 687 cas représentant 91,1 % des motos impliquées).

| | ≤125 cm³ | 126-250 cm³ | 251-500 cm³ | 501-750 cm³ | 751-1000 cm³ | >1000 cm³ | *Ensemble* |
|---|---|---|---|---|---|---|---|
| *Parc* | 38,4 % | 2,2 % | 6,4 % | 26,7 % | 11,8% | 14,5 % | *2 678 727* |
| *Accidents mortels* | 17,8 % | 1,7 % | 3,5 % | 39,6 % | 20,1% | 17,3 % | *687* |
| ***Ratio accident/parc*** | 0,5 | 0,8 | 0,5 | **1,5** | **1,7** | **1,2** | |

*Tableau 2 : Répartition des motos dans le parc et dans les accidents mortels selon la cylindrée, SOeS 2013*

Il apparaît que :

- Les motos de cylindrée supérieure à 500 cm³ sont sur-représentées dans les accidents par rapport à leur présence dans le parc : 53 % du parc pour 77 % des motos impliquées dans les accidents mortels en 2011. Les motos entre 751 et 1000 cm³ se démarquent particulièrement (ratio accident/parc de 1,7).
- Les motos légères (cylindrée jusqu'à 125 cm³) représentent 17,8 % des motos impliquées pour 38,4 % du parc motos (ratio accident/parc de 0,5).

Le Tableau 3 présente le ratio accidents mortels/parc selon le type de moto. Seules les motos accidentées de type connu sont représentées (soit 730 cas représentant 96,8 % des motos impliquées).

| | **Roadster** | **Sportive** | **Scooter** | **Routière / GT** | **Trail** | **Custom** | **Autres types** | *Ensemble* |
|---|---|---|---|---|---|---|---|---|
| *Parc* | 18,2 % | 6,2 % | 24,2 % | 17,9 % | 13,6 % | 8,5 % | 11,3 % | *2 611 127* |
| *Accidents mortels* | 40,7 % | 21,0 % | 13,0 % | 8,4 % | 5,9 % | 4,5 % | 6,6 % | *730* |
| ***Ratio accident/parc*** | **2,2** | **3,4** | 0,5 | 0,5 | 0,4 | 0,5 | 0,6 | |

*Tableau 3 : Répartition* des *motos dans le parc et dans les accidents mortels selon leur type, SOeS 2013*

Il apparaît que :

- Les roadsters et les sportives présentent un enjeu important dans les accidents mortels. Ces types de motos sont sur-représentés dans les accidents mortels par rapport au parc en circulation (avec un ratio accident/parc de 2,2 pour les roadsters et 3,4 pour les sportives).
- Les scooters et routières, qui représentent une part non négligeable des motos impliquées dans les accidents mortels, sont cependant sous-représentés par rapport à leur présence dans le parc (ratio accident/parc de 0,5).

Les Tableaux 2 et 3 montrent que la sur-représentation des motos dans les accidents mortels par rapport au parc en circulation est plus fortement liée au type de moto qu'à la cylindrée.

## 3. Analyses générales des vitesses des motos impliquées

Parmi les 754 motos impliquées dans les accidents mortels de la base Voiesur, 751 sont en mouvement. Les vitesses ont pu être reconstituées dans environ un cas sur deux (soit 370 motos). Cette reconstitution est inférieure à celle des véhicules de catégorie B, pour lesquels la connaissance des vitesses avant accident est de l'ordre de 64 %.

Il ressort que 28,4 % de l'ensemble des motos impliquées sont en excès de vitesse avant l'accident. Cette part représente 57,8 % de l'échantillon des motos dont les vitesses ont pu être reconstituées.

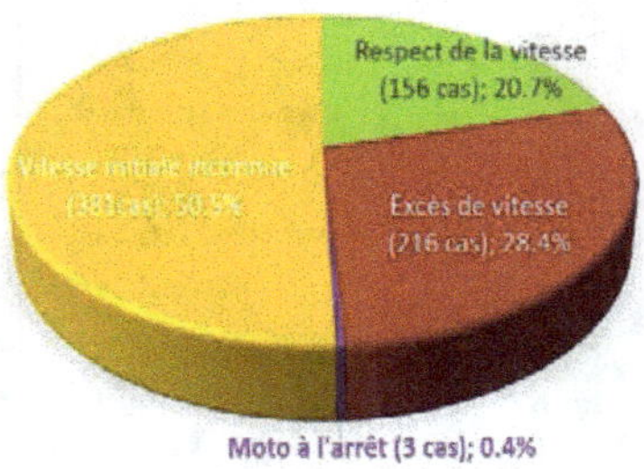


*Figure 1 : Répartition des vitesses initiales des motos impliquées – Accidents mortels 2011, Voiesur*

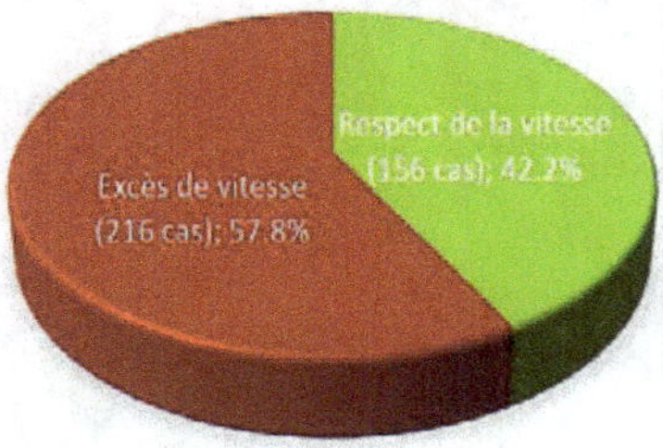


*Figure 2 : Respect de la VMA par les motocyclistes impliqués– Accidents mortels 2011, Voiesur*

## 4. Analyses des vitesses selon la cylindrée des motos impliquées

D'après le Tableau 4, la connaissance de la vitesse initiale varie selon la cylindrée de la moto. La part de vitesse inconnue est plus importante pour les motos de cylindrée inférieure à 250 $cm^3$ que pour les motos dépassant 250 $cm^3$. La moins bonne connaissance des vitesses initiales des motos de plus faible cylindrée peut engendrer un biais dans la comparaison des comportements des conducteurs vis-à-vis du respect de la VMA, notamment pour les VMA les moins élevées.

| | ≤125 cm³ | 126-250 cm³ | 251-500 cm³ | 501-750 cm³ | 751-1000 cm³ | >1000 cm³ | *Ensemble* |
|---|---|---|---|---|---|---|---|
| *Respect de la VMA* | 32 | 3 | 4 | 54 | 22 | 26 | *141* |
| *Excès de vitesse* | 14 | 1 | 9 | 91 | 53 | 33 | *201* |
| *Véhicule à l'arrêt* | 0 | 0 | 0 | 1 | 0 | 1 | *2* |
| *Vitesse initiale inconnue* | 76 *(62,3 %)* | 8 *(66,7 %)* | 11 *(45,8 %)* | 126 *(46,3 %)* | 63 *(45,7 %)* | 59 *(49,6 %)* | *343 (49,9 %)* |
| ***Total général*** | **122** *(17,8 %)* | **12** *(1,7 %)* | **24** *(3,5 %)* | **272** *(39,6 %)* | **138** *(20,1 %)* | **119** *(17,3 %)* | ***687*** |

*Tableau 4 : Pratiques de vitesses des motos impliquées selon la cylindrée – Accidents mortels 2011, Voiesur*

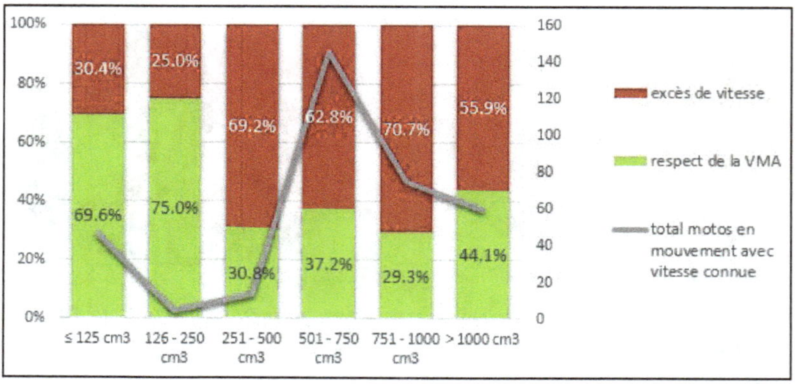


*Figure 3 : Respect de la VMA selon la cylindrée des motos – Accidents mortels 2011, Voiesur*

D'après l'analyse des vitesses qui ont pu être reconstituées, il ressort que :

- les conducteurs de motos légères sont les moins en excès de vitesse (30,4 % d'entre eux en excès), si l'on exclut les motos entre 126 et 250 cm$^3$ du fait d'un échantillon trop faible ;
- les motos présentant le plus fort taux d'excès sont celles de cylindrée comprise entre 251 et 1000 cm$^3$ (entre 62,8 % et 70,7 % d'excès selon les groupes) ;
- les motos les plus puissantes de l'échantillon (>1000 cm$^3$) ne sont pas celles ayant la part d'excès de vitesse la plus forte, bien qu'elle représente 55,9 %.

## 5. Analyses des vitesses selon le type des motos impliquées

| | **Roadster** | **Sportive** | **Scooter** | **Routière / GT** | **Trail** | **Custom** | **Autres types** | *Ensemble* |
|---|---|---|---|---|---|---|---|---|
| *Respect de la VMA* | 58 | 21 | 25 | 17 | 12 | 4 | 14 | *156* |
| *Excès de vitesse* | 90 | 60 | 18 | 15 | 10 | 9 | 10 | *214* |
| *Véhicule à l'arrêt* | 1 | 0 | 0 | 1 | 0 | 1 | 0 | *3* |
| *Vitesse ini. inconnue* | 148 | 72 | 52 | 28 | 21 | 19 | 24 | *381* |
| ***Total général*** | **297** *(40,7 %)* | **153** *(21,0 %)* | **95** *(13,0 %)* | **61** *(8,4 %)* | **43** *(5,9 %)* | **33** *(4,5 %)* | **48** *(6,6 %)* | *730* |

*Tableau 5 : Pratiques de vitesses des motos impliquées selon le type – Accidents mortels 2011, Voiesur*

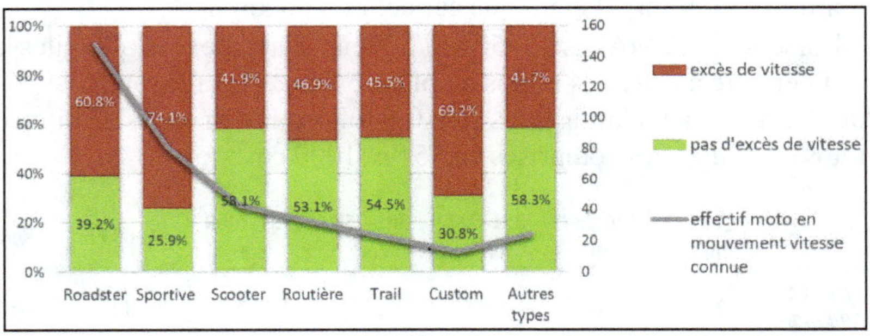


*Figure 4 : Respect de la VMA selon le type de moto – Accidents mortels 2011, Voiesur*

- Un groupe constitué des scooters, routières, trails et de l'ensemble des autres types présente des taux d'excès de vitesse similaires (entre 41,9 et 46,9 %).
- Les roadster et sportives, qui sont les types de motos les plus impliqués dans les accidents, présentent également les plus forts taux d'excès de vitesse : respectivement 60,8 % pour les roadsters et 74,1 % pour les sportives.

**Focus sur les scooters**

Les scooters représentent le premier type de motos dans le parc (23,6 %) et 13 % des types de motos impliquées dans les accidents. Ces motos présentent la particularité d'être majoritairement des motos légères (jusqu'à 125 $cm^3$). Il aurait été intéressant d'analyser les pratiques des vitesses des scooters impliqués en distinguant les motos légères des motos lourdes, mais le faible échantillon des scooters impliqués associés à une connaissance des vitesses incomplète ne permet pas d'effectuer cette analyse.

## 6. Analyses des vitesses pratiquées sur les réseaux où la vitesse maximale autorisée est de 50 ou 90 km/h

Cette partie a pour objectif de faire un focus sur les vitesses pratiquées par les conducteurs de motos accidentés sur des infrastructures ayant une vitesse réglementaire de 50 ou 90 km/h (cas majoritaires). Il n'y a pas de distinction en milieu urbain et interurbain.

### 6.1 Analyse des respects/excès de vitesse

Si les motos les plus puissantes semblent moins respecter la VMA, on remarque une spécificité des motos de cylindrée comprise entre 501 et 750 $cm^3$ :

- Leurs conducteurs sont 2,1 fois plus souvent en excès de vitesse sur les infrastructures à 50 km/h que sur celles à 90 km/h.
- Lorsque la VMA est à 50 km/h, leur part d'excès de vitesse est supérieure à celle des motos de plus 750 $cm^3$ (1,5 fois plus).

Pour les VMA à 90 km/h, elles sont 0,6 fois moins en excès de vitesse que les motos de cylindrées comprises en 751 et 1000 $cm^3$.

| | **≤125 $cm^3$** | **126-250 $cm^3$** | **251-500 $cm^3$** | **501-750 $cm^3$** | **751-1000 $cm^3$** | **>1000 $cm^3$** | *Ensemble* |
|---|---|---|---|---|---|---|---|
| ***Effectif VMA à 50 km/h*** | **28** | **1** | **11** | **39** | **17** | **11** | ***107 cas*** |
| *Respect de la VMA* | 17 (60,7 %) | 1 | 2 (18,2 %) | 3 (7,7 %) | 6 (35,3 %) | 5 (45,5 %) | *34 (31,8 %)* |
| *Excès de vitesse* | 11 (39,3 %) | 0 | 9 (81,8 %) | 36 (92,3 %) | 11 (64,7 %) | 6 (54,5 %) | *73 (68,2 %)* |
| ***Effectif VMA à 90 km/h*** | **11** | **2** | **1** | **71** | **43** | **39** | ***167 cas*** |
| *Respect de la VMA* | 10 (90,9 %) | 2 | 1 | 40 (56,3 %) | 14 (32,6 %) | 20 (51,3 %) | *87 (52,1 %)* |
| *Excès de vitesse* | 1 (9,1 %) | 0 | 0 | 31 (43,7 %) | 29 (67,4 %) | 19 (48,7 %) | *80 (47,9 %)* |

*Tableau 6 : Respect de la VMA selon la VMA et la cylindrée des motos – Accidents mortels 2011, Voiesur*

| | Roadster | Sportive | Routière / GT | Scooter | Autres types | *Ensemble* |
|---|---|---|---|---|---|---|
| ***Effectif VMA à 50 km/h*** | **36** | **22** | **2** | **27** | **20** | ***107 cas*** |
| *Respect de la VMA* | 4 (11,1 %) | 7 (31,8 %) | 0 | 13 (48,1 %) | 10 (50,0 %) | *34 (31,8 %)* |
| *Excès de vitesse* | 32 (88,9 %) | 15 (68,2 %) | 2 | 14 (51,9 %) | 10 (50,0 %) | *73 (68,2 %)* |
| ***Effectif VMA à 90 km/h*** | **83** | **34** | **21** | **5** | **24** | ***167 cas*** |
| *Respect de la VMA* | 48 (57,8 %) | 8 (23,5 %) | 14 (66,7 %) | 5 | 12 (50,0 %) | *87 (52,1 %)* |
| *Excès de vitesse* | 35 (42,2 %) | 26 (76,5 %) | 7 (33,3 %) | 0 | 12 (50,0 %) | *80 (47,9 %)* |

*Tableau 7 : Respect de la VMA selon la VMA et le type de moto – Accidents mortels 2011, Voiesur*

Même si les sportives et roadsters ressortent toujours pour leurs fortes proportions de conducteurs en excès de vitesse, les roadsters présentent les particularités suivantes :

- Leurs conducteurs sont 2,1 fois plus en excès de vitesse sur les infrastructures à 50 km/h que sur celles à 90 km/h.
- Si la part d'excès de vitesse des roadsters est 1,3 fois plus élevée que celle des sportives sur les infrastructures à 50 km/h, la tendance s'inverse lorsque la VMA est à 90 km/h. Sur ce type de voies, les sportives présentent une part d'excès de vitesse 1,8 fois plus élevée que les roadsters.

## 6.2 Analyse de la moyenne des vitesses des motos en excès de vitesse

Le tableau ci-après présente la moyenne des vitesses pratiquées par les motocyclistes qui étaient en excès de vitesse avant l'accident.

| | ≤125 cm³ | 126-250 cm³ | 251-500 cm³ | 501-750 cm³ | 751-1000 cm³ | >1000 cm³ | *Ensemble* |
|---|---|---|---|---|---|---|---|
| ***Effectif VMA à 50 km/h*** | **11** | **0** | **9** | **36** | **11** | **6** | ***73 cas*** |
| *Vitesse ini. moyenne (km/h)* | 71 | NC | 79 | 88 | 93 | 103 | *86 km/h* |
| *Écart/VMA 50 (km/h)* | 21 | NC | 29 | 38 | 43 | 53 | *36 km/h* |
| ***Effectif VMA à 90 km/h*** | **1** | **0** | **0** | **31** | **29** | **19** | ***80 cas*** |
| *Vitesse ini. moyenne (km/h)* | 148 | NC | NC | 116 | 119 | 116 | *117 km/h* |
| *Écart/VMA 90 (km/h)* | 58 | NC | NC | 26 | 29 | 26 | *27 km/h* |

*Tableau 8 : Moyenne des vitesses des motos en excès de vitesse, selon la VMA et la cylindrée des motos – Accidents mortels 2011, Voiesur*

| | Roadster | Sportive | Routière/GT | Scooter | Autres types | *Ensemble* |
|---|---|---|---|---|---|---|
| ***Effectif VMA à 50 km/h*** | **33** | **16** | **3** | **16** | **10** | ***78 cas*** |
| *Vitesse ini. moyenne (km/h)* | 94 | 87 | 105 | 73 | 72 | *86 km/h* |
| *Écart/VMA 50 (km/h)* | 44 | 37 | 55 | 23 | 22 | *36 km/h* |
| ***Effectif VMA à 90 km/h*** | **36** | **27** | **7** | **0** | **12** | ***82 cas*** |
| *Vitesse ini. moyenne (km/h)* | 117 | 124 | 113 | NC | 106 | *118 km/h* |
| *Écart/VMA 90 (km/h)* | 27 | 34 | 23 | NC | 16 | *28 km/h* |

*Tableau 9 : Moyenne des vitesses des motos en excès de vitesse, selon la VMA et le type de moto – Accidents mortels 2011*, Voiesur

L'analyse de la moyenne des vitesses initiales des motocyclistes en excès de vitesse avant l'accident montre qu'il existe des pratiques de vitesses qui diffèrent selon la cylindrée et le type de moto.

Les analyses des distributions des vitesses pratiquées par les motocyclistes en excès de vitesse, qui ne sont pas présentées ici, semblent confirmer, malgré des échantillons réduits, les liens entre cylindrée, type de moto et vitesse pratiquée par les conducteurs.

- Les accidents avec VMA à 50 km/h présentent plusieurs spécificités :
  - les conducteurs infractionnistes impliqués présentent de forts taux d'excès de vitesse (entre 21 et 53 km/h de dépassement) ;
  - l'écart croit avec l'augmentation de la cylindrée de la moto ;

  - les conducteurs de scooters présentent les pratiques de vitesses les moins élevées[2] (68,8 % en excès de 20 km/h maximum pour 24,2 % des roadsters et 31,3 % des sportives) ;
  - les roadsters ont les pratiques de vitesse les plus élevées : 45,5 % roulent à plus de 90 km/h pour 31,3 % des sportives et 12,5 % des scooters.
- Les accidents avec VMA à 90 km/h :
  - ne concernent que les motos de cylindrée supérieure à 500 $cm^3$ (excepté 1 cas) ;
  - présentent des valeurs de dépassement de la VMA ne dépendant pas de la cylindrée de la moto (entre 26 et 29 km/h) ;
  - la répartition des distributions des vitesses des motos >500 $cm^3$ est similaire quelle que soit la cylindrée (50 % roulant entre 91 et 110 km/h, 32 % au-delà de 120 km/h)[3] ;
  - les roadsters et sportives en excès présentent des pratiques de vitesses différentes avec des gammes d'excès moins fortes pour les roadsters : 69,4 % des roadsters sont en excès de 20 km/h maximum pour 44,4 % des sportives, 37 % des sportives roulent au-delà de 130 km/h pour 16,7 % des roadsters.

## Conclusion

La forte expertise mise en œuvre lors du codage de la base de données VOIESUR a permis d'obtenir un éclairage sur les vitesses pratiquées par les motos juste avant la survenue d'un accident mortel en 2011.

Cet éclairage sur les vitesses, couplé à une analyse fine visant à différencier les motos a permis d'identifier celles qui sont les plus concernées par les excès de vitesse dans les accidents mortels : cylindrées comprises entre 251 et 1000 $cm^3$, roadsters, et surtout sportives.

La vitesse réglementaire de l'infrastructure sur laquelle s'est déroulée l'accident est associée à des pratiques de vitesses qui peuvent varier selon les motos impliquées :

- Sur les infrastructures où la VMA est de 50 km/h, environ 90 % des roadsters et des motos de cylindrées comprises entre 501 et 750 $cm^3$ dont les vitesses ont pu être reconstituées, sont en excès de vitesse et 64,8 % des conducteurs de motos de plus de 750 $cm^3$ en excès de vitesse roulent au-delà de 80 km/h ;
- Sur les infrastructures où la VMA est de 90 km/h, ce sont les sportives qui se démarquent avec 76,5 % d'excès de vitesse.

[2] Analyse issue d'un tableau non présenté.
[3] Analyse issue d'un tableau non présenté.

Il pourrait être intéressant de développer une base de données de classification des différentes motos par types afin d'identifier précisément et de manière durable les types de motos présentant un enjeu dans l'accidentalité.

Il semblerait opportun, de réfléchir à des limitations d'accès à la conduite de certains types de motos selon l'expérience des conducteurs et pas seulement en prenant en compte les critères de puissance.

## Références


1. L'analyse de l'accidentalité des conducteurs de 2RM – Livrable L4.5 – VOIESUR – 2015.
2. Les deux-roues motorisés au 1er janvier 2012. Chiffres et statistiques [https://www.statistiques.developpement-durable.gouv.fr/les-deux-roues-motorises-au-1er-janvier-2012?rubrique=58&dossier=1348, consulté le 19/04/2019], mars 2013, n° 400.

# PARTIE 4 :
# FORMATION, EXPÉRIMENTATIONS DE POLITIQUES DE SÉCURITÉ ROUTIÈRE

# Étude de terrain des stages de perfectionnement à la conduite deux-roues motorisé : identification des contenus et pratiques pédagogiques

Tanguy Loubière[1], Samuel Aupetit[2], Isabelle Ragot-Court[1], Carole Rodon[1]

[1] TS2-LMA, Univ Gustave Eiffel, IFSTTAR
[2] Ergo-Centre

## Introduction

En France, en 2017, 25 % des accidents corporels impliquent au moins une moto (ONISR, 2017). Les causes d'accidents peuvent être liées à l'alcool, à la vitesse mais sont également liées au fait que les conducteurs font preuve d'une trop grande confiance dans leur comportement et dans l'analyse des situations (ONISR, 2017). Plusieurs études françaises ont montré que l'excès de confiance pouvait être lié aux contenus de la formation initiale (par exemple : Aupetit et al., 2016). Cet article porte sur l'analyse des formations post-permis à la conduite moto, également appelées « stages de perfectionnement ». Ces stages interviennent après la formation initiale et proposent aux motards et scootéristes volontaires une réactualisation des connaissances, un perfectionnement de la conduite et une prise de conscience des facteurs de risque liés à la conduite moto. L'efficacité de ces formations sur la sécurité des motards n'a pas fait l'objet d'évaluation, c'est pourquoi cette étude a pour objectif (1) d'avoir une vision sur les contenus d'enseignement réellement proposés par les centres de perfectionnement ; (2) d'identifier les pratiques pédagogiques ; et (3) de combler un manque de connaissance scientifique et technique sur la partie post-permis du continuum éducatif français.

# 1. État de l'art et orientations méthodologiques

La plupart des recherches concernant les formations à la conduite moto post-permis a pour objectif d'évaluer l'efficacité d'un système de formation sur le risque d'accident en comparant les données d'accidents d'un groupe de motards ayant suivi une formation et un groupe contrôle ne l'ayant pas suivie. Différentes études ont montré que les motards formés avaient le même niveau de risque d'accident après la formation que le groupe contrôle (Woratanarat et al., 2013 ; Ivers et al., 2016) ou un niveau de risque supérieur (Savolainen & Mannering, 2007). Plusieurs recherches ont néanmoins montré l'efficacité de la formation en dénombrant plus d'accidents pour le groupe des non-formés (Lakener, 1984 ; Davis, 1997). Aucune évidence significative de l'efficacité des différents systèmes de formation à la conduite moto testés ne peut être identifiée d'après Mayhew et al. (2002). Plusieurs auteurs ont néanmoins nuancé la relative inefficacité des formations au regard des limites méthodologiques des études évaluatives (Mortimer, 1984 ; Billheimer, 1996).

Cette étude s'inscrit dans le cadre de l'ergonomie de tradition francophone (Ombredane & Faverge, 1955). Cette approche met l'accent sur la nécessité (1) d'étudier les comportements humains en situation réelle. Cette observation *in situ* est nécessaire car on connaît les décalages importants qu'il peut exister entre les contenus de formation théoriques et les contenus réellement proposés sur le terrain ; (2) de mener des études longitudinales afin de prendre en considération la dimension temporelle et l'aspect dynamique de la conduite moto (Baughan & Simpson, 2002) ; et (3) d'analyser la partie subjective de l'expérience. Toute une série de démarches et de techniques ont montré leur efficacité pour rendre compte de l'activité réelle des individus dans des situations de vie quotidienne (Lave, 1988), de travail (Theureau & Jeffroy, 1994), de conduite automobile (Villame, 2004) et de conduite de deux-roues à moteur (Aupetit, 2011).

# 2. Démarche et méthodes

## 2.1. Population

*Organismes de perfectionnement à la conduite moto*

En France, deux types de stage de perfectionnement existent. Ceux dits « courts » d'un ou deux jours et ceux dits « longs » s'étalant sur dix cours répartis sur une année. Cet article porte sur les stages « courts ». Quatre structures ont été sélectionnées : deux associations et deux sociétés privées.

*Formateurs*

Les stages « courts » observés ont été encadrés par des professionnels de la moto : enseignants titulaires du BEPECASER mention deux-roues motorisés ou motards de la gendarmerie et de la police nationale, accompagnés généralement d'animateurs bénévoles. Ces bénévoles peuvent être des intervenants départementaux de sécurité routière (IDSR) ou de simples motards qui, souvent à la suite d'un stage, ont souhaité prendre part à l'organisation et à l'animation des formations.

*Stagiaires*

Les stages observés étaient composés en moyenne de huit stagiaires motards (absence de scootéristes). Nous avons ainsi observé les comportements de 96 motards (86 hommes/10 femmes ; moyenne d'âge : 45 ans).

**2.2. Procédure**

Les observations se sont déroulées d'avril à octobre 2018. Au final, 13 stages ont été étudiés (neuf stages d'un jour et quatre stages de deux jours), soit un équivalent de 17 jours d'observation.

**2.3. Recueil de données**

*Observations et enregistrements audiovisuels*

Les observations ont porté sur l'activité des formateurs et des formés dans les situations d'apprentissage (salles de cours, pistes, routes ouvertes). L'observation directe des stages a permis de compléter une grille d'observation décrivant les éléments suivants : situations de formation, organisation, consignes du formateur et remédiations, commentaires de l'apprenant, durée des exercices, nombre de répétitions, compétences enseignées, méthodes d'enseignement. Certaines situations ont également été filmées, avec l'accord des participants, en vue d'analyser *a posteriori* les situations mises en place. Enfin, certains professionnels furent sonorisés à l'aide d'un micro HF afin de collecter leurs verbalisations. Vingt-deux heures d'enregistrements audiovisuels ont pu être collectées.

*Verbalisations*

Des données subjectives (processus cognitifs, expériences vécues, émotions, etc.) ont été recueillies à plusieurs moments : (1) Avant l'action : entretien semi-directif avec le responsable (et/ou le formateur) de la structure ; (2) Pendant l'action : le chercheur demandait à ses interlocuteurs (formateurs et apprenants) d'expliquer leurs actions. Ces données furent enrichies par la réalisation d'entretiens informels ; (3) Après l'action : ce questionnement (« à chaud » ou *a posteriori* des stages) portait sur des retours d'expérience concernant l'activité des motards. Il s'agissait donc d'interroger les acteurs à des moments opportuns, ne troublant pas l'activité de travail.

### 2.4. Mise en forme et analyse des données

Les données des observations ont été fidèlement retranscrites. Elles permettent de décrire les contenus réels délivrés par les formateurs et les comportements des stagiaires dans les exercices proposés. La retranscription des données s'est effectuée dans un ordre chronologique afin de respecter le déroulement de chaque session. Les situations de formation rencontrées et les ateliers proposés ont été décrits d'une part grâce aux données issues de l'observation, et d'autre part grâce aux données issues des enregistrements audiovisuels. Des informations concernant la durée des situations de formation rencontrées, les ateliers mis en place ainsi que les comportements ont été renseignées. Les données d'entretiens ont été associées à ces observations pour comprendre les processus cognitifs mis en place par les acteurs dans les situations concernées.

## 3. Résultats et analyse

Les résultats portent sur la caractérisation des contenus de formation observés : l'organisation temporelle des séances de formation, les exercices proposés et les méthodes d'enseignement privilégiées par les formateurs. Nous tenterons de montrer systématiquement l'impact de ces différents éléments sur les stagiaires motards.

### 3.1. L'organisation temporelle

Les observations montrent que le temps de formation « pratique[1] » est environ deux fois supérieur au temps de formation « théorique[2] » pour les stages d'un jour, et quasi-identique lors des stages de deux jours. Le temps alloué aux explications et aux démonstrations des exercices (64 minutes en moyenne dans les stages un jour et 132 minutes dans les stages deux jours), ainsi que les échanges d'expériences et la sensibilisation à la sécurité routière (une heure en moyenne pour les stages un jour et le double pour les stages deux jours) n'est pas négligeable. Ces activités prennent une place importante montrant une réelle volonté, de la part des formateurs, de ne pas seulement pratiquer pour pratiquer.

[1] Temps effectif de conduite dans les différents ateliers.
[2] Temps effectif alloué aux échanges autour des notions théoriques liées à la conduite moto.

| | Temps de formation pratique | Temps de formation théorique | Temps d'explications et de démonstrations des exercices | Echanges d'expériences et sensibilisation à la sécurité routière | Durée totale de formation |
|---|---|---|---|---|---|
| Stage 1 jour | 134 | 62 | 64 | 65 | 384 |
| Stage 2 jours | 298 | 246 | 132 | 112 | 977 |

*Tableau 1 : Répartition du temps de formation par activité et en moyenne dans les stages (mn)*

Le temps de formation sur piste est, quant à lui, nettement supérieur au temps de formation sur route (surtout dans les stages d'un jour). Pour les formateurs, la gestion de la moto à allure lente est une condition nécessaire à la bonne gestion de la conduite sur route et de l'environnement :

> *« Tout commence à basse vitesse. S'il n'y a pas de bonne gestion de la moto, la gestion du regard est impossible. »* formateur (entretien du 17/02/2018)

### 3.2. Les situations de formation proposées

*Les cours en salle*

Les organismes réalisent, lorsqu'ils le peuvent, l'enseignement des cours théoriques en salle. Ces parties théoriques s'inscrivent dans une démarche participative. Les concepts théoriques abordés sont variés : effet gyroscopique, angle de chasse, limites physiologiques, force centrifuge, etc. Les formateurs profitent de ce temps pour échanger avec les stagiaires sur leur pratique, leur faire des retours d'expériences et les sensibiliser aux risques routiers. Cette sensibilisation est un pilier de la formation post-permis, ayant pour objectif le changement des comportements routiers vers plus de sécurité :

> *« Les parties théoriques participent inconsciemment au fait qu'on va agrandir les distances de sécurité quoi. On devient encore plus parano. »* verbalise un stagiaire (07/09/2018)

*Les cours sur piste*

Les observations montrent que la majorité des situations proposées en formation sur piste, sont des exercices de manœuvrabilité de la moto à allure « lente » (« *stop and go* », démarrage guidon braqué, demi-tour, etc.), à allure « normale » (slalom, évitement, etc.) et des exercices de freinage sur des parcours avec obstacles (plots, piquets). Un organisme propose également des exercices de manipulation de la moto moteur éteint. Les exercices sont nombreux et originaux. Ils ne sont pas la reproduction des épreuves du permis de conduire. Cela est fortement apprécié par les motards et les bénéfices sont notables :

*« Ils devraient faire ça en formation initiale. »,* stagiaire (26/10/2018)
*« Là je m'trouve beaucoup plus à l'aise. J'trouve que j'domine beaucoup mieux la machine. »* dit un stagiaire après la journée de formation (21/04/2018)

*1*

*2*

*3*

*Photos 1, 2 et 3 : Exercices de manœuvrabilité de la moto sur piste*

*Les cours sur routes ouvertes*

Deux organismes sur quatre ont proposé des sorties en circulation. L'association n° 1, qui prévoit une partie de sa formation sur route ouverte lors des stages de deux jours, emmène les stagiaires sur un « spot » de virages choisi au préalable. Ce « spot », d'environ 11 minutes (aller-retour), est réalisé en moyenne trois fois par les stagiaires : seul, avec le formateur derrière ou derrière le formateur. Un débriefing est réalisé à la fin de chaque passage. Les feedbacks des formateurs pendant la conduite (en tant que passager) sont axés principalement sur le comportement des formés sur leur moto ainsi que sur la trajectoire de sécurité. Cette « conduite commentée » (Assailly, 2013) permet aux motards d'améliorer leur gestion des situations de conduite, le respect des distances de sécurité ou encore la perception des dangers. De plus, l'environnement routier à lui seul sollicite les compétences des stagiaires :

> *« Ça veut dire que c'est en fonction de l'environnement qu'il faut modifier le comportement. »* comprend un stagiaire à la suite d'un passage sur le spot de virage (07/07/2018)

### 3.3. Les méthodes d'enseignement privilégiées par les formateurs

*L'utilisation de la répétition*

Le tableau suivant présente le nombre moyen de réalisation des exercices par apprenant par catégorie d'exercices. On constate que la répétition est utilisée par certains formateurs pour faire acquérir la compétence technique aux stagiaires.

| | Nb de répétitions dans des exercices de manipulation de la moto moteur éteint | Nb de répétitions dans des exercices de manœuvrabilité à allure lente (1e vitesse) | Nb de répétitions dans des exercices de manœuvrabilité à allure normale (environ 40 km/h) | Nb de répétitions dans des exercices de freinage |
|---|---|---|---|---|
| **Société 1 (stage 1 jour)** | 25 | 70 | - | - |
| **Société 2 (stage 1 jour)** | - | 3 | 98 | - |
| **Association 1 (stage 2 jours)** | - | 240 | 56 | 11 |
| **Association 1 (stage 1 jour)** | - | 191 | 33 | 26 |
| **Association 2 (stage 1 jour)** | - | 6 | 6 | - |

*Tableau 2 : Nombre moyen de réalisation des exercices sur piste*

Néanmoins, *a contrario* des résultats des études portant sur la formation initiale des motards (Aupetit et al., 2013), la répétition n'est pas l'unique stratégie pédagogique utilisée et les organismes tentent de diversifier un maximum leurs exercices. Les motards ne sont pas cantonnés à répéter des parcours identiques tout au long de leur formation comme cela peut être le cas lors de la formation initiale. L'impact des exercices sur piste et des répétitions sur les compétences techniques du motard est observable. La progression est évidente et les stagiaires ont l'impression de monter en compétences :

> *« J'ai redécouvert la conduite » ; « je suis beaucoup plus à l'aise avec ma moto maintenant » ; « plus que du perfectionnement pour moi ça a été un apprentissage. »* (05/06/2018)

Cependant, l'efficacité des stages à court et long terme semble mitigée :

> *« Le stage ne permet pas de pérenniser l'apprentissage. Pour moi, il faut revenir en stage pour reprendre des conseils. »* dit un stagiaire lors d'un entretien post-stage (11/02/2019)

Il semblerait que l'apprentissage des motards ne prenne jamais fin et qu'il est nécessaire pour eux de se former tout au long de leur vie, c'est-à-dire s'inscrire dans une démarche de continuum éducatif.

*Contextualisation des exercices*

Une des limites de la formation initiale et des épreuves du permis réside dans un manque de contextualisation des exercices (Aupetit, 2010). Les données verbales recueillies durant les stages de perfectionnement montrent que les formateurs re-contextualisent sans cesse les situations de formation proposées sur piste, en donnant des exemples de situations réelles de conduite sur route :

> « *Un muret, un mur, un véhicule qui m'barre le chemin... Et j'peux pas faire marche arrière... j'peux pas reculer. Là faut que j'démarre, faut que j'dégage la route, qu'est-ce que j'fais ?* » dit un formateur en interrogeant ses stagiaires sur l'utilité de l'exercice « démarrage guidon braqué » (03/06/2018)

Les formateurs évoquent également des situations personnelles vécues. Ces informations pourront être remobilisées par les motards s'ils se retrouvent dans des configurations similaires sur la route.

*Analyses vidéo et autoévaluation*

Des vidéos sont prises lors de la pratique (sur piste et sur route) et permettent de faire prendre conscience aux stagiaires de leur progression, de mettre en avant les points positifs et négatifs dans l'application des techniques enseignées et d'appuyer les propos des formateurs par des faits observables. Ces retours vidéo sont très appréciés des motards et leurs permettent de s'autoévaluer :

> « *Je trouve que la vidéo c'est important. Ça permet de te voir en action. Moi j'ai besoin de la vidéo pour me projeter sur l'apprentissage.* » exprime un stagiaire (21/04/2018)

Les vidéos visionnées peuvent également être des vidéos portant sur le risque routier. Lors de ces séquences, les formateurs mobilisent les connaissances des stagiaires et les font travailler en leur demandant de prédire l'évolution d'une situation de conduite et les dangers possibles ou indiquer les actions appropriées. Cette pratique est nommée « complètement de tâche » par Assailly (2013) et développe des compétences nécessaires à l'anticipation et la compréhension des situations routières.

## 4. Discussion

Les résultats des analyses des situations de formation proposées dans les stages de perfectionnement mettent en lumière 1) une hétérogénéité des contenus éducatifs, à l'origine d'un déséquilibre dans le développement des compétences du motard et 2) des difficultés liées à la pérennisation de l'apprentissage.

### 4.1. Une hétérogénéité des contenus éducatifs à l'origine d'un déséquilibre dans le développement des compétences du motard

La formation est un des leviers les plus efficaces pour le changement des comportements et des attitudes des motards vers plus de sécurité (Yadollahi et al., 2016). Les stages observés dans la présente étude mettent en avant une focalisation des contenus pratiques sur des compétences relatives au maniement du véhicule. Ces résultats rejoignent ceux de nombreux auteurs sur la formation à la conduite moto (Haworth & Mulvihill, 2005). Les stages de perfectionnement montrent que ce type de compétence reste, et peu importe l'âge, l'expérience, le type de moto, le style de conduite du motard, etc. à développer ou à améliorer lors d'une formation à la conduite moto. Les stagiaires eux-mêmes sont demandeurs de maniabilité. Les stages répondent donc à un réel besoin et les compétences développées sur piste permettent aux motards de mieux appréhender leur conduite sur route.

À l'inverse de la formation initiale (Aupetit et al., 2014), les situations diverses et variées proposées dans les stages permettent de développer un panel vaste de compétences techniques. Les stages tentent également de développer des compétences liées à la gestion des situations de conduite en circulation (Peräaho et al., 2003) à travers les cours théoriques, la sensibilisation, les ateliers sur piste originaux et les récits d'expérience autour des situations à risques. Développer ce type de compétence est d'autant plus important puisque la majorité des accidents motos sont liés à des défaillances perceptives et cognitives (MAIDS, 2003). Les sorties sur route permettent, elles aussi, de travailler ces compétences. Certaines études ont montré que les motards avaient besoin de conduire en situation réelle pour s'améliorer (Huertas-Leyva et al., 2019).

### 4.2. Les difficultés liées à la pérennisation de l'apprentissage

À force de répétitions et d'application des conseils délivrés par les formateurs, les stagiaires progressent (distance de freinage réduite, demi-tour plus serré, etc.). Cela prouve bien qu'à un instant « T », le motard se perfectionne et acquiert de nouvelles compétences. Mais nos résultats ont également mis en exergue les difficultés rencontrées par certains stagiaires dans l'appropriation des contenus éducatifs. Cela s'explique par des différences interindividuelles démontrant une inégalité des motards face à l'apprentissage. Par ailleurs, la formation peut induire des effets néfastes sur la conduite (Rowden & Watson, 2008 ; Symmons et al., 2007) comme la « sur-confiance » ou le bouleversement des habitudes. Les interactions verbales entre « novices » et « experts » sont essentielles afin de diminuer les risques provoqués par ces effets indésirables (Lacoste, 1992).

Ainsi, les résultats ont montré que la compétence liée au maniement du véhicule est chez le motard une lacune qui persiste dans le temps et que les formations passées (formation initiale notamment) et les expériences de conduite ne permettent pas de la combler. Cela pose de réelles questions sur la stabilisation des compétences ainsi que sur le continuum éducatif qui semble être une nécessité pour assurer un changement durable des comportements de conduite vers plus de sécurité (Abramovici & Maman, 2013).

## Conclusion

Cette étude fait partie d'un projet de recherche de plus grande ampleur (SPER). L'étude de terrain sur les stages un et deux jours a permis de mettre en œuvre une méthodologie innovante sur l'analyse des formations à la conduite moto post-permis. Elle s'ajoute aux études « naturelles » déjà menées sur la formation initiale et les premières expériences de conduite après le permis.

Les résultats ont souligné une focalisation des contenus éducatifs sur les compétences de contrôle du véhicule, expliquée notamment par le fait qu'il serait nécessaire de savoir contrôler et manier son véhicule avant de pouvoir s'occuper de l'environnement et des situations de conduite. Cependant, les pratiques pédagogiques montrent une réelle volonté de la part des formateurs de solliciter d'autres compétences telles que celles liées à la gestion des situations en circulation.

Une des limites principales du système de formation post-permis en France réside dans le fait que les contenus éducatifs, et donc les compétences développées, ne sont pas les mêmes d'un stage à un autre. Néanmoins, l'impact des formations observées sur le comportement des motards semble réel. Les verbalisations des stagiaires et des formateurs ont montré l'intérêt des situations de formation (théoriques et pratiques) pour la sécurité des motards. Il sera intéressant de confronter ces résultats à ceux de l'étude longitudinale réalisée en parallèle sur l'évolution des comportements des motards après leur participation à un stage de perfectionnement (tâche 2 du projet SPER).

## Remerciements

Cette étude a été réalisée dans le cadre d'un projet financé par la DSR (Délégation à la sécurité toutière) et menée par des chercheurs de l'IFSTTAR et d'Ergo-Centre.

## Références

1. Abramovici, M., Maman, C. (2013). Formation tout au long de la vie à une conduite sûre : enjeux et limites d'un dispositif d'apprentissage. *Questions Vives*. Recherches en éducation, 9(19), p. 89-106.
2. Aupetit, S. (2011). L'apprentissage de la conduite moto : analyse ergonomique et perspectives de prévention. Sarrebruck : Éditions Universitaires Européennes (ISBN 978-613-1-58535-7).
3. Aupetit, S., Riff, J., Buttelli, O., Espié, S. (2013). "Naturalistic Study of Rider's Behaviour in Initial Training in France: Evidence of Limitations in the Educational Content". *Accident Analysis and Prevention* 58, p. 206-217.

4. Aupetit, S., Riff, J., Gallier, V., Espié, S. (2012). "Conceptual and Methodological Tools for Analyzing Situations of Vulnerability on the Road". *European Conference on Cognitive Ergonomics* (ECCE), Edinburgh, Scotland, August, p. 28-31.
5. Aupetit, S., Gallier, V., Riff, J., Espié, S., Delgehier, F. (2016). Naturalistic study of the risky situations faced by novice riders. *Ergonomics*, 59(8), p. 1109-1120.
6. Assailly, J.-P. (2013). Quelles innovations pédagogiques dans le cadre de la réforme du permis de conduire ? Comment appliquer la matrice GDE ? Quelles adaptations aux facteurs de risque d'accidents des jeunes conducteurs novices ? *Questions Vives*, 9(19), 12 p.
7. Baughan, C., Simpson, H. (2002). Graduated driver licensing - a review of some current systems. *TRL Report 529*. Crowthorne: Traffic Research Laboratory.
8. Billheimer, J. W. (1996). California motorcyclist safety program, program effectiveness: accident evaluation (prepared for California highway patrol). Los Altos, CA: Systan.
9. Davis, C. F. (1997). Evaluation of community traffic safety programs and motorcycle operator training programs. *Publication JHR97 255*. Connecticut Department of Transportation.
10. Haworth, N., Mulvihill, C. (2005). Review of motorcycle licensing and training. *Report 240*. Melbourne: Monash University Accident Research Centre.
11. Huertas-Leyva, P., Nugent, M., Savino, G., Pierini, M., Baldanzini, N., Rosalie, S. (2019). Emergency braking performance of motorcycle riders: skill identification in a real-life perception-action task designed for training purposes. *Transportation Research Part F: Traffic Psychology and Behaviour*, *63*, p. 93-107.
12. Ivers, R. Q., Sakashita, C., Senserrick, T., Elkington, J., Lo, S., Boufous, S., de Rome, L. (2016). Does an on-road motorcycle coaching program reduce crashes in novice riders? A randomised control trial. *Accident Analysis and Prevention*, 86, p. 40-46.
13. Lacoste, M. (1992). Apprentissage dans le travail et interaction. *Langage & Travail*, (3), p. 35-42.
14. Lakener, E. (1984). A survey of motorcycle riders in Illinois. Traffic Safety Division, Illinois Department of Transportation.
15. Lave, J. (1988). Cognition in practice. Mind, mathematics and culture in everyday life. Cambridge: Cambridge University Press.
16. MAIDS (2003). *Motorcycle Accidents in Depth Study*. ACEM (Association des constructeurs européens de motocycles).
17. Mayhew, D. R., Simpson, H. M., Robinson, A. (2002). The safety value of driver education and training. *Injury Prevention*, 8, p. 3-8.
18. Mortimer, R. G. (1984). Evaluation of the Motorcycle Rider Course. *Accident Analysis and Prevention*, 16(1), p. 63-71.

19. Ombredane, A., Faverge, J. M. (1955). *L'analyse du travail*. Paris : PUF.
20. ONISR (2017). Observatoire national interministériel de la sécurité routière.
21. Peräaho, M., Keskinen, E., Hatakka, M. (2003). Driver competence in a hierarchical perspective: implication for driver education. University of Turku: Traffic Research Department.
22. Rowden, P. J., Watson, B. C. (2008). Motorcycle rider training and perceptions of skill. *Australian Road Safety Research*, Policing and Education Conference, 9-12 November, Adelaide, Australia.
23. Theureau, J., Jeffroy, F. (1994). *Ergonomie des situations informatisées : la conception centrée sur le cours d'action des utilisateurs.* Toulouse : Octarès.
24. Villame, T. (2004). Conception de systèmes d'assistance au conducteur : comment prendre en compte le caractère complexe, dynamique et situé de la conduite automobile ? Cognition située et conception de systèmes d'assistance au conducteur. *Activités*, 1(2), p. 146-169.
25. Yadollahi, M., Mahmoudi, A., Zamani, M. (2019). Awareness and Attitudes toward the Safety of Motorcyclists: A Training Approach, 2016. *Journal of Health Management and Informatics*, *6*(1), p. 15-21.

# Expérimentation de la circulation inter-files des deux-roues motorisés : évolution de l'acceptation de la mesure entre 2016 et 2017

Chloé Eyssartier[1], Marc Lanfranchi[2], Henri Moulga[1]

[1] Cerema, EPR "Esprim", DterOuest, DMI, GSOD
[2] Cerema, Dtec TV

## Introduction

Si la mobilité en deux-roues motorisé (2RM) ne représente qu'une faible part de la mobilité tous modes de déplacement confondus, 2,5 % en kilomètres parcourus (ONISR, 2011), celle-ci est fortement surreprésentée dans les zones très urbanisées. La circulation inter-files (CIF), qui consiste à circuler à deux-roues ou trois-roues motorisés entre les files de véhicules à l'arrêt ou roulant à vitesse réduite dans un trafic dense, est en effet le plus souvent la conséquence d'une augmentation des deux-roues motorisés dans un trafic de plus en plus congestionné.

Concernant l'impact d'une telle pratique sur la sécurité routière dans les zones où elle est autorisée, les accidents concernant un 2RM en inter-files représente entre 0,5 % et 5 % des accidents mortels (Clark et al., 2004). De plus, cette pratique est associée à une augmentation du risque d'accidents corporels pour les conducteurs (Clabaux et al., 2017). Différents travaux montrent que les conducteurs ont tendance, lorsqu'ils analysent une scène routière, à détecter plus rapidement et facilement les automobilistes comparativement aux conducteurs 2RM et aux cyclistes. C'est ce que l'on nomme classiquement le « regardé mais pas vu » (Clabaux et al., 2012). Or ces biais cognitifs ne sont pas modérés par la circulation inter-files. De plus, il semblerait que les automobilistes agissent parfois de façon inappropriée vis-à-vis des 2RM car ils ne comprennent ou anticipent mal les manœuvres que doivent faire un conducteur de 2RM et cela inclut la CIF (Huth et al., 2014).

Si l'impact de la CIF sur l'accidentalité des 2RM reste un sujet de préoccupation, la question du risque d'accidents pour les piétons a également attiré l'attention des chercheurs. Le principal résultat montre que la circulation inter-files reste associée à un risque significativement élevé de collision entre un piéton et un 2RM comparativement à une situation normale de conduite (Clabaux et al., 2019). C'est pour cette raison que notamment la NSW Centre for Road Safety préconise de limiter la vitesse des 2RM en inter-files à 30 km/h (Beanland et al., 2015).

En termes d'impact, la CIF aurait des bénéfices environnementaux en favorisant la réduction de la congestion du trafic (Wigan, 2002) et des émissions de gaz à effet de serre tout en limitant la détérioration des routes et des infrastructures. Toutefois si de tels arguments restent massivement avancés par les conducteurs de 2RM (Regan et al., 2009), des résultats objectifs menés sur un état australien, bien que sur courte période (deux mois), ne montrent aucun impact de la CIF sur la congestion de trafic. Beanland et al. (2015) expliquent ce résultat par le fait que la CIF ne concernerait que 1 % du trafic.

Quant aux principaux avantages perçus de la circulation inter-files par les conducteurs de 2RM, il s'agit de la réduction du temps de trajet (Hurt et al., 1981 ; Burge et al., 2007), grâce au maintien du véhicule en circulation. Quoiqu'il en soit, les conducteurs de 2RM ont tendance à minimiser le risque encouru à pratiquer la CIF (Blackman et Haworth, 2010) et même à considérer que la CIF améliore leur sécurité (Regan et al., 2009 ; CSC-2RM, 2011 ; CSC-SCOOT, 2012). Toutefois, selon les conducteurs de 2RM, ce dernier point est dépendant de l'expérience de conduite (Tunniclif et al., 2011). D'autres facteurs semblent jouer sur la pratique de la CIF, les conditions de trafic (Regan et al., 2009) mais également l'influence sociale (Tunnicliff et al., 2011). Ainsi, un répondant déclare ne pas pratiquer la CIF devant son fils (Beanlan et al., 2015).

Une étude réalisée en 2015 en Australie sur les conducteurs de VL exclusivement mais également sur les conducteurs bi-modaux, VL et 2RM, a tenté de dégager les facteurs ayant un impact positif sur le souhait de légaliser la pratique de la CIF. Les résultats montrent que les répondants sont plus susceptibles d'être favorables à cette légalisation s'ils sont âgés, conducteurs d'un 2RM et croient que la CIF est déjà autorisée. En revanche, la fréquence à laquelle ils sont confrontés à ce type de pratique de la part d'un 2RM, et le fait d'avoir un « proche » conducteur d'un 2RM ne jouent pas sur le fait d'être favorable à une légalisation de la CIF (Beanland et al., 2015).

Au niveau législatif, la CIF est autorisée par le code de la route dans certains pays voire états et interdite dans d'autres. En France, aujourd'hui, la CIF n'est pas autorisée par le code de la route sur l'ensemble du territoire français. Toutefois, elle reste pratiquée par un grand nombre de conducteurs de 2RM depuis plusieurs années et cela, particulièrement en Île-de-France (CSC-2RM, 2011 ; CSC SCOOT, 2012). Depuis le 1er février 2016, la pratique de la CIF des deux ou trois-roues motorisés est autorisée pour une durée de quatre ans dans les huit départements d'Île-de-France ainsi que dans les Bouches-du-Rhône, la Gironde et le Rhône. Dans ces départements, une forme sécurisée de circulation inter-files, respectueuses de certaines règles est autorisée sur les autoroutes et routes à caractéristiques autoroutières (voir Annexe 1).

Afin de disposer d'une vision complète des effets produits par l'autorisation de la circulation inter-files sur des zones expérimentales comparativement à une zone témoin (le département de Haute Garonne), la Délégation à la sécurité routière a missionné le Cerema pour étudier de façon longitudinale le comportement des conducteurs de 2RM. Les départements où la CIF est autorisée ont été choisis en fonction de deux critères : la fréquence de pratique de la CIF, par conséquent, les grandes agglomérations ont été privilégiées mais également la localisation des équipes Cerema qui devaient participer à l'évaluation. Effectivement, des enregistrements des comportements des usagers via des caméras étaient réalisés et ont nécessité l'intervention des agents du Cerema. Cette évaluation se compose de deux volets complémentaires : un volet visant à étudier le comportement « réel » des usagers, à l'aide notamment de cameras (volet 1) et un second volet dont l'objectif consistait à s'intéresser à l'acceptation par les conducteurs VL et 2RM de cette nouvelle mesure (volet 2).

Ce deuxième volet du projet complète les projets CSC-2RM et CSC SCOOT, qui eux sont basés sur une approche ergonomique, avec pour objectif d'étudier le comportement des usagers 2RM en inter-files. De plus, il s'inscrit dans la continuité du projet AUTOFILE visant à comprendre les motivations et les difficultés rencontrées par les conducteurs 2RM mais également VL exclusivement lors de la pratique de la CIF avant qu'elle ne soit autorisée dans certains départements français.

L'objectif de ce travail consiste à présenter l'évolution de l'acceptation de cette expérimentation au fil du temps, entre 2016 et 2017. Les résultats issus de la dernière vague d'enquête (2018) sont en cours de traitement et ne seront pas évoqués dans cet article.

# 1. Méthode

## 1.1 Questionnaire

Afin d'étudier l'acceptation de l'expérimentation de la CIF, un questionnaire a été élaboré, dont certains items étaient issus du rapport AUTOFILE (Ragot-Court et al., 2014).

En plus des informations socio-démographiques (âge, sexe, type de véhicule), le questionnaire était découpé en plusieurs parties distinctes visant à étudier de la manière la plus exhaustive possible l'acceptation de l'expérimentation de l'encadrement de la CIF. Certains items du questionnaire sont communs à l'ensemble des répondants tandis que d'autres varient selon la zone (expérimentale ou témoin) et le type de conducteurs (2RM ou VL).

Toutefois, nous ne présenterons ici que les principaux résultats portant sur la connaissance de l'expérimentation (l'expérimentation était présentée en quelques lignes. Il était ensuite demandé aux répondants s'ils en avaient ou non eu connaissance) et l'impact de l'expérimentation sur les pratiques de conduite sur les voies rapides urbaines, était évalué. Plus précisément, il était demandé aux usagers s'ils avaient ou non changé leur pratique de conduite depuis le début de l'expérimentation. Une liste de comportements leur était proposée et pour chacun d'entre eux, les répondants devaient se positionner sur une échelle en quatre points (toujours, souvent, parfois et jamais).

### 1.2 Population

Le questionnaire était diffusé par un institut de sondage auprès d'un échantillon de répondants représentatif de la population française conducteurs de 2RM et VL. Les quotas utilisés étaient basés sur les données du Parc Auto 2015 en termes d'âge, de sexe et de catégorie socio-professionnelle selon le type d'usagers 2RM ou VL.

Au final, les analyses effectuées ont porté sur 905 répondants pour la vague 1 et 811 répondants pour la vague 2. Le Tableau 1 ci-dessous précise la population interrogée.

| | 2RM | | VL | |
|---|---|---|---|---|
| | Vague 1 | Vague 2 | Vague 1 | Vague 2 |
| Zone expérimentale | 356 | 332 | 368 | 330 |
| Zone témoin | 89 | 75 | 92 | 74 |
| Total | 445 | 407 | 460 | 404 |

*Tableau 1 : Effectifs*

Pour ce qui est de la vague 1, au final, dans la zone expérimentale, 379 usagers VL et 372 conducteurs 2RM ont été sollicités. Les hommes conducteurs de 2RM représentent 82,5 % (N = 296) des usagers 2RM tandis que pour les usagers VL, ils représentent 55,3 % (N = 214) des usagers. Une grande majorité des usagers 2RM (65,5 %, N = 298) conduisent une moto. Dans la zone témoin, 82 usagers conduisent un VL et 75 usagers un 2RM. Les femmes conductrices de 2RM représentent 11,2 % (N = 4) de l'échantillon et 61,3 % des usagers VL (N = 57). Pour ce qui est du type de 2RM, 71,1 % des répondants de la zone témoins (N = 64) conduisent une moto et 28,9 % (N = 26) un scooter.

Le même type de population a été interrogé dans la vague 2. Dans la zone expérimentale, 363 usagers VL et 366 usagers 2RM ont été interrogés. Les hommes conducteurs de 2RM représentent 75,1 % (N = 275) des usagers 2RM 50,1 % (N = 182) des usagers VL. La majorité des usagers 2RM conduisent une moto 69,9 % (N = 256). Dans la zone témoin, 80 répondants conduisant un VL et 80 un 2RM. Les femmes conductrices d'un 2RM représentent 27,5 % (N = 22) des usagers 2RM et 57,5 % (N = 46) des usagers VL. Une minorité de conducteurs de 2RM conduisent un scooter (28,9 % ; N = 129).

## 2. Résultats

### 2.1 Connaissances règlementaires

Concernant les connaissances réglementaires, on notera que les usagers 2RM de la vague 2 ont une meilleure connaissance de la réglementation que les usagers VL, ils sont plus nombreux à savoir que les CIF est autorisée uniquement sur certaines zones (50,8 % *vs* 28,4 % ; Chi2 = 42,47 ; p = 7,16 e-11). De même, les usagers expérimentaux, tous types d'usagers confondus, semblent être mieux informés que ceux de la condition témoin (42,3 % *vs* 28,8 % ; Chi2 = 10,11 ; p = 0,001).

En revanche, un an après l'expérimentation, les usagers VL sont moins nombreux à connaître les conditions de pratique de la CIF que lors de la vague 1 et cela, aussi bien dans la condition expérimentale (vague 1 : 44,2 % *vs* vague 2 : 30,9 % ; Chi2 = 13,23, p = 0,003) que dans la condition contrôle (vague 1 : 33 % *vs* vague 2 : 17,6 % ; Chi2 = 4,83 ; p = 0,03). On notera donc une érosion de la connaissance règlementaire pour les usagers VL, effet que l'on ne retrouve pas pour les usagers 2RM.

### 2.2 Pratiques de conduite

*Modifications des pratiques*

En termes d'impact sur les pratiques de conduite, sur autoroutes et voies rapides, environ un tiers des conducteurs VL déclare avoir modifié sa conduite vis-à-vis des 2RM depuis le lancement de l'expérimentation (vague 1 : 36,3 % ; vague 2 : 34,6 % ; Chi2 = 0,25 ; ns). Plus de la moitié des conducteurs VL qui n'ont pas modifié leur conduite le justifient par la nécessité faite aux conducteurs 2RM de s'adapter aux nouvelles règles (vague 1 : 37,5 % ; vague 2 : 40,3 % ; Chi2 = 1,10 ; ns). Pour les conducteurs de VL de la vague 1 mais également de la vague 2, la zone de résidence (expérimentale ou témoin) n'influe pas significativement sur la pratique de la conduite depuis le lancement de l'expérimentation.

Concernant les conducteurs de 2RM, sur autoroutes et voies rapides, une grande majorité d'entre eux (vague 1 : 76,7 % et vague 2 : 69,5 %) déclarent ne pas avoir modifié leur conduite depuis le début de l'expérimentation. On notera toutefois qu'en 2017, ils sont plus nombreux à déclarer que l'expérimentation a un impact sur leur pratique de conduite (Chi2 = 5,55 ; p = 0,02).

Dans un second temps, différents comportements étaient proposés aux répondants selon qu'ils étaient conducteurs VL ou 2RM. Pour chacune des propositions, ils devaient se positionner sur une échelle en quatre points en termes de fréquence (1 toujours ; 2 souvent ; 3 parfois et 4 jamais).

*Pratiques des 2RM sur les autoroutes et voies urbaines*

Les résultats montrent que les répondants, aussi bien dans la vague 1 que dans la vague 2, déclarent majoritairement « toujours » voire « souvent », être attentifs au comportement du conducteur dans l'habitacle (vague 1 : ß = 19,523 ; p <0,01 ; vague 2 : ß = 13,886 ; p <0,01). Toutefois, on notera également une différence entre la zone témoin et la zone expérimentale avec une fréquence plus importante dans la zone témoin (« toujours » comparativement à « jamais »).

En revanche, concernant le fait de klaxonner pour signaler son arrivée, les répondants déclarent massivement n'avoir « jamais » ou « parfois » pratiqué ce type de comportement avec une fréquence plus importante pour les répondants de la zone expérimentale et cela, pour chacune des vagues d'enquête (vague 1, ß = –1,15 ; p <0,05 ; vague 2, ß = 0,23 ; p <0,01) (« toujours » comparativement à « jamais »).

*Graphique 1 : Être attentif au comportement du conducteur VL dans l'habitacle (téléphone...)*

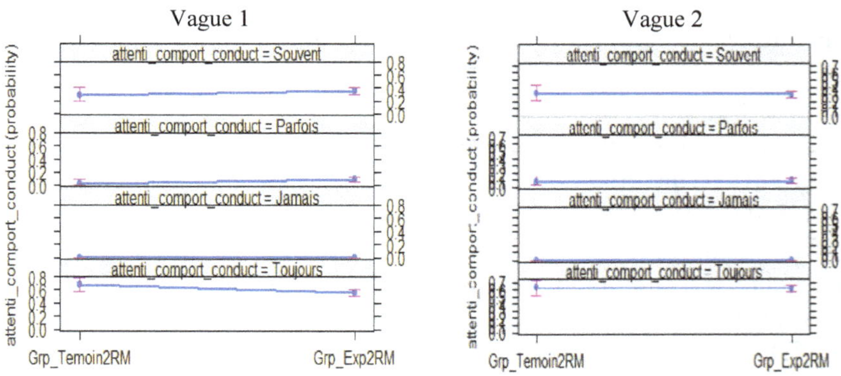

*Graphique 2 : Klaxonner pour signaler son arrivée*

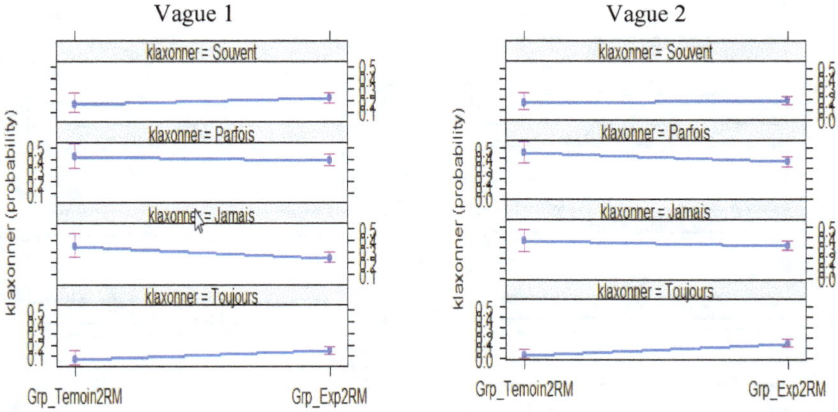


En revanche, en terme d'évolution entre les vagues, dans la vague 1, aucune différence n'est à observer entre les différentes modalités de fréquence tout en tenant compte du groupe de référence expérimentale ou témoin concernant le fait de regarder ses angles morts (vague 1, ß = 0,28 ; ns) ou encore contrôler ses rétroviseurs (vague 1, ß = –0,687 ; ns). En revanche, une telle différence se retrouve dans la vague 2, où majoritairement les répondants déclarent adopter ces deux types de pratique « toujours » voire « souvent » avec une différence positive plus marquée entre les modalités « toujours » et « jamais » pour les répondants de la condition expérimentale concernant le contrôle des angles morts (vague 2, ß = 12,804 ; p <0,01) et inversement, pour le contrôle des rétroviseurs (vague 2, ß = 15,629 ; p <0,01).

*Graphique 3 : Regarder les angles morts*

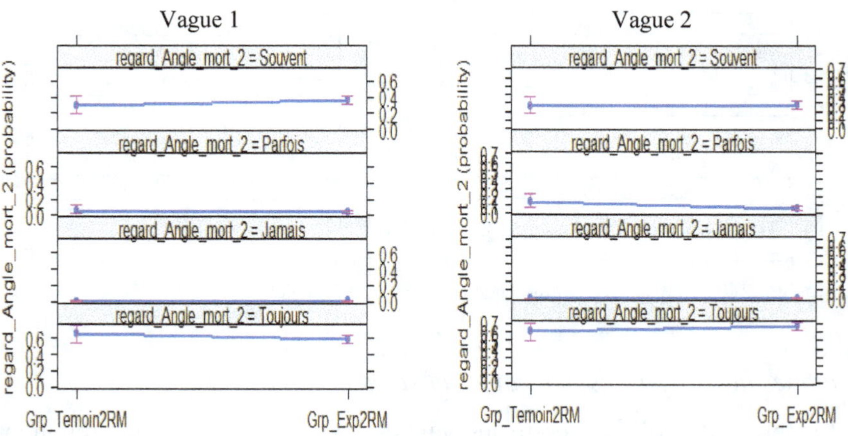

*Graphique 4 : Faire des contrôles rétroviseur*

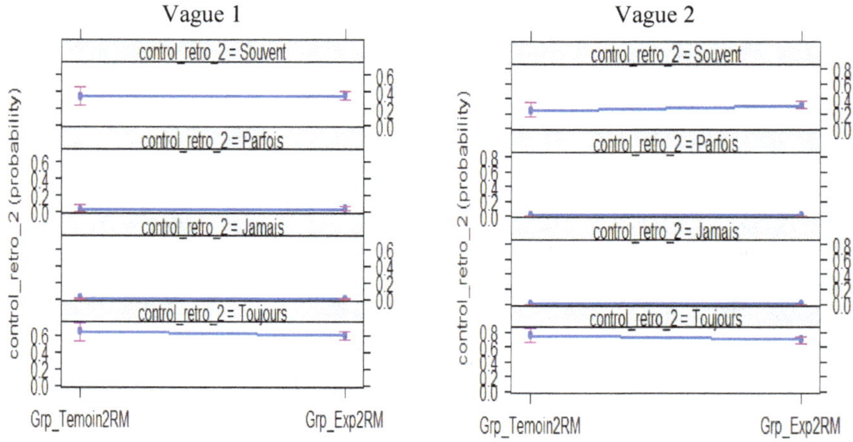


Pour ce qui est d'essayer d'avoir un contact visuel avec les conducteurs afin de s'assurer d'avoir été vu, on notera une différence pour la vague 1 en termes de fréquence et de condition expérimentale *vs* témoin, avec une fréquence plus importante dans la condition témoin (« toujours » comparativement à « jamais »). En revanche, ce résultat ne se retrouve pas dans la vague 2 (vague 1, ß = 26,007 ; p <0,01 ; vague 2, ß = –1,106 ; ns).

*Graphique 5 : Essayer d'avoir un contact visuel avec les conducteurs VL afin de s'assurer d'avoir été vu*

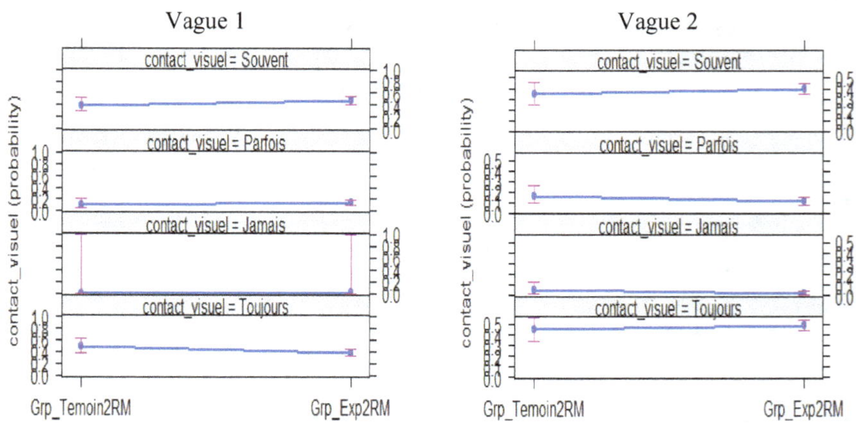


*Pratiques des VL sur les autoroutes et voies urbaines*

En terme d'évolution entre les vagues, dans la vague 1, les répondants déclarent massivement « souvent » voire « toujours » regarder leurs angles morts (vague 1, ß = –1,89 ; p <0,05) avec une fréquence plus importante pour les répondants de la condition expérimentale (« toujours » comparativement à

« jamais »). En revanche, un tel résultat ne se retrouve pas dans la vague 2 (vague 2 ß = 5,95 ; ns).

*Graphique 6 : Regarder les angles morts*

Vague 1

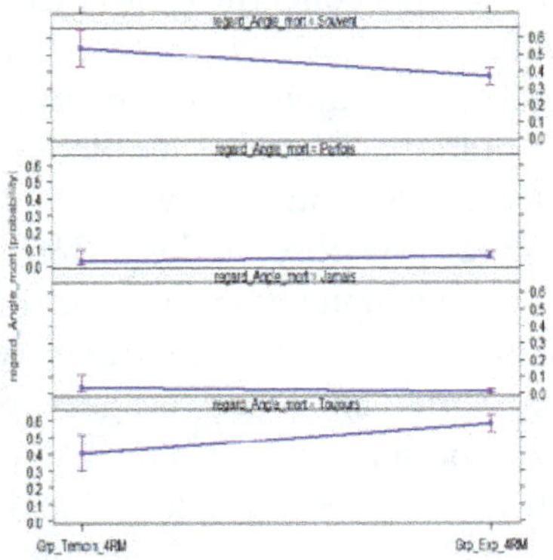

Vague 2

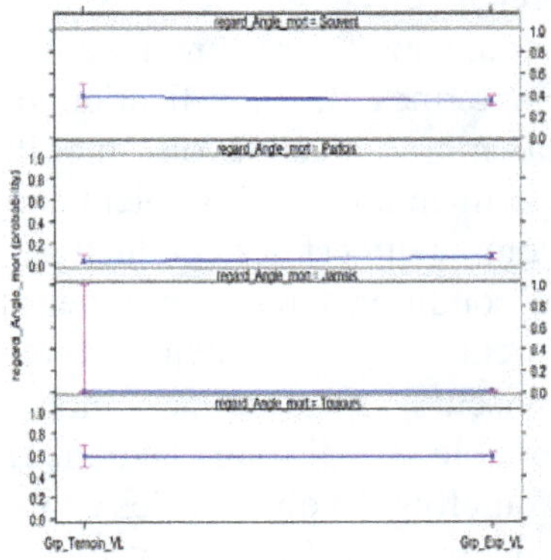

En revanche, même si massivement les répondants déclarent ne « jamais » se décaler pour empêcher les 2RM de passer, une différence est à noter entre les répondants de la zone expérimentale et témoin, où les premiers déclarent plus fréquemment ce type de pratique (« toujours » comparativement à « jamais ») mais uniquement dans la vague 2 (vague 2, ß = –1,215 ; p <0,05). Aucune différence n'est à observer dans la vague 1 (vague 1, ß = –0,73 ; ns).

*Graphique 7 : Se décaler pour empêcher les 2RM de passer*

Vague 1

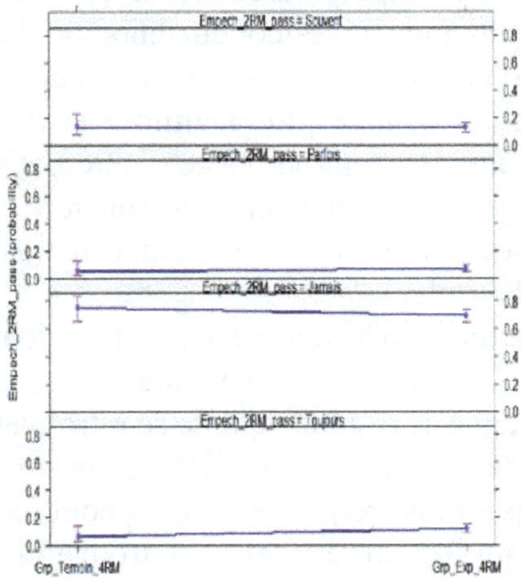

Vague 2

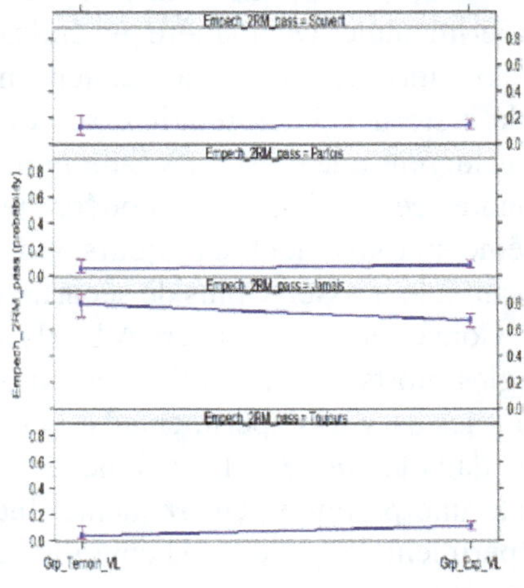

## 3. Discussion

Les résultats montrent une meilleure connaissance de l'expérimentation pour les usagers 2RM mais également pour les usagers de la condition expérimentale, tous types d'usagers confondus. Ce résultat n'est pas surprenant en ce sens que ce sont les usagers les plus concernés par la CIF qui en ont une meilleure connaissance au niveau légal.

En termes de modification des pratiques, la majorité des répondants déclarent ne pas avoir modifié leur pratique depuis le début de l'expérimentation qu'ils soient conducteurs d'un 2RM ou d'un VL.

Pour ce qui est des conducteurs 2RM, même si on observe des différences entre condition témoin et expérimentale, on peut noter que les répondants déclarent majoritairement « toujours » voire « souvent » contrôler leurs rétroviseurs, leurs angles morts, les comportements des usagers dans l'habitable. Tandis que klaxonner reste un comportement peu fréquent.

Toutefois, on observe des évolutions entre les vagues d'enquête. Ainsi, les conducteurs 2RM déclarent plus souvent « avoir un contact visuel avec les conducteurs » dans la vague 1 (comparaison « toujours » *vs* « jamais ») avec une fréquence plus importante dans la condition témoin. Toutefois, ce résultat ne se retrouve pas dans la vague 2. En revanche, « contrôler ses rétroviseurs » est déclaré comme plus fréquent par les répondants de la condition témoin et « contrôler ses angles morts », par les répondants de la condition expérimentale et cela uniquement dans la seconde vague d'enquête. D'autres comportements se révèlent statistiquement significatifs aussi bien dans la vague 1 que dans la vague 2 tels que « contrôler le comportement des usagers dans l'habitable », avec une fréquence plus grande dans la condition témoin et « klaxonner » qui a une fréquence plus importante dans la condition expérimentale. De manière générale, c'est comme si les conducteurs 2RM de la condition expérimentale étaient moins vigilants puisque probablement, et cela reste une interprétation, se considèrent comme plus légitimes et donc considèrent que c'est au VL de faire davantage attention à eux. Toutefois, là encore, ce résultat est à modérer puisque les répondants déclarent tout de même massivement « toujours » ou « souvent » avoir des comportements visant à leur assurer plus de sécurité sur la route.

Concernant les usagers VL, ils déclarent massivement « regarder leurs angles morts » (comparaison « toujours » et « jamais ») avec une différence pour les usagers expérimentaux dans la vague 1, résultats qui ne se retrouvent pas dans la vague 2. En revanche, le fait d'« empêcher un 2RM de passer » reste une pratique peu fréquente, bien que plus fréquente dans la condition expérimentale que dans la condition témoin. Un tel résultat ne se trouvait pas dans la vague 1.

Une des limites de cette recherche est que nous n'avons pas pu interroger les mêmes répondants dans la vague 1 et dans la vague 2. Dans une étape future, notre objectif consistera à poursuivre l'étude de l'évolution des attitudes et des comportements auto-déclarés en s'intéressant à la vague 3 qui s'est déroulée en 2018.

## Réferences


1. Aupetit, S., Espié, S., Pianelli, C., Saad, F. (2011). *Comportement Spontanés de Conduite des usagers de deux-roues motorisés dans le trafic urbain et péri urbain*. Projet CSC-2RM, IFSTTAR (DSR), Rapport IFSTTAR.
2. Beanland, V., Pammer, K., Sledziowska, Stone, A. (2015). Drivers'attitudes and knoledge regarding motorcycle lane filtering practices. Proceedings of the 2015, Australasian Road Safety Conference, 14-16 October, Gold Coast, Australia.
3. Blackman, R. A., & Haworth, N. L. (2010). A qualitative exploration of the attitudes and experiences of moped and scooter riders. In: TRB 89$^{th}$ Annual Meeting, 10-14 January 2010, Washington DC.
4. Clabaux, N., Fournier, J.-Y., Michel, J.-E. (2017). Powered two-wheeler riders' risk of crashes associated with filtering on urban roads. Traffic Inj. Prev. 18 (2), p. 182-187.
5. Clabaux, N., Fournier, J.-Y., Michel, J.-E. Perrin, C. (2019). Does filtering by powered two-wheelers present a risk for pedestrians in city centers? *Journal of Transport and Health. 13*, p. 224-233.
6. Clarke, D. D., Ward, P., Bartle, C., Truman, W. (2004). In-depth Study of Motorcycle Accidents (Road Safety Research Report No. 54). London, UK: Department for Transport.
7. Della Valle, A., Espié, S. (2012). Comportement Spontanes de Conduite des usagers de SCOOTers. Projet CSC-SCOOT, IFSTTAR (DSR), Rapport Ifsttar-Université de Paris Sud.
8. Huth, V., Füssl, E., Risser, R. (2014). Motorcycle riders' perceptions, attitudes and strategies: Findings from a focus group study. *Transportation Research Part F: Traffic Psychology and Behaviour*, 25, p. 74-85.
9. ONISR, La sécurité routière en France, Bilan de l'année 2011. La Documentation française [http://www.securite-routiere.gouv.fr/la-securite-routiere/l-observatoire-national-interministeriel-de-la-securite-routiere/bilans-annuels/bilans-annuels-de-la-securite-routiere-en-france].
10. Ragot-Court, I., Hidalgo, M., Eyssartier, C. (2014). *Les Automobilistes et la Circulation inter-files des deux-roues motorisés,* Projet AUTOFILE, IFSTTAR (DSCR), Rapport IFSTTAR.
11. Regan, M. A., Lintern, G., Hutchinson, R., Turetschek, C. (2009). Using Cognitive Work Analysis to Derive Recommendations for Improving Motorcycle and Scooter Rider Safety (Deliverable 21 of 2-Wheeler

Behaviour and Safety Project). Brussels, Belgium: European Commission.
12. Tunnicliff, D., Watson, B., White, K. M., Lewis, I., Wishart, D. (2011). The social context of motorcycle riding and the key determinants influencing rider behavior: A qualitative investigation. *Traffic Injury Prevention, 12(4)*, p. 363-376.
13. Wigan, M. (2002). Motorcycles as a Full Mode of Transportation. *Transportation Research Record: Journal of the Transportation Research Board. 1818, 02-2959*, p. 39-46.

## Annexe 1

Dans les départements mentionnés précédemment, la circulation inter-files est autorisée…

- sur les axes à plusieurs voies de circulation allant dans le même sens ;
- lorsque les flux de circulation de sens opposés sont séparés par un terre-plein central ;
- lorsque les deux-roues motorisés circulent entre les deux files les plus à gauche de la chaussée ;
- lorsque la circulation est dense et qu'elle s'établit en files ininterrompues sur toutes les voies ;
- lorsque la vitesse maximum autorisée est supérieure ou égale à 70 km/h.

La circulation inter-files est interdite…

- pour les 2RM de plus de 1 m de large ;
- lorsque l'espace entre les files de véhicules est insuffisant ;
- lorsque les travaux ont lieu sur au moins l'une des voies ;
- lorsque les conditions météorologiques sont défavorables (neige, verglas, vent violent).

Le conducteur de deux-roues motorisé en circulation inter-files…

- ne doit pas dépasser 50 km/h ;
- doit signaler sa manœuvre d'entrée et de sortie de couloir par l'usage du clignotant ;
- ne doit pas dépasser un autre 2RM circulant en inter-files.

L'automobiliste doit…

- laisser un espace suffisant pour faciliter la circulation inter-files des motocyclistes ;
- vérifier dans son rétroviseur et contrôler les angles morts avant de changer de file ;
- actionner le clignotant avant de changer de file ;
- éviter les manœuvres brusques.

# De l'intention comportementale de réduire sa vitesse vers une modification effective du comportement : Efficacité de la communication engageante auprès des conducteurs de deux-roues motorisés

Isabelle Ragot-Court[1], Damien Tamisier[1, 2, 3], Claire Naude[1], Thierry Serre[1], Romane Cornen[1], Chloé Eyssartier[2], Fabien Girandola[3]

[1] TS2-LMA, Univ Gustave Eiffel, IFSTTAR
[2] Cerema
[3] Aix-Marseille Université

## Introduction

L'objectif principal de cette expérimentation consiste à observer dans quelle mesure la Communication Engageante *versus* la Communication Persuasive classique peut avoir des effets auprès de conducteurs de deux-roues motorisés (2RM) sur leur intention de réduire leur vitesse et sur leur comportement réel de réduction de vitesse.

L'articulation des champs théoriques de la Persuasion et de l'Engagement est novatrice en sécurité routière. La communication persuasive, la plus souvent utilisée par les organismes en charge de la sécurité routière – telle qu'il est question via les campagnes de prévention – permet de produire un changement au niveau attitudinal (Girandola & Fointiat, 2016). Toutefois, lorsque l'attitude initiale envers l'objet est forte, sa propension à résister à la persuasion est élevée (Petty & Krosnick, 2014 ; Fointiat et al., 2013). Généralement, l'attitude reste malgré tout peu ou pas efficace pour prédire les comportements, notamment dans le domaine de la sécurité routière, (Delhomme, 1999 ; Delhomme et al., 2009 ; Elvik et al., 2009). La théorie de l'engagement, en revanche, se pose comme une alternative efficace pour modifier les comportements, y compris lorsqu'il s'agit d'un comportement « problématique » (Delhomme et al., 2008a ; Delhomme et al., 2008b ; Pascual et al., 2013), tel que l'est la diminution de la vitesse pour les conducteurs de 2RM (Tamisier, 2017). L'articulation de la persuasion et de l'engagement au travers du paradigme de la communication engageante a en outre montré empiriquement que celui-ci est plus efficace encore que l'engagement seul (Michelik et al., 2012). Le paradigme de la communication engageante suggère de faire précéder l'exposition à une argumentation persuasive de la réalisation d'un acte préparatoire engageant et systématiquement accepté (Girandola & Joule, 2012 ; Tamisier et al., 2019).

L'expérimentation présentée ici fait suite aux travaux de Tamisier et al. (2017, 2019) menés dans le cadre d'une thèse de doctorat, qui a permis de montrer la plus grande efficacité de la Communication Engageante comparée à la Communication Persuasive pour accroître l'intention comportementale des conducteurs de 2RM de réduire leur vitesse – et avec une amplitude plus grande en termes de km/h – sur une majorité des types de réseaux. Ces travaux initiaux ont également permis de tester différentes procédures pour en dégager les plus efficaces. C'est ainsi que, notamment, le protocole de la Communication Engageante s'est vu optimisé par une tâche d'implémentation des intentions qui accroît les effets attendus dans le sens d'une intention chez les participants d'une modification du comportement-vitesse encore plus marquée. Cette technique a été créée et largement développée par Gollwitzer (1993, 1996, 1999) et parfois même utilisée dans le champ de la sécurité routière, y compris pour aborder la réduction de la vitesse auprès d'automobilistes (Elliott & Armitage, 2006 ; Brewster et al., 2015 ; Delhomme et al., 2008a). Elle consiste à identifier les situations susceptibles d'enclencher le comportement-cible et d'y apporter une solution en offrant aux participants diverses stratégies pour parvenir à respecter leur engagement. Il s'agit de plans « si-alors » favorisant ainsi le passage de la motivation à l'action (e.g. « si je suis tenté de rouler plus vite parce que j'ai eu une longue journée, alors je me souviendrai que je risque une sanction pour excès de vitesse en accélérant »).

Le protocole mis en œuvre dans l'expérimentation présentée ici réunit les modalités les plus efficaces des paradigmes testés en amont et vise à observer dans quelle mesure les résultats initialement obtenus sur des intentions comportementales se traduisent sur des comportements de réduction de vitesse effectifs et plus globalement par un style de conduite plus souple.

L'hypothèse générale porte ainsi sur la plus grande efficacité de la Communication Engageante comparée à la Communication Persuasive pour amener les conducteurs de 2RM à réduire leur vitesse. Nous supposons que le paradigme de la Communication Engageante sera optimisé par l'incrémentation d'une tâche d'implémentation des intentions avec des effets encore supérieurs à la Communication Persuasive classique et à la Communication Engageante simple sur tous les niveaux de mesure subséquents : l'intention comportementale de réduire sa vitesse (y compris l'amplitude de cette réduction), les vitesses effectives et plus globalement les styles de conduite caractérisés par les sollicitations dynamiques du véhicule atteints lors de son usage.

# 1. Méthode

## 1.1 Population

Quarante conducteurs de 2RM d'au moins 125 $cm^3$ (trois femmes et 37 hommes d'âge moyen de 40,2 ans) volontaires ont été recrutés dans une répartition égale sur deux régions, Pays de la Loire et PACA (Provence Alpes Côte d'Azur), au moyen d'annonces déposées auprès de magasins d'accessoires moto, de concessions, de moto-écoles, de clubs ou associations, etc. Avant d'être inclus dans l'expérimentation, un entretien téléphonique ou en face à face a permis de vérifier les critères d'inclusion et leur donner les premières explications de l'expérimentation (durée, modalité d'enregistrement des données et consentement écrit, confidentialité et respect de la loi du 6 janvier 1978 modifiée relative à l'informatique, aux fichiers et aux libertés), de présenter le matériel expérimental utilisé et d'expliquer les modalités de rémunération, soit 100 € attribués à la fin de l'expérimentation.

## 1.2 Matériel

### *1.2.1 Matériel de recueil de données réelles*

Le véhicule de chaque participant a été instrumenté par un smartphone nommé « EMMAphone » dédié à l'enregistrement de données physiques liées à la dynamique du véhicule. Chaque EMMAphone installé sous la selle des véhicules de manière non invasive était équipé de capteurs accélérométriques, de gyromètres et d'un GPS lui permettant de mesurer en temps réel des informations relatives à la position du véhicule, ses vitesses (linéaires et angulaires) et ses accélérations. Les EMMAphones étaient activés par défaut dès la mise sous contact de la moto mais enregistraient selon le procédé strict décrit ci-après. Un bouton-poussoir permettait à l'utilisateur de désactiver l'enregistrement chaque fois qu'il le souhaitait.

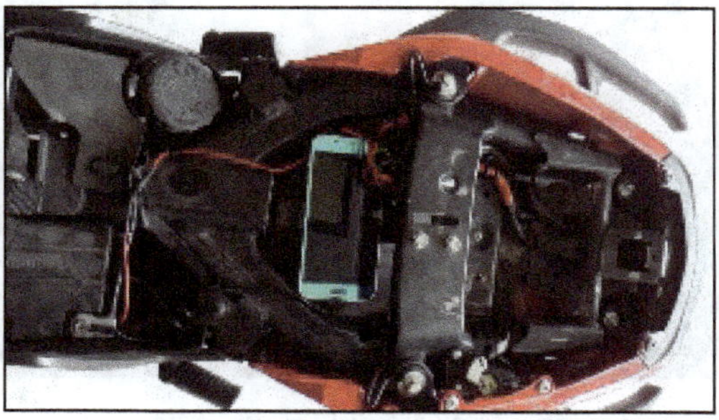

*Image 1 : Exemple d'instrumentation d'un 2RM avec un EMMAphone*

Lors de l'entretien initial, chaque participant a été invité à décrire son parcours habituel – de type domicile/travail – et les points GPS caractéristiques de son parcours régulier ont été enregistrés dans l'EMMAphone. Ces points GPS permettent de définir quatre types de zones routières : urbaines, interurbaines, autoroutières et les rocades ou périphériques (voir Figure 1). Pour que le trajet soit validé et les données afférentes enregistrées (hormis le 1er et le dernier kilomètre), le motocycliste aura dû passer à proximité de tous les points GPS prédéfinis dans l'ordre.

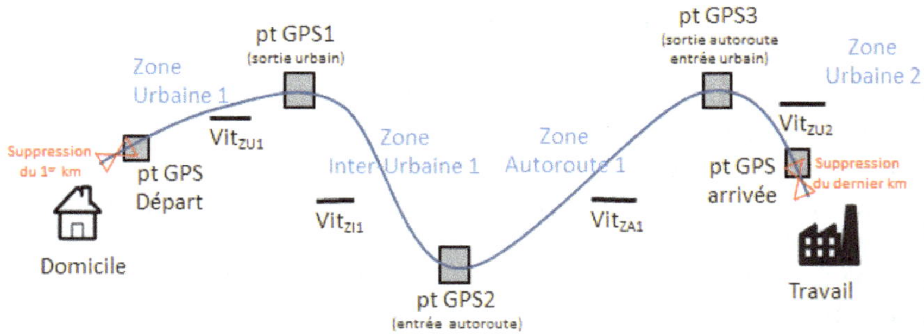


*Figure 1 : Exemple de décomposition d'un parcours domicile-travail*

### *1.2.2 Matériel d'implémentation du protocole d'influence comportemental*

La variable indépendante implémentée a réparti les participants dans les quatre groupes suivants :

- Groupe *Contrôle (C)* : Aucun processus d'influence n'a été mis en œuvre.
- Groupe *Communication Persuasive Classique (CP)* : les participants ont été exposés au message persuasif de type campagne de prévention suivant (Image 2) :

*Image 2 : Message de prévention utilisée dans le cadre de la campagne « Restez motard à moto »*

- Groupe *Communication Engageante classique (CE) : acte préparatoire puis message* persuasif selon le principe de la technique exposée plus haut :

  Acte préparatoire : les participants ont été invités à « participer à la recherche d'arguments susceptibles de les convaincre eux-mêmes en faveur de la diminution de la vitesse en 2RM pour aider une association de prévention routière à concevoir une nouvelle campagne de communication ».

  *PUIS*

  Message persuasif : les participants ont été exposés à un message persuasif de type campagne de prévention classique (le même que dans le groupe CP).
- Groupe *Communication Engageante avec implémentation des intentions (CEimp)* : Les participants ont été exposés au même protocole que ceux du groupe CE. Puis, [après déclaration de leurs intentions de modification comportementale de réduction de leur vitesse, partie 1.2.3] chaque participant devait identifier une situation qui l'encouragerait à rouler plus vite et la relier à des contre-arguments afin de résister à la tentation. L'exercice d'implémentation des intentions a été renouvelé une seconde fois immédiatement après la première, pour maximiser encore l'engagement.

### *1.2.3 Matériel de recueil de l'intention et de l'amplitude de modification comportementale*

L'intention de modification comportementale a été mesurée à partir de la déclaration des participants de leurs intentions de réduire leur vitesse de manière générale et sur le trajet régulier déclaré initialement : par type de route (urbain, route, autoroute, rocade/périphérique). Les mesures s'effectuaient par des échelles allant de –5 (« Pas du tout l'intention de la réduire ») à +5 (« Tout à fait l'intention de la réduire »). Puis ils étaient invités à déclarer l'amplitude de cette réduction de vitesse sur la base de leur intention, selon cinq modalités (de 1 à 3 km/h, de 4 à 7 km/h, … plus de 15 km/h).

## 1.3 Déroulement et plan d'expérience

Dans un plan d'expérience de type avant/après, les participants ont roulé quatre semaines au cours desquelles les données dynamiques de leur véhicule étaient enregistrées. Puis, par voie numérique, chacun a reçu un questionnaire intégrant la Variable Indépendante qui les répartissait aléatoirement dans les groupes CP, CE, CEimp et C (N = 10 par condition) et permettant de recueillir les variables d'intérêt que sont l'intention comportementale de chacun de réduire sa vitesse par type de route et l'ampleur de cette réduction. À l'issue de cette étape, les enregistrements des données comportementales effectives se sont poursuivis pendant les quatre semaines suivantes. Puis les véhicules ont été désinstrumentés.

## 2. Résultat

### 2.1 L'intention comportementale et l'amplitude de réduction de vitesse

En raison des faibles effectifs pour chaque condition, seule l'intention et l'amplitude globales ont été mesurées.

L'ANOVA réalisée sur les réponses aux intentions de réduire sa vitesse révèle une différence significative entre plusieurs conditions, $F(3, 38) = 7.91$, $p = .000$. Le test post-hoc du Tukey indique une différence significative entre les conditions « C » ($M = -4.17$, $ET = 1.87$, $n = 9$) et « CP » ($M = -.88$, $ET = 2.5$, $n = 10$), $p = .026$ ; « C » et « CEimp » ($M = .72$, $ET = 2.55$, $n = 9$), $p = .001$ ; et « CE » ($M = -3.26$, $ET = 2{,}59$, $n = 10$) et « CEimp » $p = .005$. Les participants en condition CP et ceux en condition CEimp ont ainsi eu davantage l'intention de réduire leur vitesse comparativement au groupe C. Le groupe CE n'engendre en revanche aucun effet.

Quant à l'amplitude de cette réduction de vitesse intentionnelle, l'ANOVA révèle un effet significatif, $F(3, 38) = 5.38$, $p = .004$, avec le même pattern : une différence significative entre les conditions « C » ($M = .89$, $ET = 1.83$, $n = 9$) et « CP » ($M = .035$, $ET = 4.06$, $n = 10$), $p = .035$ ; « C » et « CEimp » ($M = 6.78$, $ET = 4.08$), $p = .007$. Une différence tendancielle est observée entre les groupes « CE » et « CEimp », $p = .055$ indiquant par conséquent que les conducteurs de 2RM en condition CEimp ont possiblement eu davantage l'intention de réduire leur vitesse dans une plus grande mesure que ceux en condition CE simple. D'autre part, les participants en condition CP et CE ont également eu l'intention de réduire leur vitesse dans une plus grande mesure que les participants en condition C.

Spécifiquement sur les trajets réguliers tels que déclarés par les participants lors de l'entretien préliminaire, le même pattern de résultat est aussi obtenu révélant ainsi que les participants en condition CEimp ont eu l'intention de réduire leur vitesse dans une plus grande mesure que les participants en condition C et en condition CE simple (respectivement « CEimp » : $M = 6.78$, $ET = 4.08$ ; « C » : $M = .89$, $ET = 1.83$ et « CE » : $M = 2.4$, $ET = 3.78$). Les participants en condition CP ($M = 5.6$, $ET = 4.06$) ont eu tendanciellement l'intention de réduire leur vitesse dans une plus grande mesure que les participants en condition C.

La Figure 2 qui récapitule ces résultats montre que l'intention de réduire sa vitesse est la seule à être positive en condition CEimp. L'amplitude du comportement, y compris pour les trajets réguliers qui sont essentiellement du domicile-travail, est la plus élevée dans cette condition.

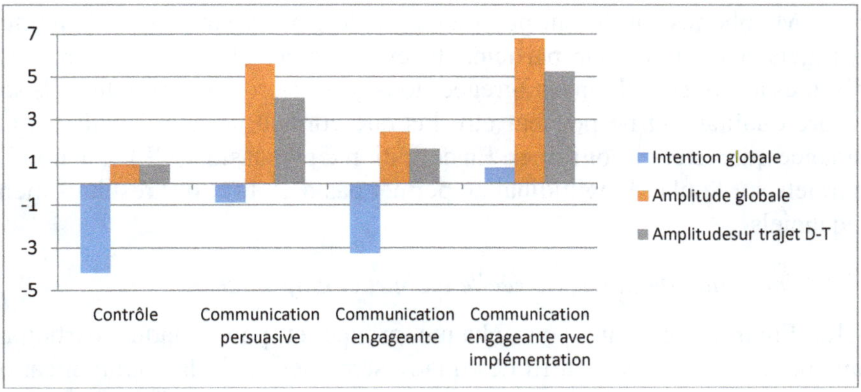


*Figure 2 : Moyennes générales des critères observés en fonction des conditions expérimentales*

Avant d'étudier la traduction de ces intentions sur les comportements réels de conduite, il convient de discuter les résultats inattendus de la Communication Persuasive et de la Communication Engageante simple, la première parvenant, elle aussi, à susciter curieusement un engagement indéniable, tant en matière d'intention que d'amplitude du comportement contrairement aux conducteurs de la seconde condition.

Outre les faibles effectifs, une explication possible revient à la définition du protocole dans sa phase préliminaire, impliquant de nombreux échanges avec les participants, la signature d'une charte d'information, d'un consentement éclairé et le rendez-vous en face à face pour l'instrumentation du véhicule qui pourrait avoir induit un haut niveau d'engagement chez tous les participants, y compris en condition contrôle et persuasive. Les participants ont en effet été engagés dans un processus coûteux impliquant un investissement temporel et l'acceptation de l'exploitation de données sensibles qui fait écho à de nombreux critères engageants évoqués par Joule & Beauvois (1998) comme le caractère public, irréversible et coûteux de l'acte. Dans cette perspective, le message persuasif qui distingue la condition persuasive de la condition contrôle pourrait avoir endossé le rôle d'élément décisif dans l'engagement des participants et ainsi caractériser cette condition comme une condition de communication engageante à part entière, plus efficace donc que la condition d'engagement seul.

## 2.2 Les modifications comportementales réelles

À l'issue de l'expérimentation, les données de dynamiques tirées des EMMAphones implémentés dans les véhicules ont été analysées. Pour des raisons variées (déménagement d'un participant, interruptions de l'enregistrement pour causes de vacances, un accident, changement de véhicules durant l'expérimentation, non enregistrement pour cause de trajet modifié par rapport à l'itinéraire déclaré initialement, etc.), les données de

25 EMMAphones sur 40 ont pu être exploitées. Au regard du faible nombre de trajets à explorer par participants et par types de route, les résultats présentés ici sont des données agrégées tous types de route confondus ; ils sont d'ordre qualitatif et ne peuvent être lus que comme la manifestation d'une tendance qui restera à confirmer. En condition « persuasion (CP) », le nombre de trajets sur le plan longitudinal ne permet pas d'en tirer des résultats même tendanciels.

*2.2.1 Diminution de la vitesse réelle à court et moyen terme*

La Figure 3 présente pour chaque groupe et pour chaque participant l'évolution de la vitesse au fil des quatre semaines après la communication, par comparaison avec la dernière semaine avant la communication. Lorsque les points se situent en dessous de l'axe horizontal, la vitesse moyenne des trajets est inférieure à celle des trajets réalisés avant la mise en œuvre du protocole d'influence. La tendance qui se dégage de ces résultats (condition « CP » non incluse) marque un effet des conditions CE (CE simple et CEimp) qui auraient entraîné davantage de réduction de vitesse chez les participants qui y ont été exposés, comparée à ceux du groupe C. Ainsi, une semaine après l'exposition aux deux types de Communication Engageante, on observe davantage de trajets effectués à une vitesse plus faible que la semaine précédente, comparés aux trajets effectués par le groupe C. Au bout de quatre semaines, il semblerait aussi que la CEimp continue à entraîner des vitesses plus basses que la CE simple en comparaison avec le groupe C. On observe également une moins grande variabilité comportementale après l'introduction de la variable indépendante comparé au groupe C dans lequel les vitesses semblent être erratiques. Ces tendances s'observent particulièrement chez les participants qui avaient déclaré avoir l'intention de réduire leur vitesse.

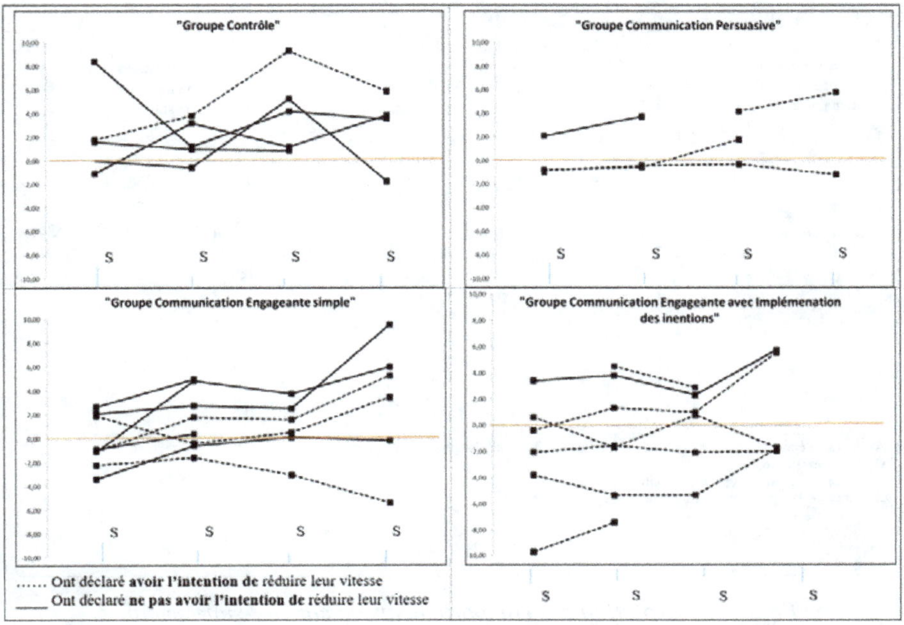


*Figure 3 : Évolution des vitesses au fil des quatre semaines après le protocole d'influence*

### *2.2.2 Évolution des comportements de conduite via la dynamique de la moto*

La Figure 4 montre l'évolution des comportements de conduite en terme d'accélération longitudinale et de vitesse de roulis, la première semaine et la quatrième semaine après la communication, en distinguant les participants qui avaient déclaré leur intention de réduire leur vitesse et ceux qui avaient déclaré ne pas en avoir l'intention. Le croisement accélération longitudinale – vitesse de roulis traduit visuellement la dynamique du véhicule d'un 2RM en montrant à la fois l'évolution avant/après des niveaux d'accélération et de freinage et celle des vitesses d'inclinaison du 2RM en virages. Les points situés au-dessus de l'axe horizontal signifient que les niveaux d'accélération ont augmenté et en dessous dans le cas contraire, et à droite de l'axe vertical si les niveaux de vitesse de roulis ont augmenté, à gauche dans le cas contraire. Selon le même pattern de résultats que celui de la réduction effective de vitesse, les participants qui avaient déclaré leur intention de réduire leur vitesse des groupes exposés à la CE et la CEimp ont été plus nombreux à modifier leur comportement de conduite – accélération/freinage, vitesse d'inclinaison – que les autres une semaine après le traitement expérimental. Quatre semaines après, cette tendance semblait encore s'observer, surtout chez les participants exposés à la CEimp.

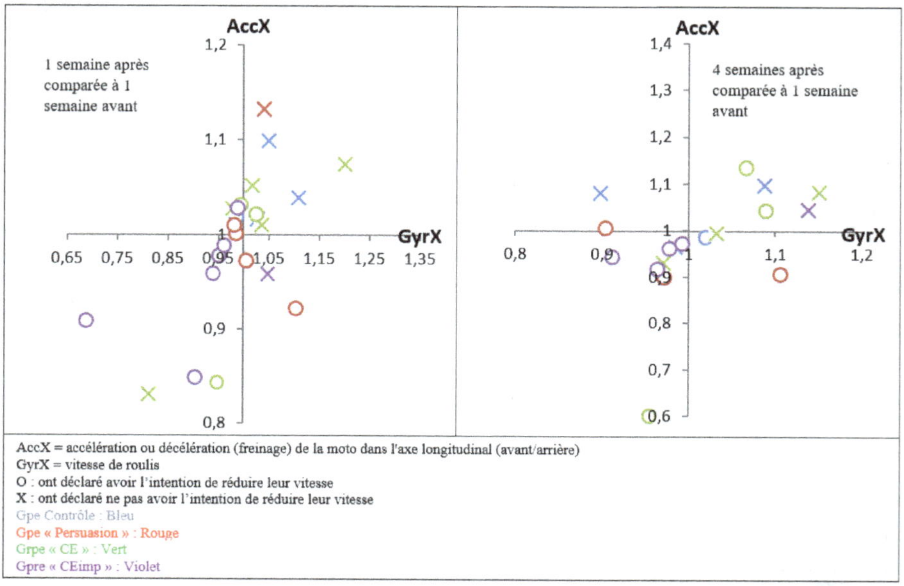


*Figure 4 : Évolution des comportements de conduite une semaine (à gauche) et quatre semaines (à droite) après le protocole d'influence*

## 3. Discussion, conclusion et perspectives

Les résultats issus de cette étude doivent être considérés en premier lieu comme des résultats préliminaires et illustratifs. En effet, le faible échantillon nous amène à devoir consolider nos résultats par un échantillon beaucoup plus grand et, dans la mesure du possible, repenser le protocole susceptible dans l'état actuel de bruiter les conditions expérimentales en induisant systématiquement un engagement.

Toutefois, en dehors des intentions comportementales du groupe exposé à la Communication Persuasive que l'on a imputées à la définition du protocole et des résultats non exploitables issus des comportements réels du même groupe, les résultats de cette étude vont globalement dans le sens des hypothèses de départ et s'inscrivent en toute cohérence dans la continuité des premiers résultats de Tamisier et al. (2017, 2019). La Communication Engageante seule, malgré une contre-performance sur les intentions comportementales, parvient d'une manière générale à entraîner une diminution des vitesses effectives comparée à la condition Contrôle. La Communication engageante se trouve optimisée par l'implémentation des intentions en ce sens qu'elle semble de surcroît installer la modification comportementale de manière plus durable. Au-delà des vitesses en tant que telles, d'autres comportements en lien avec les vitesses semblent également impactés comme les niveaux d'accélérations et de freinages ou encore les vitesses de roulis qui traduisent l'adoption d'un style de conduite plus souple et moins de variabilité comportementale.

Ainsi, le paradigme de la Communication Engageante a montré dans cette étude des indices forts de son efficacité sur le terrain de la sécurité routière – y compris pour des requêtes comportementales problématiques. Son utilité est à considérer en tant que technique accessible et relativement facile à mettre à disposition des acteurs de terrain : par exemple dans le cadre de la formation (moto-écoles et stages de perfectionnement) ou d'actions de sensibilisation (évènement associatif, stages de récupération de points, etc.). Eu égard au protocole utilisé dans cette étude, la CE peut également faire valoir ses ressources en offrant certaines perspectives applicatives intéressantes dans le domaine de la communication numérique, permettant un impact à plus grande échelle.

## Références


1. Brewster, S. E., Elliott, M. A., & Kelly, S. W. (2015). Evidence that implementation intentions reduce drivers' speeding behavior: Testing a new intervention to change driver behavior. *Accident Analysis & Prevention, 74*, 229-242.
2. Delhomme, P., De Dobbeleer, W., Forward, S., Simões, A., Adamos, G., Areal, A., … Nathanail, T. (2009). Manual for designing, implementing and evaluating road safety communication campaigns. (S.l.): Bruxelles: BIVV-IBSR.
3. Delhomme, P., Grenier, K., & Kreel, V. (2008a). Replication and extension: The effect of the commitment to comply with speed limits in rehabilitation training courses for traffic regulation offenders in France. Transportation research part F: traffic psychology and behaviour, 11(3), 192-206.
4. Delhomme, P., Kreel, V., & Ragot, I. (2008b). The effect of the commitment to observe speed limits during rehabilitation training courses for traffic regulation offenders in France. Revue Européenne de Psychologie Appliquée/European Review of Applied Psychology, 58(1), 31-42.
5. Delhomme, P., Vaa, T., Meyer, T., Goldenbeld, C., Jaermark, S., Christie, N., & Rehnova, V. (1999). Deliverable 4 : Evaluated road safety media campaigns: an overview of 265 evaluated campaigns and some meta-analysis on accidents, status (public). *Gadget Project Contract No RO-97-SC. 2235*.
6. Elliott, M. A., & Armitage, C. J. (2006). Effects of Implementation Intentions on the Self-Reported Frequency of Drivers' Compliance With Speed Limits. *Journal of Experimental Psychology: Applied, 12*(2), 108-117.

7. Elvik, R., Vaa, T., Hoye, A., & Sorensen, M. (2009). *The handbook of road safety measures*. (S.l.): Emerald Group Publishing.
8. Fointiat, V., Girandola, F., & Gosling, P. (2013). La dissonance cognitive : Quand les actes changent les idées. (S.l.) : Armand Colin.
9. Girandola, F., & Fointiat, V. (2016). *Attitudes et comportements*. (S.l.) : Pug.
10. Girandola, F., & Joule, R.-V. (2012). La communication engageante : aspects théoriques, résultats et perspectives. *L'année Psychologique*, *112*(1), 115-143.
11. Gollwitzer, P. M. (1993). Goal achievement: The role of intentions. European review of social psychology, 4(1), 141-185.
12. Gollwitzer, P. M. (1996). Benefits of Planning. The psychology of action: Linking cognition and motivation to behavior, 287.
13. Gollwitzer, P. M. (1999). Implementation intentions: Strong effects of simple plans. American psychologist, 54(7), 493.
14. Joule, R.-V., & Beauvois, J.-L. (1998). *La soumission librement consentie : comment amener les gens à faire librement ce qu'ils doivent faire ?* (S.l.) : Presses universitaires de France.
15. Michelik, F., Girandola, F., Joule, R.-V., Zbinden, A., & Souchet, L. (2012). Effects of the Binding Communication Paradigm on Attitudes. *Swiss Journal of Psychology*, *71*(4), 227-235.
16. Pascual, A., Guéguen, N., Pujos, S., & Felonneau, M.-L. (2013). Foot-in-the-door and problematic requests: A field experiment. *Social Influence*, *8*(1), 46-53.
17. Petty, R. E., & Krosnick, J. A. (2014). Attitude strength: Antecedents and consequences. (S.l.) : Psychology Press.
18. Tamisier, D. (2017). *La communication engageante au service d'une problématique de sécurité routière : la réduction de la vitesse des conducteurs de deux-roues motorisés* (Thèse de doctorat). Aix-Marseille Université.
19. Tamisier, D., Ragot-Court, I., Eyssartier, C., & Girandola, F. (2019). Binding communication and problematic request : application in the field of road safety. *European Revue of Applied Psychology / Revue Européenne de Psychologie Appliquée, 69 (3), 111-117*
20. Tamisier, D., Ragot-Court, I., Eyssartier, C., & Girandola, F. (2020). Sequential order of the binding communication paradigm: A road safety case study. *Canadian Journal of Behavioural Science / Revue canadienne des sciences du comportement, 52(1)*, 48-56. [https://doi.org/10.1037/cbs0000162].

# Ma route en deux-roues motorisé

Yannick Dépret

DDTM14 (Direction départementale des territoires et de la mer du Calvados)

## Introduction

De nombreuses initiatives, plus ou moins structurées, ont vu jour dans le but de signaler des anomalies d'infrastructures, souvent appelées « points noirs ». Face à ce constat, la préfecture du Calvados a mis en place à la demande de la Délégation à la sécurité routière (DSR) un groupe de travail ayant pour mission de construire une application collaborative à l'échelle du territoire national.

Cette application collaborative, sous le pilotage de chaque préfet(ète) de département, sera destinée à suivre, entre partenaires et avec précision, les éléments d'infrastructures pouvant aggraver ou favoriser la survenue d'accidents chez les usagers de deux-roues motorisé (IAF). Elle est appelée « Ma route en deux-roues motorisé » (MR2RM).

Le service MR2RM s'appuie sur la solution collaborative « Mon guichet » de l'Institut national de l'information géographique et forestière (IGN). Il permet, depuis l'application mobile téléchargée sur leur smartphone, à des motards identifiés au sein des structures partenaires, de signaler des dangers potentiels pour les deux-roues motorisés et de les faire remonter par le service MR2RM auprès des gestionnaires de réseaux concernés, partenaires eux-aussi de MR2RM.

## 1. Organisation technique

Il s'agissait d'identifier une solution robuste, collaborative qui ne soit pas redondante, ni ne nécessite d'installations informatiques lourdes pour les partenaires, autres que celles dont ils disposent déjà.

### 1.1 Une application nationale

L'emprise nationale pour l'application faisait partie des prérequis du projet pour qu'il ait un sens et soit retenu dans le programme d'études de l'Observatoire national interministériel de la sécurité routière (ONISR).

Plusieurs raisons ont motivé le choix d'une emprise nationale pour le service MR2RM :

- La notion d'équité territoriale va de soi lorsqu'il s'agit d'actions mises en œuvre par l'État en matière de sécurité routière. Il n'était pas envisageable de travailler en vase clos sur un territoire pilote en ne prenant pas en compte la possibilité d'élargir ensuite le périmètre d'application au niveau national.
- À l'heure de la dématérialisation des procédures, il convenait de proposer une solution numérique économique, robuste et efficace. Cette solution a été identifiée parmi les offres de services de l'IGN, les géoservices et plus particulièrement une application dénommée « Mon Guichet » de l'espace collaboratif IGN [https://espacecollaboratif.ign.fr] qui, en 2017, proposait une nouvelle solution mobile sur smartphone.

Le choix de la solution IGN répondait à l'ensemble des critères :

- une plate-forme adaptable à notre besoin ;
- un coût mutualisé pour l'ensemble des départements ;
- une continuité géographique France entière du service ;
- utilisation de référentiels géographiques nationaux ;
- une gestion par groupes départementaux ;
- une maintenance produit et un hébergement sur une infrastructure informatique nationale.

ACCOMPAGNER | ASSISTER

RÉPONDRE À UNE QUESTION DE SÉCURITÉ ROUTIÈRE

**L'IGN propose des solutions géoservices sur-mesure. Des systèmes très opérationnels, comme en témoigne le guichet « Ma route en 2RM », une application développée pour les motards.**

Soutenue par la Délégation à la Sécurité Routière (DSR), l'application « Ma Route en deux-Roues Motorisé » (MR2RM) a été développée et expérimentée par la Préfecture du Calvados. La charte qui définit les modalités de l'expérimentation, a été signée par Emmanuel Barbe, délégué interministériel à la sécurité routière, en présence du secrétaire général et de la directrice de cabinet de la préfecture, du général commandant du groupement de gendarmerie du Calvados et du directeur départemental des territoires et de la mer au cours de la journée « sécurité moto », organisée le 28 avril 2018 par la ville de Ouistreham-Riva Bella (14). L'application MR2RM qui s'appuie sur la solution collaborative « MonGuichet » de l'IGN, permet à des motards identifiés de signaler, depuis l'application mobile téléchargée sur leur smartphone, des dangers potentiels pour les deux-roues et de les faire remonter auprès des gestionnaires de réseaux concernés. L'expérimentation, qui s'est déroulée durant toute l'année 2018, s'est avérée particulièrement intéressante. La DSR a décidé d'organiser son déploiement sur l'ensemble du territoire. Une douzaine de préfectures ont décidé de déployer le dispositif sur leur département.

*Extrait du rapport d'activité 2018 de l'IGN [https://fr.calameo.com/read/0011885824f0e80f12660?page=53]*

Une année d'expérimentation dans le Calvados aura suffi pour adapter avec l'IGN en mode agile, « Mon guichet ». Cette première année d'expérimentation aura été financée par le « plan départemental d'actions de sécurité routière » (PDASR) du Calvados grâce à un abondement spécifique de la DSR à notre budget local. Labellisée par la DSR qui a décidé d'organiser son déploiement sur l'ensemble du territoire national dès janvier 2019, l'application a au préalable été soumise à l'expertise du Cerema. Aujourd'hui, le service France entière est financé par la DSR dans un contrat d'abonnement de trois ans avec l'IGN à hauteur de 3000 € HT par an.

### 1.2 Un accès internet fixe et mobile, des données consultables

Les groupes départementaux MR2RM sont créés par l'IGN à la demande d'un référent national de MR2RM pour chaque département qui le souhaite. Pour pouvoir utiliser son espace MR2RM, le groupe départemental doit nommer un référent local qui aura au préalable créé un compte sur [https://espacecollaboratif.ign.fr/register/].

Des préconisations pour les login et mot de passe sont données pour faciliter la gestion des administrateurs et utilisateurs de l'application. Le référent local reçoit alors un mail automatique avec un lien cliquable dans le corps de texte pour activer son compte. Une fois le compte créé et activé, le référent local est affilié au groupe « MR2RMxx » en tant que gestionnaire. Il peut ensuite ajouter autant d'utilisateurs (personnes morales) qu'il le souhaite en procédant de la même manière. Il est conseillé cependant pour faciliter la gestion des utilisateurs et la création de leurs comptes, que ce soit le référent qui le fasse sur la base d'une adresse mél qui aura été donnée par les structures utilisatrices de l'application.

*L'application sur internet*

L'IGN a mis en place l'espace collaboratif [https://espacecollaboratif.ign.fr]. Cette application est un outil collaboratif de saisie et de suivi des signalements même s'il est principalement utilisé dans notre cas pour suivre et répondre aux signalements. L'espace collaboratif IGN permet aux utilisateurs authentifiés et affiliés à un groupe MR2RM, de consulter les signalements d'IAF, de les modifier, d'y répondre et de suivre leur traitement. Cette interface sera utilisée par le motocycliste de vigie (MdV) pour suivre ses signalements, par le référent local de l'application pour valider et suivre les signalements, par le gestionnaire de voirie pour consulter et répondre aux signalements.

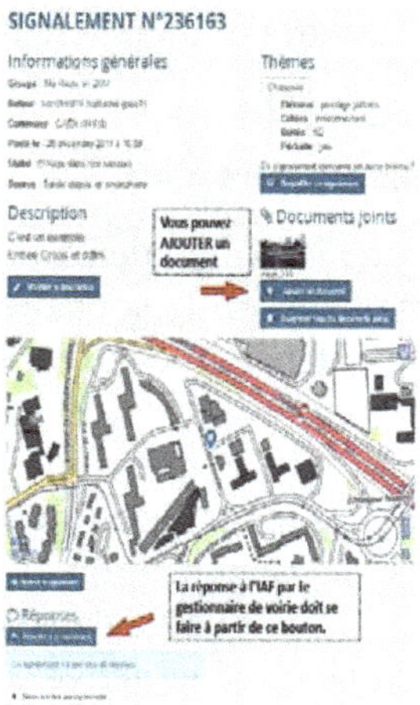

*L'application sur smartphone*

L'IGN a mis en place l'application mobile « Espace collaboratif IGN ». Cette application dédiée aux smartphones est un outil collaboratif de signalement. Elle permet aux utilisateurs MR2RM authentifiés de l'espace collaboratif IGN de saisir des IAF pour leur département ou ceux pour lesquels ils sont affiliés. Ils peuvent depuis cette interface, les modifier et suivre leur traitement par le gestionnaire concerné. L'installation de l'espace collaboratif IGN se fait gratuitement sur tout smartphone à partir de Play Store (mobiles Androïd) & App Store (mobiles sous iOS)

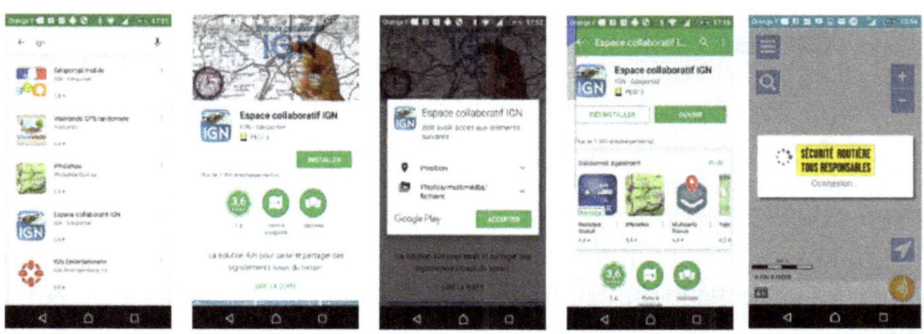

*L'application sur QGIS*

Le module Espace collaboratif-QGIS fournit un plug-in qui offre un ensemble de fonctionnalités facilitant la communication entre QGIS et l'espace collaboratif IGN :

- afficher la base vivante pour réaliser un suivi cartographique des IAF ;
- extraire des signalements de l'Espace collaboratif et les récupérer dans un projet QGIS ;
- créer des signalements depuis QGIS et les envoyer sur l'Espace collaboratif ;
- répondre aux signalements depuis QGIS envoyer les réponses vers l'Espace collaboratif.

**1.3 Protocole terrain**

Il est rappelé lors de la formation à destination des MdV quelques précautions d'usages :

- ne jamais utiliser l'application au guidon de votre motocyclette ! ; stationnez votre moto de manière à ce qu'elle ne gêne pas la circulation ; laissez les feux de stationnement et si possible warning ou clignotants allumés ; descendez de votre moto ; gardez votre casque ; signalez-vous (gilet, brassard ou équipement haute visibilité) ; mettez-vous en sécurité.

NB : possibilité de saisir une IAF de façon déportée (du bureau, d'un parking) en déplaçant la carte à la main sur le smartphone.

La saisie d'un signalement se fait en cinq temps :

1. Activation du GPS 
2. Déclarer un signalement 
4. Décrire le signalement (nomenclature, texte libre, photo)
5. Envoyer le signalement

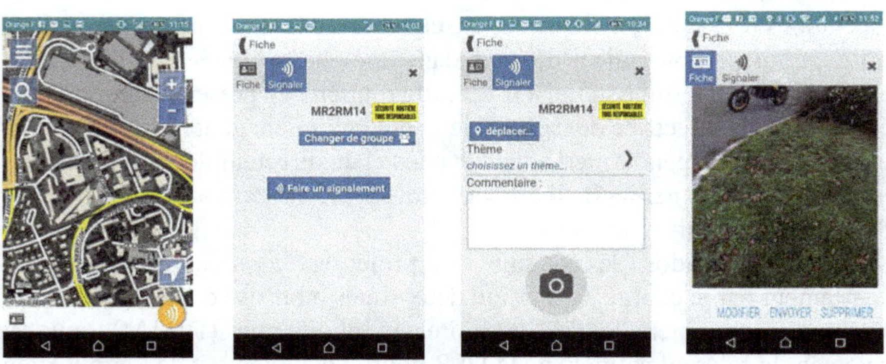


La description du signalement est faite selon une nomenclature détaillée.

Thèmes et éléments :

| | | |
|---|---|---|
| **Thèmes :** | 2. Abords de chaussée : | 3. Virages |
| 1. Chaussée : | - zones de récupération | 4. Carrefours |
| - tranchées, nids de poules | - glissières | 5. Aménagements : |
| - joints de chaussée | - barrières | - bourrelet |
| - joints d'ouvrage d'art | - poteaux | - Terre-plein, îlot |
| - rainurages | - dispositif anti franchissement | - chicanes, écluses |
| - gravillons | - bâti | - plateau |
| - tampons, plaques | - mobilier | - ralentisseur, coussin |
| - passages rails | | 6. Plantation |
| - passages piétons | | 7. Chantiers |
| - marquages | | 8. Stationnement |

Critères :

- adéquation de l'infrastructure aux contraintes dynamiques, visibilité, lisibilité, possibilité d'évitement, limitation de la gravité des chocs, cohérence des éléments, gestion des flux ;
- météo (sec/mouillé), période (jour/nuit) et gestionnaire sont également à renseigner.

Par défaut, les attributs prennent la valeur ND (non défini).

## 2. Une organisation humaine

L'organisation humaine à mettre en place se veut aussi être génératrice de réseaux sécurité routière locaux pour les deux-roues motorisés.

### 2.1 De l'expérimentation dans le Calvados à la mise en exploitation France entière

Une expérimentation s'est déroulée dans le Calvados durant toute l'année 2018. Elle s'est avérée particulièrement intéressante. Au total dans le Calvados, 12 partenaires ont participé collectivement au projet. Ils représentaient principalement l'ensemble des gestionnaires de voiries, la direction départementale des territoires et de la mer, les forces de l'ordre, des associations d'usagers ainsi que des enseignants de la conduite. Les modalités de l'expérimentation étaient décrites dans une charte signée par Emmanuel Barbe, délégué interministériel à la sécurité routière, en présence du secrétaire général et de la directrice de cabinet de la préfecture, du général commandant du groupement de gendarmerie du Calvados et du directeur départemental des territoires et de la mer au cours de la journée « sécurité moto », organisée le 28 avril 2018 à Ouistreham (14).

Dans le Calvados, la conduite du projet est assurée à l'échelle du département par le chargé de mission deux-roues motorisé de la préfecture en Direction départementale des territoires et de la mer (DDTM), qui est également le référent national de la DSR pour le déploiement de l'application MR2RM. Le Calvados a reconduit la charte de partenariat et 18 préfectures ont, au mois de septembre 2019, enclenché le dispositif sur leur département.

## 2.2 Un pilotage par le (la) préfet(ète) de département

La sécurité routière étant une compétence des préfets(ètes) de département, le pilotage du service MR2RM se fait par le (la) préfet(ète). Le rassemblement autour d'une même table de partenaires issus des services de l'État, des collectivités, de la société civile (usagers et acteurs économiques) en est aussi facilité. Il s'agit toutefois de ne pas faire d'ingérence. Il est ainsi précisé aux gestionnaires de voirie, qu'un signalement fait par le service MR2RM ne vaut pas pour injonction de faire, mais comme une simple information qu'il aurait lui-même recueillie.

Dans chaque département, l'animation du service sera attribuée par le(la) préfet(ète) à un référent local qui pourra être le(la) chargé(e) de mission deux-roues motorisé ou un agent de l'État.

*Gestion des rôles*

Chaque groupe départemental sera constitué de deux types d'utilisateurs, les « motards de vigie » qui font les signalements et les gestionnaires de voirie qui y répondent. La gouvernance et l'organisation du groupe local peuvent-être utilement formalisées dans une charte de partenariat adaptée au contexte local.

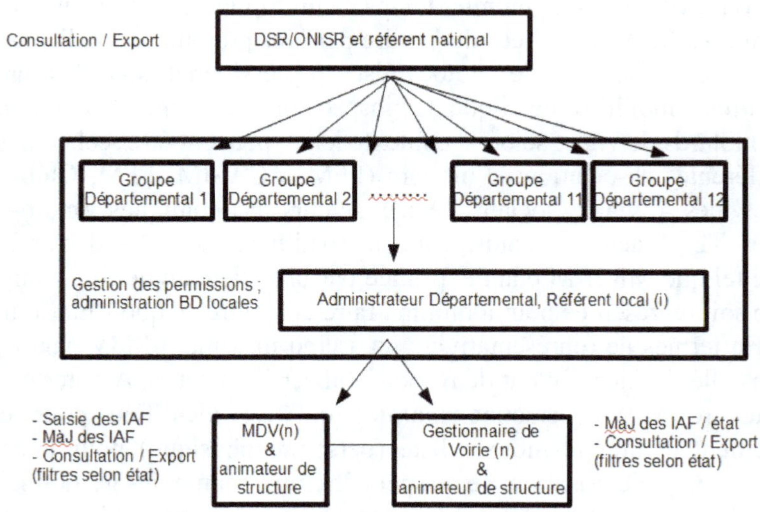

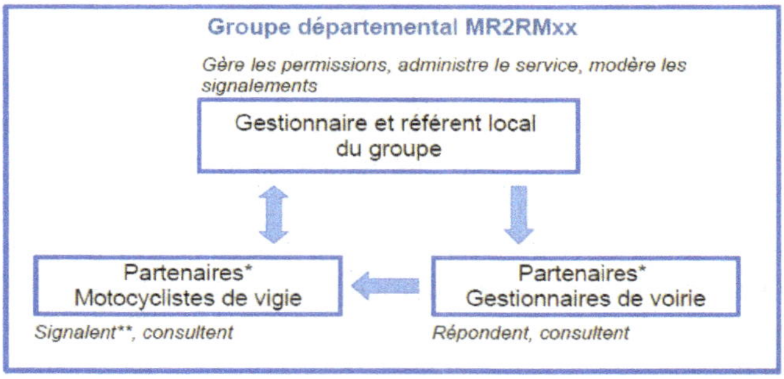


Jusqu'à deux référents locaux ou administrateurs locaux pourront être désignés par département. Leur rôle, outre l'animation du réseau, sera de valider le signalement avant de le transmettre au gestionnaire concerné.

*Les gestionnaires de voiries et les motocyclistes de vigie*

Parmi les gestionnaires de voirie, pourront être représentés les départements pour les RD, l'État pour les RN et les autoroutes non concédées, les sociétés d'autoroutes, les collectivités locales de type intercommunales ayant la compétence voirie et les communes. Concernant ces dernières, un relais avec les associations des maires de France peut également être mis en place pour éviter dans un premier temps de multiplier les interlocuteurs.

Parmi les MdV, les forces de l'ordre par leur présence quotidienne sur la route et leur fonction de motocycliste professionnel sont les premiers partenaires à mobiliser ainsi que des inspecteurs du permis de conduire. Les autres motards de vigie, selon le contexte local, peuvent être recherchés entre les différentes associations d'usagers (FFMC, CASIM, FFM, Clubs moto, groupes des réseaux sociaux, etc.), acteurs économiques (moto-écoles, escortes TE, loueurs, organisateurs de road-trip, etc.). La demande d'un service tel que MR2RM étant exprimée par la société civile, il est important qu'elle soit représentée pour a minima faire connaître ce que l'État fait sur le sujet. En termes de représentativité, un à cinq maximum MdV par structure est conseillé, l'objectif étant de responsabiliser les acteurs. À noter que c'est la structure MdV (personne morale) qui est identifiée pour chaque signalement et non le motocycliste (personne physique) pour éviter tout « risque » de judiciarisation, ce qui peut être une crainte des gestionnaires de voirie. Cela a aussi pour effet de responsabiliser le motocycliste qui agit en tant que MdV au nom de sa structure.

Concrètement, la remontée des IAF est réalisée par des MdV préalablement formés et désignés au sein des structures partenaires. Les MdV, ainsi que les gestionnaires de voirie sont identifiés sur l'application. La saisie des IAF se fait sur smartphone ou internet. Pour tout signalement, le référent reçoit une alerte géolocalisée et la transmet après qu'il l'ait validée au gestionnaire de voirie concerné. Une réponse quant à la pertinence du signalement est ensuite donnée dans l'application par le gestionnaire de voirie. Les données sont stockées dans un système d'information géographique (SIG) centralisé et interopérable entretenu par l'IGN.

*Les formations*

Facteur de la réussite du service, le partage d'une connaissance commune basée sur des recommandations nationales.

L'ensemble des utilisateurs sont formés (mise à disposition de chaque préfecture d'une valise de formation) à l'utilisation de l'application et surtout à l'identification et description des signalements. Pour décrire les signalements, une classification et une nomenclature ont été déduites du guide national du Cerema « Recommandations pour la prise en compte des deux-roues motorisés », lequel référence lui aussi le service MR2RM depuis sa dernière édition d'octobre 2018.

Appuyer la description des signalements sur une nomenclature nationale est outre un gage de qualité, l'assurance d'une adhésion à cette nomenclature par l'ensemble des territoires utilisateurs du service.

## 3. Les premiers retours d'expérience

Validée dès fin septembre 2018 par la DSR auprès des préfet(e)s de région et départements par un courrier du Délégué interministériel à la sécurité routière, MR2RM a commencé son déploiement national en décembre 2018.

### 3.1 Le déploiement national

Au 25 septembre 2019, 64 départements ont pu être sensibilisés au service MR2RM lors de réunions d'information réalisées au niveau national, régional et/ou local.

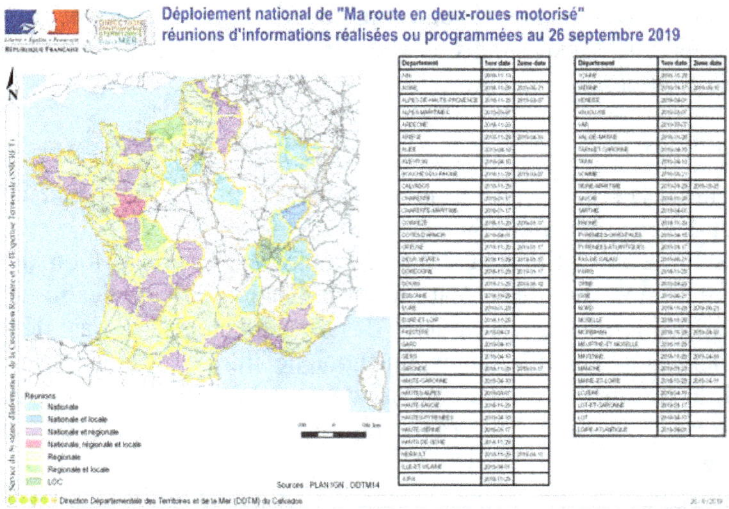


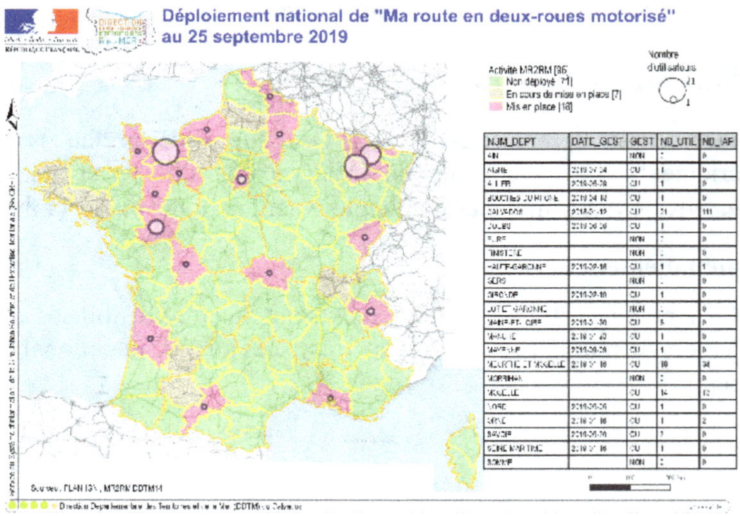


Suite à ces sessions et à l'information passée via le réseau national des chargés de missions deux-roues motorisé animé par Pascal Dunikowski de la DSR/SBPUR et sur le portail HERMES de la DSR, 25 départements ont demandé à ce que leur soit ouvert un espace MR2RM sur l'espace collaboratif IGN. Sur ces 25 départements, 18 ont déclaré un administrateur local et, pour la plupart, définissent actuellement la gouvernance du projet et son organisation humaine.

### 3.2 Le bilan dans le Calvados

En 2018, année de l'expérimentation, 81 signalements ont été saisis avec MR2RM14 par huit structures « Motard de vigie ». Soixante-sept de ces signalements ont pu être traités avec un délai moyen de réponse de 53 jours.

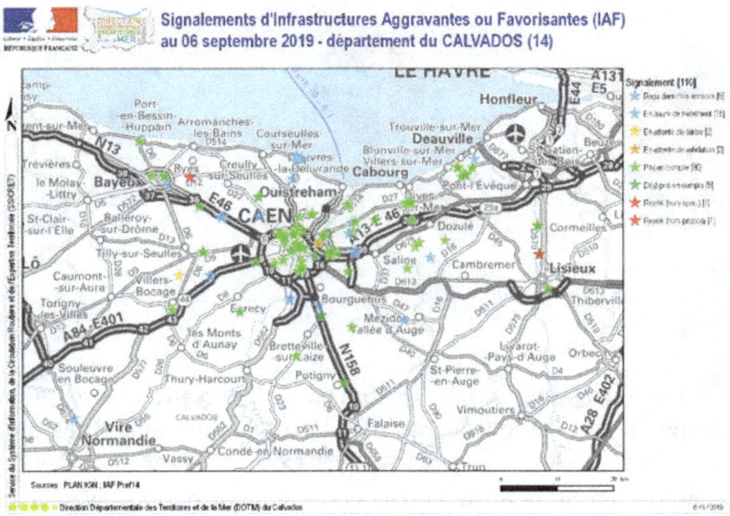


Au 5 septembre 2019, 29 signalements ont été saisis depuis le début de l'année par sept structures « motards de vigie ». Vingt de ces signalements ont été traités avec un délai moyen de réponse de 31 jours.

Pour les deux années, sur l'ensemble des 110 signalements, 87 ont été traités, soit 79 % de signalements clos.

Les signalements rejetés l'ont été par défaut de complétude de la fiche de renseignement ou du fait d'une localisation géographique non cohérente avec la description littérale.

### 3.3 Les retours utilisateurs

L'accompagnement des utilisateurs d'une application ou d'un service est un facteur clé de sa réussite. Un club national, soutenu par DSR/SBPUR, a ainsi été mis en place pour permettre d'une part aux utilisateurs d'échanger entre-eux et de profiter ainsi des expériences de chacun, d'autre part ce club permet au référent national et à la DSR de recueillir les souhaits d'évolutions et/ou d'améliorations du service que cela concerne la partie applicative, la documentation ou encore le mode opératoire sur le terrain.

Un questionnaire de satisfaction en ligne adressé aux utilisateurs de MR2RM a permis en préalable au club de recueillir et capitaliser les avis et critiques positives sur l'application.

Le résultat est positif avec pour ce premier retour un bilan très positif et une satisfaction globale du service au regard de son intérêt et de son efficience que ce soit de la part des gestionnaires de voirie ou des motards de vigie.

**En tant que "gestionnaire de voirie"**

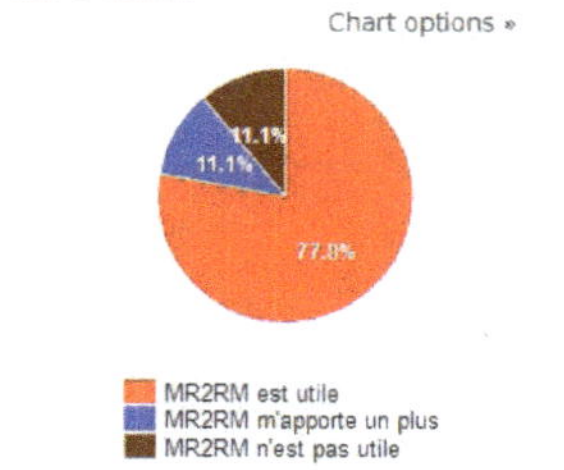


| | |
|---|---|
| MR2RM est utile | 7 |
| MR2RM m'apporte un plus | 1 |
| MR2RM n'est pas utile | 1 |

**En tant que "motard de vigie"**

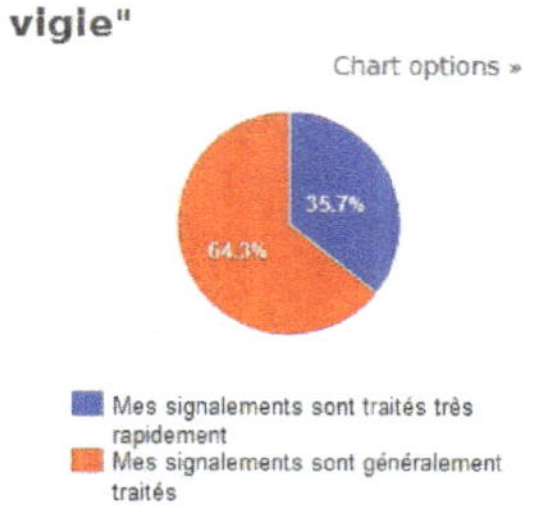


| | |
|---|---|
| Mes signalements sont traités très rapidement | 5 |
| Mes signalements sont généralement traités | 9 |

**Vous parlez de MR2RM autour de vous ?**

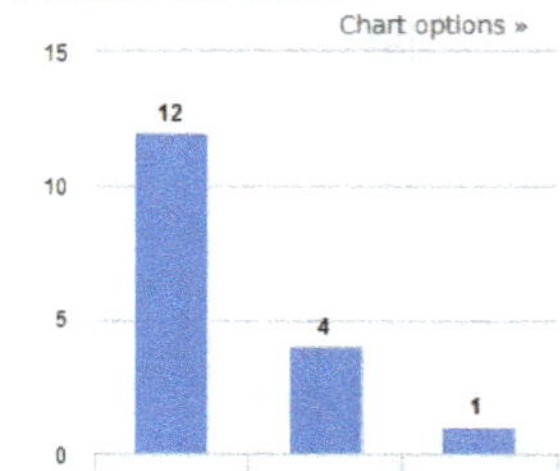


| | |
|---|---|
| Oui, cela interpelle | 12 |
| Oui, cela commence à être connu | 4 |
| Non | 1 |

Nous n'avons pas eu, lors de l'enquête, de retour de type « anomalies ». Les demandes recensées portaient sur l'ajout de fonctionnalités qui ont été remontées à l'IGN :

- pouvoir au moment de la saisie sur le smartphone associer plusieurs photos au signalement ;
- ajouter sur l'application web un filtre de sélection de signalements spécifique à MR2RM qui porte sur le champ « gestionnaire de voirie » ;
- ajouter un outil de gestion et transfert des signalements dans l'application web.

Les retours faits par les répondants au questionnaire pour qualifier l'application sont positifs. Ils expriment un engouement certain pour ce type d'application bien que manquant encore de recul pour exprimer un avis circonstancié :

> « bonne initiative, ne reste plus qu'à l'utiliser plus régulièrement ; un excellent moyen pour améliorer les conditions de circulation des motards ; impatient de pouvoir finaliser les démarches et de pouvoir traiter les premiers signalements ; le top pour le constat d'anomalies d'infrastructure routière ; c'est une belle idée ; complémentaire à notre système de remontée des désordres ; super application ; excellente idée ; très bonne idée d'application, et facile à utiliser ; bonne application pour la sécurité des motards ; l'application aide à améliorer l'environnement routier. Il permet d'éviter des accidents ou de régler de petit défaut de la route ; projet utile ; elle nous semble très bien conçue, mais il nous manque un peu de recul pour juger de son efficacité ; permet d'attirer l'attention de gestionnaires de voiries sur des points particuliers (dégradations) et réflexions sur des aménagements ;

démarche innovante intéressante. Potentiel de développement à définir. »

## Conclusion

Après une année d'expérimentation favorable, à l'issue de laquelle la DSR a donné son feu vert pour étendre au niveau national le dispositif et neuf mois de déploiement France entière, le bilan est très positif avec 25 groupes MR2RM créés et 18 pour lesquels une gouvernance est effective ou en cours de mise en place.

Techniquement, l'application est robuste et l'infrastructure informatique de l'IGN ainsi que la réactivité de son assistance sont rassurantes. La difficulté, si l'on en identifie une, réside dans le portage humain, l'animation nécessaire pour convaincre les partenaires tout d'abord et faire vivre le service au niveau local et national.

En termes qualitatifs, l'efficience du service est bien là. Que ce soit du côté des gestionnaires de voirie ou des motards de vigie, tous s'accordent à dire que l'outil est simple, efficace et utile.

Pour ce qui est des perspectives, la lecture des signalements dans des applicatifs mobiles exogènes à partir de l'API (requêtes GET api/georem/georem_get) est une piste de développement. La faiblesse de cette opportunité est qu'en tant que producteur de la donnée, mis à part accorder les droits d'accès en lecture, nous ne maîtrisons pas l'expression du besoin. Des pistes potentielles existent cependant auprès de groupements d'assurances.

Des demandes ont aussi été exprimées par certains gestionnaires de voirie et par des représentants de l'État pour calquer cette démarche et l'adapter aux mobilités actives comme le vélo. Un tel projet appelé « Plan sécurité vélo » est aujourd'hui en cours d'expérimentation et est piloté par le préfet du Calvados.

## Glossaire

API : Interface de programmation d'applications
CASIM : Chaîne d'amitié pour la sécurité et l'information des motards
Cerema : Centre d'études et d'expertise sur les risques, l'environnement, la mobilité et l'aménagement
DDTM14 : Direction départementale des territoires et de la mer du Calvados
DSR : Délégation à la sécurité routière
FFMC : Fédération française des motards
GPS : Système de positionnement global
IAF : Infrastructure pouvant aggraver ou favoriser un accident
IGN : Institut national de l'information géographique et forestière
MdV : Motard de vigie
MR2RM : Ma route en deux-roues motorisés

ONISR : Observatoire national interministériel à la sécurité routière
PDASR : Plan départemental d'actions de sécurité routière
QGIS : Logiciel Quantum pour systèmes d'information géographique

## Références


1. « Recommandations pour la prise en compte des deux-roues motorisés » du Cerema [https://www.cerema.fr/fr/actualites/recommandations-prise-compte-deux-roues-motorises-amenager].
2. Espace collaboratif IGN [https://espacecollaboratif.ign.fr/register/].
3. Site internet de l'État dans le Calvados [http://www.calvados.gouv.fr/ma-route-en-2-roues-motorise-r1807.html].
4. Réseau professionnel HERMES [http://hermes.securite-routiere.gouv.fr/?action=spot&idSpot=25&hookView=file_bank#/app/file-bank/25/f/4210].
5. Contact du référent national MR2RM : yannick.depret@calvados.gouv.fr
6. Contact du chargé de mission national deux-roues motorisés : pascal.dunikowski@interieur.gouv.fr

## Structures éditoriales du groupe L'Harmattan


**L'Harmattan Italie**
Via degli Artisti, 15
10124 Torino
harmattan.italia@gmail.com

**L'Harmattan Hongrie**
Kossuth l. u. 14-16.
1053 Budapest
harmattan@harmattan.hu

---

**L'Harmattan Sénégal**
10 VDN en face Mermoz
BP 45034 Dakar-Fann
senharmattan@gmail.com

**L'Harmattan Cameroun**
TSINGA/FECAFOOT
BP 11486 Yaoundé
inkoukam@gmail.com

**L'Harmattan Burkina Faso**
Achille Somé – tengnule@hotmail.fr

**L'Harmattan Guinée**
Almamya, rue KA 028 OKB Agency
BP 3470 Conakry
harmattanguinee@yahoo.fr

**L'Harmattan RDC**
185, avenue Nyangwe
Commune de Lingwala – Kinshasa
matangilamusadila@yahoo.fr

**L'Harmattan Congo**
67, boulevard Denis-Sassou-N'Guesso
BP 2874 Brazzaville
harmattan.congo@yahoo.fr

**L'Harmattan Mali**
Sirakoro-Meguetana V31
Bamako
syllaka@yahoo.fr

**L'Harmattan Togo**
Djidjole – Lomé
Maison Amela
face EPP BATOME
ddamela@aol.com

**L'Harmattan Côte d'Ivoire**
Résidence Karl – Cité des Arts
Abidjan-Cocody
03 BP 1588 Abidjan
espace_harmattan.ci@hotmail.fr

**L'Harmattan Algérie**
22, rue Moulay-Mohamed
31000 Oran
info2@harmattan-algerie.com

**L'Harmattan Maroc**
5, rue Ferrane-Kouicha, Talaâ-Elkbira
Chrableyine, Fès-Médine
30000 Fès
harmattan.maroc@gmail.com


---

## Nos librairies en France


**Librairie internationale**
16, rue des Écoles – 75005 Paris
librairie.internationale@harmattan.fr
01 40 46 79 11
www.librairieharmattan.com

**Lib. sciences humaines & histoire**
21, rue des Écoles – 75005 Paris
librairie.sh@harmattan.fr
01 46 34 13 71
www.librairieharmattansh.com

**Librairie l'Espace Harmattan**
21 bis, rue des Écoles – 75005 Paris
librairie.espace@harmattan.fr
01 43 29 49 42

**Lib. Méditerranée & Moyen-Orient**
7, rue des Carmes – 75005 Paris
librairie.mediterranee@harmattan.fr
01 43 29 71 15

**Librairie Le Lucernaire**
53, rue Notre-Dame-des-Champs – 75006 Paris
librairie@lucernaire.fr
01 42 22 67 13

www.ingramcontent.com/pod-product-compliance
Lightning Source LLC
LaVergne TN
LVHW080928071026
849535LV00013B/4142
* 9 7 8 2 3 4 3 2 3 1 9 2 1 *